― 반드시 알아야 할 50 ―
위대한 수학

50 MATHEMATICAL IDEAS YOU REALLY NEED TO KNOW
Copyright ⓒ Tony Crilly 2007

Originally entitled 50 Mathematical Ideas You Really Need to Know
First published in the UK by QUERCUS PUBLISHING PLC
All rights reserved.

Korean translation copyright ⓒ 2021 by HANALL M&C
Korean translation rights arranged with QUERCUS PUBLISHING PLC through EYA(Eric Yang Agency).

이 책의 한국어판 저작권은 EYA(Eric Yang Agency)를 통해 저작권사와 독점 계약한 (주)한올엠앤씨에 있습니다.
저작권법에 의하여 한국 내에서 보호를 받는 저작물이므로 무단전재와 복제를 금합니다.

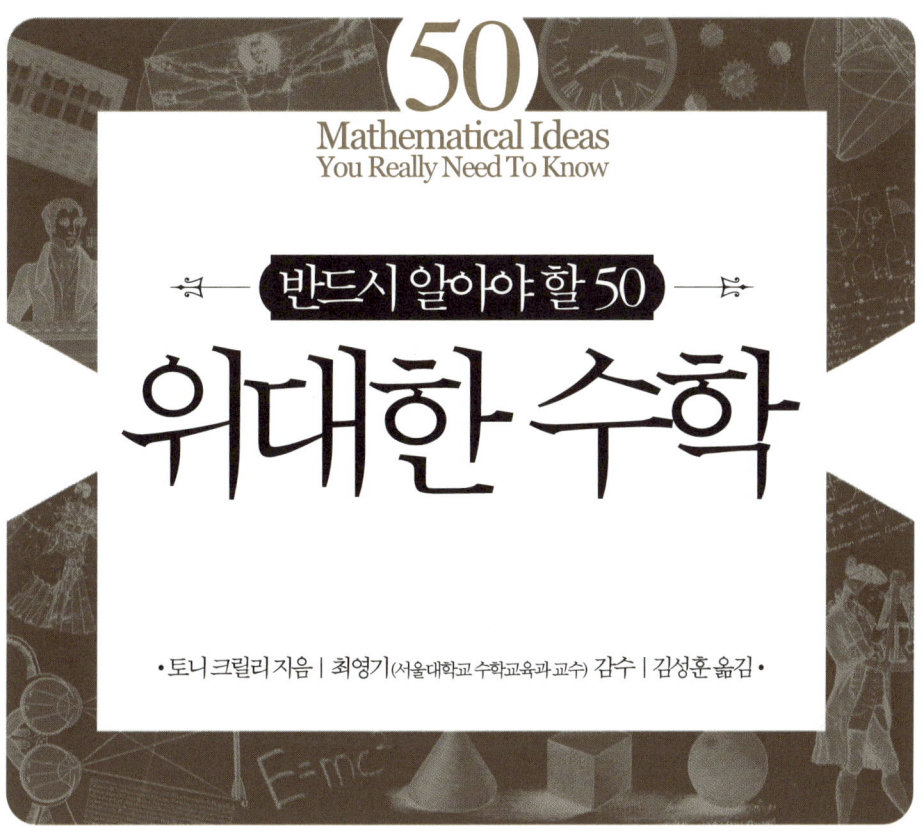

50
Mathematical Ideas
You Really Need To Know

반드시 알아야 할 50
위대한 수학

•토니 크릴리 지음 | 최영기(서울대학교 수학교육과 교수) 감수 | 김성훈 옮김•

지식갤러리

들어가는 글

　수학은 너무도 광범위한 분야라 어느 한 사람이 그 영역을 샅샅이 알아내는 것은 불가능하다. 결국 한 개인이 할 수 있는 것은 탐험을 통해 개별적으로 자신만의 길을 찾아내는 것이다. 여기, 우리 앞에 새로운 기회가 열렸다. 이 기회를 통해 우리는 다른 시대, 다른 문화에서 수 세기 동안 수학자들의 흥미를 돋우었던 아이디어들로 여행을 떠나게 될 것이다.

　수학은 고대의 것인 동시에 현대의 것이며, 폭넓은 문화·정치적 영향력 아래 발전해왔다. 현대의 숫자 체계는 인도와 아라비아에서 시작됐지만, 오랜 역사를 지나며 차츰 다듬어졌다. 기원전 이천 년, 혹은 삼천 년에 바빌로니아인들이 사용한 '60진법'은 수천 년이 지난 지금까지도 우리 문화 속에 깃들어 있다. 1분은 60초이고, 1시간은 60분이다. 대혁명을 거치면서 프랑스인들은 계량단위를 십진법으로 통일하기 위해, 먼저 직각을 100도로 바꾸려는 시도를 했다. 그러나 여전히 우리는 직각을 90도로 나타내고 있다.

　현대 기술의 성공이 수학 덕분이었던 만큼, 학창 시절에 수학을 못했다는 사실은 이제 더 이상 자랑할 거리가 되지 못한다. 물론 학교에서 배우는 수학은 시험을 목적으로 하기 때문에 별 도움이 안 되는 경우가 많다. 또, 문제를 빨리 풀도록 시간적 압박을 가하는 것도 도움이 안 되기는 마찬가지다. 수학은 빨리 푼다고 해서 좋을 것이 없는 과목이기 때문이다. 사람들에게는 아이디어를 소화할 충분한 시간이 필요하다. 위대한 수학자들 중에서도 이해 속도가 끔찍할 정도로 느려서 자기가 다루는 주제의 깊은 개념을 이해하기 위해 고군분투해야 했던 사람들이 있다.

이 책은 서둘러 읽을 필요가 없다. 한가한 시간에 조금씩 훑어봐도 된다. 시간을 충분히 내서 어디선가 들어봄직한 이 아이디어들의 진정한 의미를 찾을 수 있기를 바란다. 1장 '영(0)'부터 시작해도 좋고 다른 곳에서 시작해도 좋다. 섬처럼 펼쳐져 있는 수학적 아이디어들을 오가며 짤막한 여행을 다니기만 하면 된다.

수학은 지금 흥분의 시기를 지나고 있다. 수학의 주요 난제들 중 일부가 최근에 드디어 풀린 것이다. 최신 컴퓨터의 발전은 어떤 영역에서는 큰 도움이 되었지만, 다른 부분에서는 별로 도움을 주지 못했다. 4색 문제는 컴퓨터의 도움으로 답을 얻었지만, 이 책의 마지막 장에 나온 리만 가설은 컴퓨터는 물론 그 어떤 방법으로도 풀리지 않은 채 남아있다.

수학은 모든 사람을 위한 것이다. 스도쿠의 인기는 사람들이 수학을 몰라도 수학을 하고, 또 즐길 수도 있다는 것을 증명한다. 한편 미술이나 음악처럼, 수학 분야에도 천재들이 존재해왔다. 이 책에서는 수학의 선도자들이 여러 장에 걸쳐 수차례 등장하고 있다. 2007년 탄생 300주년을 맞았던 레온하르트 오일러 Leonhard Euler도 그중 한 사람이다. 그러나 그들의 이야기가 수학의 모든 것을 차지하는 것은 아니다. 수학의 진정한 발전은 몇몇의 뛰어난 선도자들뿐 아니라, 수 세기를 지나며 축적된 많은 사람들의 업적으로 이루어졌다.

  50가지 주제는 임의로 고른 것이긴 하지만, 균형을 유지하려 노력했다. 일상적인 내용도 있고, 어려운 내용도 있다. 그리고 순수수학 분야와 응용수학, 추상적인 수학과 구체적인 수학, 그리고 오래된 수학과 새로운 수학이 모두 섞여 있다. 하지만 수학은 하나로 통합된 학문이기 때문에 어떤 주제를 고를 것인지보다 어떤 주제를 뺄 것인가 하는 부분이 오히려 어려운 작업이었다. 맘만 먹으면 500개라도 고를 수 있었겠지만, 수학으로 떠나는 첫 여행에서는 50개 정도면 충분할 것이라 생각한다.

토니 크릴리

감수의 글

　이 책은 그리스로부터 현대수학에 이르기까지 수학과 관련된 의미 있는 개념 50개를 선정하여 각 개념을 주제로 책을 구성하였다. 각 장마다 개념과 관련된 아이디어를 간결하고 흥미롭게 잘 정리하여 모든 사람이 쉽게 수학에 접근할 수 있도록 도와주고 있다.

　이 책은 수학에 대한 전문성과 대중성 사이의 균형을 잘 맞추었기 때문에 수학을 전공하는 사람들뿐 아니라 학생들이나 일반인들도 부담 없이 읽을 수 있다. 또한 수학은 단지 어렵고 지루하기만 한 학문이 아니라는 사실과 그 안에 깊은 원리를 지니고 있다는 사실에 눈을 뜰 수 있도록 인도한다. 더불어 상식적인 지식에서 한층 더 수학적인 지식으로 자연스럽게 파고들 수 있도록 시야를 확장시킨다.

　미래사회가 요구하는 능력은 새로운 가치를 창출하는 열정과 창의성이다. 이와 같은 덕목은 수학을 통해 충분히 배양될 수 있다. 그런데 우리나라의 수학교육은 지나친 반복학습과 어려운 문제풀이식 학습으로 점철되어 있어 많은 학생들이 수학을 그저 어렵고 실용성이 떨어지는 학문으로 생각하게 되었다. 때문에 학년이 올라갈수록 수학공부 자체를 기피하게 되고 수학에 대한 열정도 자연히 자취를 감추게 된다. 이와 같은 상황은 몹시 아쉬운 일이 아닐 수 없다. 수학은 인간의 사고에 반드시 필요할 뿐더러 무척 유용한 학문인데 말이다. 이러한 차에 수학에 대한 흥미를 돋우고 이전에는 미처 깨닫지 못했던 중요한 깨달음을 얻게 하는 이 책의 출간은 더욱 반가운 일이라 할 수 있겠다.

수학은 본질을 다루는 학문이라 그 기원이 철학과 맞닿아 있다. 또한 수학을 사용하지 않고는 자연의 현상들을 이해하는 것이 거의 불가능하다. 그만큼 수학은 심오한 사상을 표현하고 있으며 자연을 이해하는 핵심 언어로서의 역할을 하고 있다. 이러한 학문을 많은 사람들이 이해하기 쉽게 쓰는 것은 말처럼 쉬운 일은 아니다.

이 책은 수학을 즐기기 위한 지적 여행을 위해 잘 쓰인 여행가이드처럼 책 전반에 걸쳐 중요한 부분을 명확하고 압축적인 방법으로 흥미롭게 전개하면서도, 논리적으로 엄밀함을 유지하려는 수학적인 정신을 잃지 않았다. 바로 그 점이 이 책을 더욱 돋보이게 하는 이유다. 이와 더불어 적절하게 실린 그림과 표들이 독자의 이해를 도와주는 데 한몫하고 있다.

수학을 단순한 공식의 나열 정도로 무의미하게 생각하는 학생이나, 어려운 전공도서를 피하여 짧은 시간에 대략적인 수학에 대한 이해를 넓히고 싶은 학생, 어떻게 하면 학생들에게 수학을 재미있게 전달할까 고민하는 분들에게 이 책을 권하고 싶다.

최영기

CONTENTS

들어가는 글 ■ 5
감수의 글 ■ 8

01 영(0) : 무(無)를 나타내는 인류 최고의 발명품 ■ 12
02 숫자 체계 : 엄청난 것을 표현할 수 있는 놀라운 체계 ■ 18
03 분수 : 1 속에 존재하는 무한한 분수 ■ 24
04 제곱과 제곱근 : √2를 둘러싼 논증 거리들 ■ 30
05 파이(π) : 끝을 알 수 없는 매력적인 상수 ■ 36
06 자연대수(e) : 비밀이 많은 수 ■ 42
07 무한(∞) : 무한의 크기를 잴 수 있을까? ■ 48
08 허수 : 쓸모 있는 가짜 수 ■ 54
09 소수 : 세상에서 가장 기본적인 수 ■ 60
10 완전수 : 숫자의 완전함을 꿈꾼다 ■ 66
11 피보나치수열 : 재미있는 특성이 넘쳐나는 수 ■ 72
12 황금비 직사각형 : 수학자의 이상향 ■ 78
13 파스칼의 삼각형 : 긴밀한 조화와 본질의 모범 ■ 84
14 대수학 : 미지의 수를 추적하라 ■ 90
15 유클리드의 알고리즘 : 차례차례 하나씩 하나씩 ■ 96
16 논리 : 모호함을 정확함으로 ■ 102
17 증명 : 돌진, 비틀기, 딴죽걸기 - 다양한 증명 방법 ■ 108
18 집합 : 묶어서 하나로 취급하기 ■ 114
19 미적분 : 극한의 과정을 즐겨라 ■ 120
20 작도 : 원과 면적이 같은 정사각형 만들기? ■ 126
21 삼각형 : 대단히 실용적인 수학 도형 ■ 132
22 곡선 : 수학자들에게 곡선의 의미는? ■ 138
23 위상기하학 : 도넛으로 커피잔 만들기 ■ 144
24 차원 : 다차원 세상에 사는 다차원의 인간 ■ 150

25 프랙탈 : 무궁무진한 잠재력을 가지다 ▪ 156

26 카오스 : 예측 불가능한 복잡한 세상 ▪ 162

27 평행선 공준 : 두 평행선이 만난다면? ▪ 168

28 이산기하학 : 점, 선, 격자에 대한 이야기 ▪ 174

29 그래프 : 종이와 펜만 있으면 예측 가능! ▪ 180

30 4색 문제 : 세계지도 색칠하기 ▪ 186

31 확률 : 도박에서 기원한 중요한 아이디어 ▪ 192

32 베이즈의 정리 : 주관적인 믿음을 수학적 확률로 ▪ 198

33 생일 문제 : 생일이 같을 확률은? ▪ 204

34 분포 : '얼마나'에서 시작된 분석 ▪ 210

35 정규곡선 : 어디서나 볼 수 있는 종 모양 곡선 ▪ 216

36 자료의 상관관계 : 서로 얼마나 관련이 있을까? ▪ 222

37 유전학 : 결국 파란 눈은 사라지게 되는 걸까? ▪ 228

38 군론 : 분류해서 하나로 묶기 ▪ 234

39 행렬 : 수의 블록을 결합하다! ▪ 240

40 부호 : 너와 나만 아는 비밀스런 신호 ▪ 246

41 순열과 조합 : 수수께끼 같은 수학 ▪ 252

42 마방진 : 마술 같은 격자무늬 사각형 ▪ 258

43 라틴방진 : 스도쿠의 비밀을 밝히다 ▪ 264

44 돈의 수학 : 돈의 가치를 파고드는 흥미로운 수학 ▪ 270

45 식이요법 문제 : 최소 비용으로 건강 지키기 ▪ 276

46 외판원의 순회 문제 : 좀 더 빠르고 경제적으로! ▪ 282

47 게임이론 : 보다 안전한 전략을 취하라 ▪ 288

48 상대성이론 : 빛의 속력은 절대적이다! ▪ 294

49 페르마의 마지막 정리 : 길이 남은 여백의 메모 ▪ 300

50 리만 가설 : 궁극의 도전 과제 ▪ 306

영(0)

무(無)를 나타내는 인류 최고의 발명품

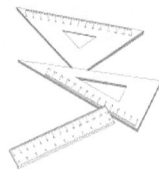

어린 시절, 우리는 숫자의 나라로 힘겨운 첫발을 내딛는다. 우리는 1이 '숫자들' 중에서 제일 앞에 나오며, 1을 시작으로 2, 3, 4, 5, …라는 자연수가 이어진다는 것을 배운다. 이것이 바로 개수를 셀 때 쓰는 수다. 이것을 사용하여 사과, 오렌지, 바나나, 배 같은 실제 사물들을 센다. 그런데 아무것도 들어 있지 않은 빈 상자 속에서 사과의 개수를 세는 일은 한참 후에나 가능하게 되었다.

과학과 수학 분야에서 획기적인 도약을 이루었던 초기 그리스인이나 공학 분야에서 쌓아올린 업적으로 이름을 날린 로마인들조차 텅 빈 상자 안의 사과 개수를 효과적으로 다룰 방법을 알지 못했다. 그들은 '아무것도 없음'에 어떠한 이름도 붙이지 못했다. 로마인들은 I, V, X, L, C, D, M 등의 문자를 조합해 숫자를 표현했다. 하지만 대체 영(0)은 어디에 둔 것일까? 그들은 '아무것도 없음'을 셈하지 않았다.

'아무것도 없음'을 어떻게 나타낼까?

'아무것도 없음'을 나타내는 기호를 사용하게 된 기원은 수천 년을 거슬러 올라가야 한다. 현재의 멕시코 지역에 자리 잡았던 마야 문명은 다양한 형태로 그것을 표시했다. 조금 후에 바빌로니아인들의 영향을 받은 천문학자 클라디오스 프톨레마이오스 Clandius Ptolemy는 자신의 숫자 체계에서 현대의 0과 비슷한 기호를 독립적인 의미 없이 그냥 자릿수만 나타내는 숫자인 자릿수표시자 Placeholder('70'이라는 수에서 사용된 '0'은 '아무것도 없음'을 나타내는 수가 아니라, 자릿수를 표시하기 위해 사용된 숫자 기호

timeline

기원전 700년
바빌로니아인, 숫자 체계 속에서 0을 자릿수표시자로 사용하다.

서기 628년
브라마굽타, 0을 다른 수와 함께 사용하기 위한 규칙을 지정하다.

이다. 이렇게 사용되는 '0'을 자릿수표시자라고 한다)로 사용했다. 정황에 따라 눈치로 수를 구분해야 했던 바빌로니아인들과는 달리 0을 자릿수표시자로 사용함으로써 75와 705 같은 수(현대 표기법으로 나타냄)를 쉽게 구분할 수 있었다(초기 바빌로니아인들은 공백으로 자릿수를 표시했기 때문에 75와 705 같은 경우 '75'와 '7 5'로 표기되어 알아차리기 쉽지 않았다). 이것은 글에 '쉼표'라는 기호가 도입된 것과 견줄 수 있다. 두 가지 모두 올바른 의미를 읽어낼 수 있도록 도움을 준다. 하지만 쉼표가 등장하면서 그것을 사용하는 규칙이 새롭게 생겨났듯이, 0을 사용하는 것에도 규칙이 필요하게 됐다.

7세기 인도의 수학자 브라마굽타는 0을 그저 자릿수표시자가 아니라 하나의 '수'로 다루는 규칙을 제시했다. 이 규칙에는 '양수와 0을 더한 값은 양수이다', '0과 0을 더한 값은 0이다' 등이 들어 있다. 0을 단순히 자릿수표시자가 아니라 하나의 수로 생각했다는 점에서 그는 상당히 진보한 사람이었다. 이렇게 0을 포함하는 힌두-아라비아 숫자 체계는 1202년에 피사의 레오나르도(후에 피보나치Fibonacci로 알려짐)가 펴낸 『산술 교본Liber Abaci』을 통해 서구세계에 전파되었다. 북아프리카에서 자라나 힌두-아라비아 산수를 교육받은 그는 힌두 기호 1, 2, 3, 4, 5, 6, 7, 8, 9에 덧붙인 기호 0의 힘을 잘 인지하고 있었던 것이다.

숫자 체계에 본격적으로 0을 도입함으로써 브라마굽타도 간단하게 언급하고 지나갔던 문제가 한 가지 생겨났다. 이 '침입자'를 대체 어떻게 다룰 것인가 하는 문제였다. 그는 일을 시작해서 벌려놓았지만, 이 문제를 수습할 묘안은 없었다. 어떻게 하면 0을 기존의 산수 체계에 좀더 정확한 방식으로 통합시킬 수 있을까? 일부는 조정하기가 수월했다. 더하기와 곱하기에서는 0의 의미가 깔끔하게 잘 맞아떨어진 것이다. 하지만 빼기와 나누기는 이 '이방인'과 편하게 어울리지 못했다. 0이 기존에 자리 잡고 있던 나머지 산수와 조화를 이루게 하려면 그 의미를 확실히 해

830년
마하비라, 0이 다른 수와 어떻게 상호작용하는지 생각해내다.

1100년
바스카라, 0을 대수학 기호로 사용하면서 그것을 어떻게 조작해야 하는지 보여주다.

1202년
피보나치, 1부터 9까지의 힌두-아라비아 숫자 체계에 추가로 0이라는 기호를 사용하지만, 그것을 다른 숫자와 동등한 수로 보지는 않다.

둘 필요가 있었다.

0으로 나눌 수 있을까?

0으로 더하고, 곱하는 것은 직관적인 문제이기 때문에 논란의 여지가 없었다. 10에 0을 더해서 갖다 붙이면 100을 만들 수도 있지만, 여기서는 단지 수치 연산과 관련된 의미로만 '더하기'를 사용하자. 한 수에 0을 더하면 그 숫자가 그대로 남지만, 어떤 숫자에 0을 곱하면 그 답은 언제나 0이 된다. 예를 들면 $7+0=7$이고, $7 \times 0 = 0$이다. 빼기는 간단한 연산이긴 하지만 음수가 나올 수도 있다. $7-0=7$이고, $0-7=-7$이다. 반면에 0을 가지고 나누기를 하려면 어려운 문제가 생긴다.

막대를 이용해서 어떤 길이를 재는 것을 상상해보자. 이때 막대의 길이를 7단위라고 가정하자. 우리가 얻으려는 해답은 주어진 길이를 따라서 이 막대를 몇 번이나 늘어놓을 수 있는가 하는 것이다. 우리가 측정하려는 길이가 28단위라면 그 해답은 28 나누기 7, 기호로 표시하면 $28 \div 7 = 4$이다. 이 나눗셈을 더 나은 표기법으로 표현하면 다음과 같다.

$$\frac{28}{7} = 4$$

양쪽의 분자와 분모를 서로 교차해서 곱하면 다시 $28 = 7 \times 4$로 표현할 수 있다. 그렇다면 0을 7이라는 숫자로 나누면 어떻게 될까? 여기서 문제풀이를 위해 답을 a라고 하면 다음과 같은 식이 나온다.

$$\frac{0}{7} = a$$

다시 한번 양쪽의 분자와 분모가 교차하게 곱해서 식을 만들면 $0 = 7 \times a$가 된다. 만약 이것이 사실이라면 a가 취할 수 있는 유일한 값은 0밖에 없다. 두 수를 곱해서 0이 나오려면 둘 중 하나는 반드시 0이어야 하기 때문이다. 7은 분명 0이 아니므로, a는 0이어야 한다.

여기까지는 큰 문제가 없다. 하지만 7을 0으로 나누려는 순간 위기가 찾아온다. $\frac{7}{0}$을 $\frac{0}{7}$을 풀 때와 같은 방식으로 다루어 보면, 다음과 같은 방정식이 나온다.

$$\frac{7}{0} = b$$

다시 양쪽의 분자와 분모를 교차해서 곱하면 $0 \times b = 7$이 되고, 결국 $0 = 7$이라는 말도 안 되는 결과가 나온다. $\frac{7}{0}$이 수일 가능성을 인정해버리면 수 체계에 거대한 혼란을 몰고 올 가능성이 있다. 반면에 $\frac{7}{0}$은 정의할 수 없다고 하면 이 상황을 빠져나갈 수 있다. 7이나 0이 아닌 다른 수를 0으로 나누어 어떤 값을 얻으려 하는 것은 의미가 없기 때문에 그냥 간단하게 이런 연산 자체를 허용하지 않는 것이다. 쉼표를 다음과 같이 단어 '한가,운데' 집어넣는 것은 무의미한 일이기 때문에 그것을 허용하지 않는 것과 비슷한 이치다.

12세기 인도의 수학자 바스카라는 브라마굽타가 남긴 발자취를 따라 0으로 나누는 것에 대해 생각해보고는, '어떤 수를 0으로 나누면 무한이 나온다'라는 답을 제안했다. 일리 있는 얘기다. 한 수를 아주 작은 수로 나누면 몫으로 아주 큰 값이 나오기 때문이다. 예를 들어 7을 $\frac{1}{10}$로 나누면 70이 되고, $\frac{1}{100}$로 나누면 700이 나온다. 궁극적으로 가장 작은 값인 0 그 자체로 나누면 그 값은 분명 무한이 될 것이 틀림없다. 이런 형식의 추론 과정을 도입함으로써, 우리는 한층 더 기괴한 개념을 설명해야 할 입장이 되고 말았다. 바로 무한이다. 무한과 씨름해봐야 별로 얻을 것이 없다. 무한(표준 표기법은 ∞)은 산수의 일반 규칙을 따르지 않기 때문에 일반적인 의미의 수라고 할 수 없다.

$\frac{7}{0}$이 문제라면, 그보다 훨씬 더 해괴망측한 $\frac{0}{0}$은 어쩔 것인가? $\frac{0}{0}$ = c라고 놓고 서로의 분자와 분모를 교차해서 곱하면 0 = 0 × c라는 방정식이 나오고, 결국 0 = 0이라는 사실이 나온다. 이 결론은 딱히 큰 의미가 있는 것은 아니지만, 그렇다고 의미가 전혀 없는 것도 아니다. 사실 c는 어떤 값이나 가능하기 때문에 계산이 불가능하다고 결론을 낼 수는 없다. 결국 우리는 $\frac{0}{0}$은 어떤 값이나 가능하다는 결론에 도달한다. 수학자들 사이에서는 이것을 부정不定이라고 한다.

결국 0으로 나누는 문제를 생각해보면, 이 연산을 배제해버리는 것이 최선이라는 결론에 도달하게 된다. 그것만 없으면 산수가 즐거워진다.

기이한 것에서 없어선 안 될 존재로

한마디로 말해, 0이 없으면 아무것도 할 수 없다. 0이 없이는 과학의 진보도 없었을 것이다. 우리는 경도 0도, 온도 0도, 제로 에너지, 제로 중력(무중력) 등의 표현을 쓴다. 그리고 이제는 비과학 분야에서도 제로 아워Zero-hour(행동 개시 시간), 제로 똘레랑스Zero-tolerance(정상참작이 없는 엄격한 법 적용) 등 제로라는 표현을 많이 쓰고 있다.

0을 이용하는 것이 더 좋았을 거라고 생각되는 경우도 있다. 뉴욕에서 5번가를 빠져나와 엠파이어스테이트빌딩으로 들어가면 '1'층인 거대한 출입 로비를 만나게 된다. 이것은 차례를 나타내는 숫자의 특성을 이용한 것이다. 즉 1은 '첫 번째', 2는 '두 번째', 이런 식으로 102는 '백두 번째'를 의미하는 것이다. 유럽에서는 0층이라는 표현을 사용하기도 하지만, 대부분의 사람들은 그렇게 부르기를 꺼려하는 경향이 있다.

수학은 0이 없으면 제대로 기능하지 못한다. 0은 숫자 체계, 대수학, 기하학이 작동할 수 있게 만들어주는 수학적 개념들 속에서 핵심을 차지하고 있다. 수직선에서 0은 양수와 음수를 나누는 숫자이고, 따라서 아주 특별한 위치를 차지하고 있다. 십진법에서 0은 아주 큰 수나 아주 작은 수를 사용할 수 있게 해주는 자릿수표시자로 역할을 한다.

0은 수백 년의 세월에 걸쳐 받아들여지고 이용되어, 인류가 만들어낸 가장 위대한 발명품 중 하나가 되었다. 19세기 미국의 수학자 할스테드^{G.B. Halsted}는 0을 발전의 원동력으로 묘사하면서 셰익스피어의 『한여름 밤의 꿈^{Midsummer Night's Dream}』을 개작해 이렇게 적었다.

> **아무것도 없음에 대한 모든 것**
> - 0과 양수를 더하면 양수가 나온다.
> - 0과 음수를 더하면 음수가 나온다.
> - 양수와 음수의 합은 양쪽 값의 차이이고, 두 값이 같을 때는 0이다.
> - 0을 음수나 양수로 나누면 0이 나오고, 분자는 0, 분모는 유한한 값을 갖는 분수로 표현된다.
>
> **브라마굽타**(서기 628년)

"공허한 헛것에게 그저 머물 자리와 이름, 그림, 기호만을 준 것이 아니라 유용한 힘을 불어넣었으니, 이는 자신을 탄생시킨 힌두족의 특성을 보여주는 것이라."

0은 처음 도입되었을 때는 분명 기이한 것으로 여겨졌을 것이다. 그러나 수학자들은 시간이 훌쩍 지난 후에야 (결국 유용한 것으로 밝혀질) 그 기이한 개념에 매달리려는 습성이 있다. 오늘날에는 이와 비슷한 사례를 집합론에서 찾아볼 수 있다. 이 이론에서 집합이란 원소들의 묶음이라고 정의하고 있는데, ∅는 어떤 원소도 갖지 않는 집합을 나타내고, 소위 '공집합'으로 불린다. 아주 이상한 아이디어지만, 0과 마찬가지로 없어서는 안 될 존재가 되었다.

숫자 체계
엄청난 것을 표현할 수 있는 놀라운 체계

숫자 체계는 '얼마나 많은가' 라는 개념을 다루는 방법이다. 시기별, 문화별로 '하나, 둘, 셋, 많다'로 세는 아주 기초적인 셈법에서 오늘날 사용하고 있는 대단히 세련된 십진 자리 표기법에 이르기까지 다양한 방법이 도입되어 왔다.

약 4000년 전, 오늘날의 시리아, 요르단, 이라크 지역에 살았던 수메르인과 바빌로니아인들은 실생활에서 자릿수 체계를 사용했다. 그것을 자릿수 체계라고 부르는 이유는 기호의 자리를 보고 그 값을 알아낼 수 있기 때문이다. 그들은 60을 기본 단위로 삼았는데, 오늘날에는 이것을 '60진법'이라 부른다. 60진법의 자취는 여전히 남아있다. 1분은 60초이고, 1시간은 60분이다. 미터법을 도입하면서 한 바퀴를 400도로 해서 각각의 직각을 100도로 잡으려는 시도가 있었음에도 불구하고, 각도를 잴 때는 여전히 한 바퀴를 360도로 센다.

고대 사람들은 주로 실용적인 목적을 위해 숫자를 사용하려고 했지만, 실용성을 떠나 수학 자체에 흥미를 느끼고 그 내용들을 탐구했던 사람들도 분명히 존재했다. 이렇게 탐구한 내용 중에는 '대수학 Algebra'이라 부를 만한 것도 있었으며, 기하학적 도형의 특성을 밝히는 것도 있었다.

기원전 13세기부터 시작된 이집트 숫자 체계는 십진법을 근간으로 했고 상형문자 부호를 사용했다. 분수를 다루는 체계는 이집트인들이 개발한 것이긴 하지만,

timeline

기원전 30000년
유럽 구석기시대, 사람들이 뼈에 개수 표시를 새기다.

기원전 2000년
바빌로니아인, 숫자 기호를 사용하다.

자릿수를 이용한 오늘날의 십진 표기법은 바빌로니아인들이 만들고, 후에 인도인들이 다듬은 것이다. 이 표기법의 장점은 아주 작은 수나 아주 큰 수를 모두 표현할 수 있다는 점이다. 힌두-아라비아 숫자인 1, 2, 3, 4, 5, 6, 7, 8, 9를 사용하면 다른 체계에 비해 상대적으로 계산을 쉽게 할 수 있다. 이를 확인하기 위해 로마 숫자 체계를 살펴보자. 이 체계는 그들의 목적에 부합하는 것이었지만, 오직 전문가들만이 이 숫자 체계를 사용하는 방법을 알고 있었다.

어렵기만 한 로마 숫자 체계

로마인들이 사용한 기본 기호는 '십 배수 값의 기호(I, X, C, M)'와 '절반 값 기호(V, L, D)'였다. 이들을 조합하는 방식으로 다른 수를 만들었다. I, II, III, IIII은 손가락 모양에서 나왔고, V는 손 모양에서, 그것을 뒤집어 다른 V와 합쳐 손 두 개, 혹은 손가락 10개를 나타내는 X를 만들었다는 주장이 있다. C는 100이라는 뜻의 라틴어 'Centum'에서, M은 1,000이라는 뜻의 라틴어 'Mille'에서 따왔다. 또한 '2분의 1'이라는 의미로 S를 사용했고, 12진법을 기반으로 하는 분수 체계를 사용했다.

로마 숫자 체계에서는 필요한 기호를 만들기 위해 기존의 기호를 '앞뒤로 붙여서 조합하는' 방법을 일부 사용했지만, 이런 방식이 공용화되어 있지는 않았던 것으로 보인다. 예를 들어 고대의 로마인들은 나중에 도입된 IV보다 IIII를 쓰는 것을 더 선호했다. IX('10 - 1', 즉 '9')라는 조합은 당시 사용되었던 것으로 보이긴 하지만, SIX라고 적힌 것은 $8\frac{1}{2}$을 뜻했다.

로마 숫자를 다루기는 영 쉽지 않다. 예를 들어 MMMCDXLIIII

로마 숫자 체계	
로마 제국	중세시대에 추가된 기호
S - 2분의 1	
I - 하나	
V - 다섯	$\bar{V}$ - 오천
X - 열	$\bar{X}$ - 만
L - 오십	$\bar{L}$ - 오만
C - 백	$\bar{C}$ - 십만
D - 오백	$\bar{D}$ - 오십만
M - 천	$\bar{M}$ - 백만

서기 600년
인도, 현대 십진 표기법의 전신이 되는 체계를 사용하다.

1200년
1, …, 9 그리고 0으로 숫자를 표기하는 힌두-아라비아 숫자 체계가 퍼지다.

1600년
십진법의 기호가 우리가 알아볼 수 있는 현대적 형태로 자리 잡다.

는 머릿속으로 괄호를 쳐서 (MMM)(CD)(XL)(IIII)로 생각해야 그 의미가 분명해진다. 이것은 3,000 + 400 + 40 + 4, 즉 3,444라는 의미이다. 그렇다면 이번에는 MMMCDXLIIII + CCCXCIIII 라는 덧셈을 한번 해보자. 우리가 이 문제를 풀려면 일단 십진수로 풀어서 먼저 계산을 하고 그 값을 다시 로마 숫자 표기법으로 나타내는 수밖에 없다.

- 덧셈

$$
\begin{aligned}
3,444 &\rightarrow MMMCDXLIIII \\
+\ 394 &\rightarrow CCCXCIIII \\
= 3,838 &\rightarrow MMMDCCCXXXVIII
\end{aligned}
$$

두 숫자를 곱하는 문제는 훨씬 더 어려워서 아마 기본 체계만으로는 로마인들조차도 계산이 불가능했을 것이다. 3,444×394라는 곱셈을 하려면 중세시대에 추가된 기호가 필요하다.

- 곱셈

$$
\begin{aligned}
3,444 &\rightarrow MMMCDXLIIII \\
\times\ 394 &\rightarrow CCCXCIIII \\
= 1,356,936 &\rightarrow \overline{MCCCLVMCMXXX}VI
\end{aligned}
$$

로마인들에게는 특별히 0을 지칭하는 기호가 없었다. 로마에 살던 채식주의자에게 그날 와인을 몇 병이나 마셨는지 기록하라고 하면 'III'이라고 적을지는 모르겠지만, 닭을 몇 마리 먹었는지 기록하라고 하면 쉽게 '0'이라고 적을 수는 없을 것이다. 요즘도 일부 책에 페이지를 기록할 때나, 건물 주춧돌에 글자를 새길 때 보면 로마 숫자 체계의 흔적이 아직 남아 있다는 것을 알 수 있다(서양의 책에서는 책 앞부분에서 로마 숫자를 이용해 페이지를 적는 경우가 많다). 1,900을 의미하는 *MCM* 같은 일부 조합은 정작 로마인들은 단 한 번도 사용한 적이 없는 것이지만, 멋을 위해서 현대에 도입된 것이다. 아마도 로마인들은 1,900을 *MDCCCC*로 표기했을 것이다. 프랑스의 루이 14세는 대체로 '루이 XIV세'라는 표기로 알려져 있지만, 본인은 '루이 XIIII세'로 표기하는 것을 더 좋아했다고 한다. 그는 심지어 시계에도 4에 해당하는 부분을 'IIII'로 표기하도록 했다.

루이 XIIII세의 시계

일상적으로 사용하는 십진법 정수

우리는 보통 '숫자'라고 하면 십진수를 떠올린다. 십진법은 0, 1, 2, 3, 4, 5, 6, 7, 8, 9라는 숫자를 기수로 사용하는 체계다. 사실 이 체계는 '기수^{Tens}(0에서 9까지의 정수를 말함)'와 '자릿수^{Units}(일, 십, 백, 천, 만 따위의 단위를 말함)', 두 가지를 근간으로 삼고 있지만, 자릿수는 따로 표시하지 않아도 표기법 자체에 포함되어 있다. 394라는 숫자를 적고 이것이 십진법으로 어떤 의미를 갖는지 말하라고 하면, 이 숫자는 100이 3개, 10이 9개, 그리고 1이 4개로 구성되어 있다고 말하고 이렇게 적는다.

$$394 = 3 \times 100 + 9 \times 10 + 4 \times 1$$

이 식은 10의 거듭제곱('지수'라고 한다)을 이용해 이렇게 표현할 수 있다.

$$394 = 3 \times 10^2 + 9 \times 10^1 + 4 \times 10^0$$

여기서 10^2은 10×10, 10^1은 10이고, 이와는 별개로 10^0은 1로 하기로 한다. 이 수

식을 보면 우리가 일상적으로 사용하는 숫자 체계(이 체계는 덧셈과 곱셈의 의미를 상당히 명쾌하게 만들어준다)에 대한 십진법적 근거를 또렷하게 볼 수 있다.

십진법으로 분수 나타내기

지금까지는 정수를 나타내는 법을 알아보았다. 그런데 십진법을 이용해서 $\frac{572}{1,000}$ 같은 분수도 나타낼 수 있을까? 이 값이 의미하는 것은 다음과 같다.

$$\frac{572}{1,000} = \frac{5}{10} + \frac{7}{100} + \frac{2}{1,000}$$

10, 100, 1,000의 역수逆數(곱해서 1이 되는 수. 예를 들어 10의 역수는 $\frac{1}{10}$이다)는 10의 음의 제곱으로 나타낼 수 있고, 위 식은 다음과 같이 나타낼 수 있다.

$$\frac{572}{1,000} = 5 \times 10^{-1} + 7 \times 10^{-2} + 2 \times 10^{-3}$$

그리고 이 값은 0.572라고 적으며, 소수점은 10의 음의 제곱이 시작되는 위치를 나타낸다. 여기에 394의 십진 표기법을 추가하면 $394\frac{572}{1,000}$에 해당하는 값을 간단하게 394.572로 표시할 수 있다.

아주 큰 값을 십진법으로 표기하면 너무 길어질 때가 있다. 이런 경우에는 '과학적 표기법'을 사용한다. 예를 들어 1,356,936,892는 1.356936892×10^9이고, 계산기나 컴퓨터에서는 '1.356936892 × 10E9'로 나타내는 경우가 많다. 여기서 지수 9는 이 수에 들어간 숫자의 개수보다 하나 작은 값이고, 문자 E는 지수라는 뜻의 'Exponential'에서 따온 것이다. 때로는 이것보다 훨씬 더 큰 수를 사용하고 싶을 때가 있다. 예를 들면 우리가 알고 있는 우주에 존재하는 모든 수소 원자의 개수를 얘기하는 경우다. 이 값은 대략 1.7×10^{77} 정도인 것으로 어림잡고 있다. 음의 제곱으로 나타낸 1.7×10^{-7}은 그만큼 아주 작은 숫자를 나타내고, 마찬가지로 과학적 표기법을 사용하면 아주 쉽게 다룰 수 있다. 로마 숫자 체계를 가지고는 이런 숫자들을 생각조차 할 수 없었을 것이다.

숫자가 0과 1밖에 없다면?

십진법이 일상생활에서 통용되고 있지만, 용도가 달라지면 다른 진법이 필요할 때도 있다. 현대의 컴퓨터가 강력해질 수 있었던 밑바탕에는 이진법이 자리하고 있다. 이진법의 미학은 0과 1이라는 기호만으로 모든 숫자를 표현할 수 있다는 것이다. 하지만 이러한 경제성의 대가로 숫자 표현이 엄청나게 길어지기도 한다.

394를 이진법으로 나타내면 어떻게 될까? 2의 거듭제곱으로 완전히 풀어서 표현해보면,

2의 거듭제곱	십진수 값
2^0	1
2^1	2
2^2	4
2^3	8
2^4	16
2^5	32
2^6	64
2^7	128
2^8	256
2^9	512
2^{10}	1,024

$$394 = 1 \times 256 + 1 \times 128 + 0 \times 64 + 0 \times 32 + 0 \times 16 + 1 \times 8 + 0 \times 4 + 1 \times 2 + 0 \times 1$$

따라서 0과 1을 이용해서 394를 이진법으로 읽어보면 110001010이 나온다.

이진법 표기가 너무 길기 때문에 컴퓨터에서는 다른 진법을 종종 사용한다. 바로 8진법과 16진법이다. 8진법에서는 0, 1, 2, 3, 4, 5, 6, 7만 있으면 되는 반면, 16진법에서는 보통 0, 1, 2, 3, 4, 5, 6, 7, 8, 9, A, B, C, D, E, F를 사용한다. A는 10을 뜻하고, 따라서 394라는 수를 16진수로 나타내면 18A라는 값이 나온다. 간단한 알파벳으로 보이는 ABC가 만약 16진수로 표현된 수라고 한다면, 이것은 십진수로 2,748을 의미한다는 사실을 명심해야 한다!

03 분수 1 속에 존재하는 무한한 분수

분수란 말 그대로 '조각난 숫자'이다. 정수를 쪼개고 싶다면 분수를 사용하는 것이 적절하다. 케이크를 삼등분하는 문제를 예로 들어 살펴보자.

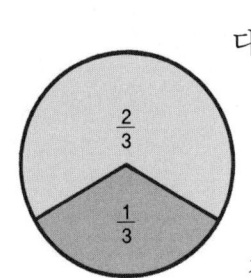

케이크 하나를 두 사람에게 나누어주는데, 남김없이 나누어주되 한 사람에게 다른 사람보다 두 배 큰 조각을 주어야 한다고 가정해보자. 그렇다면 케이크를 삼등분해서 한 사람에게 세 조각 중 두 조각을 주고 다른 한 사람에게는 세 조각 중 나머지 한 조각을 주면 된다. 이를 분수로 표현하면 두 조각을 받은 사람은 케이크의 $\frac{2}{3}$를 받았고 한 조각을 받은 사람은 $\frac{1}{3}$을 받았다. 두 부분을 합치면 온전한 케이크 하나로 다시 돌아가고, 분수로 표현하면 $\frac{2}{3} + \frac{1}{3} = 1$이 된다. 여기서 1은 온전한 케이크 하나를 나타낸다.

다른 예를 들어보자. 옷 가게에서 셔츠를 원래의 5분의 4 가격으로 세일한다고 가정해보자. 이것을 분수로 표현하면 $\frac{4}{5}$이다. 이를 원래보다 5분의 1 낮은 가격으로 판매한다고 말할 수도 있다. 이것을 분수로 표현하면 $\frac{1}{5}$이고, $\frac{1}{5} + \frac{4}{5} = 1$이 됨을 알 수 있다. 여기서 1은 원래의 셔츠 가격을 나타낸다.

분수는 언제나 정수 위에 정수를 얹어놓은 형태로 나타난다. 아래에 적는 수는 '분모'라고 부르며, 이것은 전체를 얼마나 많은 조각으로 나누었는지를 알려준다.

timeline

기원전 1800년
바빌로니아 문화, 분수를 사용하다.

기원전 1650년
이집트인, 단위분수를 사용하다.

서기 100년
중국인, 분수로 계산하는 체계를 고안하다.

위에 적는 수는 '분자'라고 부르며, 이것은 단위분수가 얼마나 많이 있는지를 알려준다. 따라서 정식 표기법을 사용하면 분수는 언제나 다음과 같이 표현된다.

$$\frac{분자}{분모}$$

케이크의 예에서 우리가 먹고 싶은 케이크의 양은 $\frac{2}{3}$이며, 여기서 분모는 3이고 분자는 2이다. $\frac{2}{3}$는 $\frac{1}{3}$이라는 단위분수 2개로 만들어진다.

$\frac{14}{5}$처럼 분자가 분모보다 큰 분수(가분수)도 가능하다. 14를 5로 나누면 몫으로 2가 나오고 나머지는 4가 된다. 이 값은 $2\frac{4}{5}$라는 대분수로 적을 수 있다. 이 값은 정수 2와 진분수 $\frac{4}{5}$로 구성된다. 예전에는 $\frac{4}{5}2$로 적기도 했다. 분수로 표현할 때는 보통 분자와 분모가 공약수를 갖지 않는 형태로 나타낸다. 예를 들면, $\frac{8}{10}$의 분자와 분모는 2라는 공약수를 갖는다. 8 = 2×4이고 10 = 2×5이기 때문이다. 분수 $\frac{8}{10}$을 $\frac{2\times4}{2\times5}$로 표현하면 위와 아래에 있는 2를 지울 수 있으므로, $\frac{8}{10}$ = $\frac{4}{5}$로 나타낼 수 있다. 이것은 값은 같지만, 더욱 간단한 형태다. 분수는 두 숫자 간의 비율Ratio을 나타내기 때문에, 수학자들은 분수를 '유리수Rational number'라고 부른다. 그리스인들은 이 유리수를 '측정 가능한' 수라고 했다.

어떻게 더하고 곱할 수 있을까?

분수에서 다소 특이한 점 한 가지는 덧셈보다 곱셈이 더 쉽다는 것이다. 정수의 곱셈은 아주 까다로워서 무언가 교묘한 방법을 고안해야 했다. 하지만 분수를 다룰 때는 덧셈이 더 어렵고, 생각해야 할 부분도 더 많다.

분수의 곱셈에서 시작해보자. 만약 30달러짜리 셔츠를 원래 가격의 5분의 4가격으로 산다고 하면, 할인 가격은 24달러가 된다. 30달러는 6달러 조각이 5개 모여 있는 것으로 볼 수 있고, 이 중 4조각을 더하면 4×6 = 24가 된다. 이것이 셔츠를 살 때 지불해야 하는 값이다.

그런데 셔츠가 잘 팔리지 않아 가격을 다시 2분의 1로 낮춘다고 해보자. 이제 가게에 가면 이 셔츠를 12달러에 살 수 있다. 이 값은 $\frac{1}{2} \times \frac{4}{5} \times 30$으로 나온 12다. 분수를 곱할 때는 분자는 분자끼리, 분모는 분모끼리 곱해주기만 하면 된다.

$$\frac{1}{2} \times \frac{4}{5} = \frac{1 \times 4}{2 \times 5} = \frac{4}{10}$$

만약 가게 주인이 할인 가격을 두 번에 나누어 낮추지 않고 한 번에 낮추었다면, 원래 가격인 30달러의 10분의 4 가격으로 판다고 광고했을 것이다. 이 값은 $\frac{4}{10} \times$ 30으로 12달러가 나온다.

두 분수를 더할 때는 상황이 좀 다르다. $\frac{1}{3} + \frac{2}{3}$는 분모가 같기 때문에 문제가 없다. 이 경우에는 두 분자를 간단히 더해서 $\frac{3}{3}$, 혹은 1이라는 값을 얻을 수 있다. 하지만 케이크 3분의 2와 케이크 5분의 4는 어떻게 더할 수 있을까? $\frac{2}{3} + \frac{4}{5}$의 값은 어떻게 얻어야 하는 걸까? $\frac{2}{3} + \frac{4}{5} = \frac{2+4}{3+5} = \frac{6}{8}$이라고 할 수 있으면 좋겠지만, 불행히도 그렇게는 안 된다.

분수를 더할 때는 다른 접근 방법이 필요하다. $\frac{2}{3}$와 $\frac{4}{5}$를 더하려면 먼저 두 분수의 분모를 일치시켜야 한다. 우선 $\frac{2}{3}$의 분자와 분모에 5를 곱해서 $\frac{10}{15}$를 만든다. 이제 $\frac{4}{5}$의 분자와 분모에 3을 곱해서 $\frac{12}{15}$를 만든다. 이제 두 분수는 15를 공통분모로 갖기 때문에 분자끼리 더하기만 하면 값을 구할 수 있게 된다.

$$\frac{2}{3} + \frac{4}{5} = \frac{10}{15} + \frac{12}{15} = \frac{22}{15}$$

분수를 소수로 만드는 법

과학계나 대부분의 응용수학계에서는 분수보다 소수로 표현하는 것을 더 좋아한다. 분수 $\frac{4}{5}$는 10을 분모로 갖는 분수 $\frac{8}{10}$과 값이 같고, 이것을 소수로 나타내면 0.8이 나온다.

분모로 5나 10을 갖는 분수는 소수로 변환이 쉽다. 하지만 $\frac{7}{8}$ 같은 값은 어떻게 소수 형태로 나타낼 수 있을까? 정수로 정수를 나눌 때는 정확히 나누어떨어지거나, '나머지'라고 부르는 어떤 값을 남기면서 '몫'으로 나누어진다는 것만 알고 있으면 된다.

$\frac{7}{8}$을 예로 들면, 분수를 소수로 변환하는 과정은 다음과 같이 이루어진다.

- 7을 8로 나누려고 하면 나누어지지 않는다거나, 혹은 몫은 0이고 나머지는 7이라고 할 수 있다. 이 경우 0을 적고, 소수점을 이어 적어 '0.'이라고 기록한다.
- 이제 70을 8로 나눈다(70은 전 단계에서 남은 나머지 값에 10을 곱한 값). 8 × 8 = 64이므로 몫은 8이고 나머지는 6(70-64)이다. 첫 번째 단계에 이어서 '0.8'이라고 기록한다.
- 이제 60을 8로 나눈다(60은 전 단계에서 남은 나머지 값에 10을 곱한 값). 7 × 8 = 56이므로 몫은 7이고 나머지는 4이다. 이것을 적으면 지금까지 단계에서는 '0.87'이 나온다.
- 이제 40을 8로 나눈다(40은 전 단계에서 남은 나머지 값에 10을 곱한 값). 여기서는 정확히 5로 나누어떨어져 나머지가 0이다. 나머지 값으로 0이 나오면 계산이 끝난다. 최종적인 답은 '0.875'이다.

이 변환법을 적용하다보면, 절대로 끝이 나지 않는 경우가 생긴다. 계산이 끊임없이 이어지는 것이다. 예를 들어 $\frac{2}{3}$를 소수로 변환하려고 하면, 각각의 단계마다 20을 3으로 나누면 몫으로 6이 나오고 나머지는 2이다. 그렇게 해서 다시 20을 3으로 나누면, 또다시 몫은 6이고 나머지는 2가 나온다. 이래서는 나머지가 0이 나오는 일은 절대 없다. 이 경우에는 무한소수인 0.666666…이 나온다. 이것은 $0.\dot{6}$이라고 표현해서 '순환소수'임을 알린다.

소수로 표현하면 이런 식으로 무한히 이어지는 분수가 많다. 분수 $\frac{5}{7}$는 꽤 흥미롭다. 이것을 계산해보면 $\frac{5}{7}$ = 0.714285714285…가 나오고 714285가 순환되는 것을 알 수 있다. 이렇게 순환되는 구간이 있어 마무리가 불가능할 때는 순환마디 위에 점을 찍어 표시한다. 이 경우에는 $\frac{5}{7}$ = $0.\dot{7}1428\dot{5}$라고 적는다.

복잡한 이집트 분수 파헤치기

기원전 천 년에서 기원전 이천 년 사이에 이집트인들은 분자 값이 1인 단위분수를 지칭하는 상형문자를 바탕으로 그들만의 분수 체계를 만들어 사용했다. 이 사실은 대영박물관에 보관된 린드파피루스$^{Rhind\ Papyrus}$(기원전 1650년경에 이집트에서 만들어진 수학책으로, 최초의 수학책 중 하나)에서 알 수 있다. 이것은 너무도 복잡한 분수 체계였기 때문에 전문적인 교육을 받은 사람만이 그 안에 숨겨진 비밀을 깨닫고 정확한 계산을 할 수 있었다.

이집트인들은 $\frac{2}{3}$와 같은 몇몇 특화된 분수도 사용했지만, 다른 나머지 분수들은 $\frac{1}{2}, \frac{1}{3}, \frac{1}{11}$ 혹은 $\frac{1}{168}$과 같은 단위분수를 이용해 표현했다. 이 단위분수들을 '기본 분수'로 이용해서 다른 모든 분수를 표현할 수 있었다. 일례로 $\frac{5}{7}$는 단위분수가 아니지만, 단위분수로 나타낼 수 있었다.

이집트의 분수

$$\frac{5}{7} = \frac{1}{3} + \frac{1}{4} + \frac{1}{8} + \frac{1}{168}$$

여기서 사용되는 단위분수는 서로 달라서 중복되지 않아야 한다. 이 분수 체계의 특징은 한 분수를 표현하는 방법은 여러 가지가 있을 수 있고, 그중 일부는 다른 것에 비해 간단하게 나타낼 수도 있다는 것이다. 일례로 $\frac{5}{7}$는 다음과 같이 나타낼 수도 있다.

$$\frac{5}{7} = \frac{1}{2} + \frac{1}{7} + \frac{1}{14}$$

'이집트 전개식'은 실용적 가치는 별로 없지만, 수 세대에 걸쳐 순수수학자들에게 영감을 불어넣었다. 여기서 어려운 문제가 제기되는 경우도 많아서 그중 일부는 지금까지도 풀리지 않은 채로 남아있다. 예를 들어 가장 짧은 이집트 전개식을 찾아내는 방법에 대한 완전한 분석은 아직도 용기 있는 수학자들의 도전을 기다리고 있다.

제곱과 제곱근
√2를 둘러싼 논증 거리들

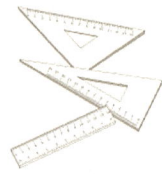

점을 이용해 정사각형 만들기를 좋아하는 사람은 피타고라스학파 사람들과 사고방식이 유사한 사람이다. 피타고라스의 추종자들은 이런 활동을 중요하게 생각했다. '피타고라스의 정리'로 유명해진 피타고라스는 그리스 사모스 섬에서 태어났으며 그의 비밀 종교 모임은 남부 이탈리아에서 번창했다. 피타고라스학파 사람들은 수학 이야말로 우주의 본성을 이해하는 핵심이라고 믿었다.

아래 그림에 나온 점들을 세어보면 제일 왼쪽에 있는 첫 번째 '정사각형'은 점 하나로 만들어진 것을 알 수 있다. 피타고라스에게 1은 영적인 기운으로 가득 찬 제일 중요한 숫자였다. 이렇게 시작해서 차례로 이어지는 정사각형의 점 개수를 세어보면 1, 4, 9, 16, 25, 36, 49, 64,…라는 사각수 Square number(일반적인 우리말 명칭으로는 제곱수라고 하지만, 여기서는 삼각수 Triangular number와의 관련성을 강조하기 위해 사각수라는 용어를 사용함)를 얻는다. 이 수들을 '완전제곱 Perfect square'이라고 부른다. 앞의 정사각형을 이루는 점의 개수와 해당 정사각형의 ㄱ 모양 바깥 점들을 더하면 사각수를 계산할 수 있다. 예를 들면 9 + 7 = 16이다. 피타고라스학파 사람들은 정사각형뿐만 아니라 삼각형, 오각형, 그리고 기타 다면체에 대해서도 생각했다.

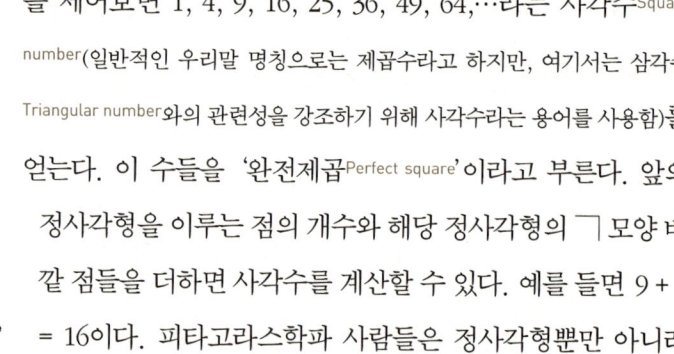

삼각수는 돌무더기를 닮았다. 이 숫자들을 세어보면 1, 3, 6, 10, 15, 21, 28, 36,… 이 나온다. 삼각수를 계산하고 싶을 때는 그 앞에 나온 삼각수에 해당 삼각형의 마

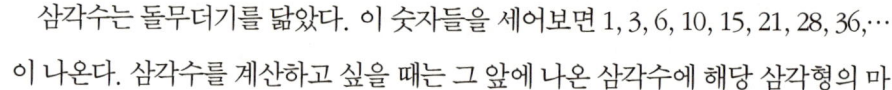

timeline

기원전 1750년
바빌로니아인, 제곱근표를 만들다.

기원전 525년
피타고라스학파, 기하학적으로 배열된 사각수에 대해 연구하다.

기원전 3세기
에우독소스 Eudoxos의 무리수이론이 유클리드 Euclid의 『원론 Elements』 제5권에 발표되다.

지막 줄에 나올 점의 개수를 더하면 된다. 예를 들어 10 다음에 오는 삼각수는 무엇일까? 그 삼각형의 마지막 줄에 들어갈 점의 개수는 5이기 때문에 간단하게 10에 5를 더해 15를 얻을 수 있다.

사각수와 삼각수를 비교해보면, 36이 양쪽 목록에 모두 등장하는 것을 알 수 있다. 하지만 이보다 더 충격적인 상관관계가 있다. 서로 이웃한 삼각수를 더해보면 어떤 결과가 나올까? 어디 한번 계산해서 목록으로 뽑아보자.

이웃한 삼각수를 더한 값	
1 + 3	4
3 + 6	9
6 + 10	16
10 + 15	25
15 + 21	36
21 + 28	49
28 + 36	64

그렇다! 이웃한 삼각수를 더하면 사각수가 나온다. 그림으로 나타내면 이것을 쉽게 증명하고 이해할 수 있다. 점 4개가 네 줄로 늘어선 사각형을 만들고 그것을 가로지르는 대각선을 그려보자(오른쪽 그림). 대각선 위쪽에 한 삼각수가 나오고, 그 아래쪽은 그 다음 삼각수가 나온다. 어느 크기의 정사각형에 대해서도 이 규칙은 성립한다. 점으로 그린 이 도표를 조금만 응용하면 영역을 계산할 수 있다. 한 면의 길이가 4인 정사각형의 넓이는 $4 \times 4 = 4^2 = 16$이 된다. 일반적으로, 정사각형에서 한 변의 길이를 x로 놓으면 넓이는 x^2이다.

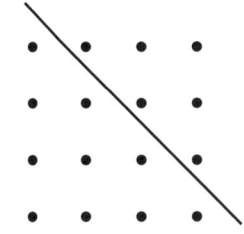

x^2은 포물선의 근간이다. 위성 수신용 접시안테나나 자동차 헤드라이트의 반사경에서 이 포물선 형태를 찾아볼 수 있다. 포물선에는 초점이 있다. 수신용 접시안테나에서는 그 초점에 수신기를 달아 우주에서 평행하게 날아온 전파가 접시안테나 곡면에서 반사되어 초점으로 모이는 것을 받는다.

자동차 헤드라이트에서는 반대로 초점에 전구를 놓아 밖으로 평행한 빛을 내보낸다. 스포츠에서 보면, 투포환, 창던지기, 해머던지기 선수들은 모든 사물이 땅으로 떨어질 때 포물선을 그린다는 것을 잘 알고 있다.

서기 630년
브라마굽타, 제곱근을 구하는 방법을 만들어내다.

1550년
제곱근 기호 루트(√)가 도입되다.

1872년
리하르트 데데킨트 Richard Dedekind
무리수이론을 제시하다.

풀리지 않는 2의 제곱근

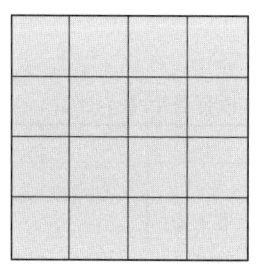

만약 질문을 반대로 던져서 16이라는 넓이를 가진 정사각형 변의 길이를 알아내라고 하면, 우리는 너무 뻔하게도 4라는 정답을 쉽게 도출할 수 있다. 16의 제곱근은 4이고, $\sqrt{16} = 4$라고 적는다. 제곱근을 구하는 기호인 $\sqrt{}$는 1500년대부터 사용되었다. 모든 사각수, 즉 제곱수는 깔끔한 정수의 제곱근을 갖는다. 예를 들면 $\sqrt{1}=1, \sqrt{4}=2, \sqrt{9}=3, \sqrt{16}=4, \sqrt{25}=5$ 등과 같이 말이다. 하지만 이들 완전제곱수 사이에는 이 밖에도 많은 수들이 존재한다. 2, 3, 5, 6, 7, 8, 10, 11, ….

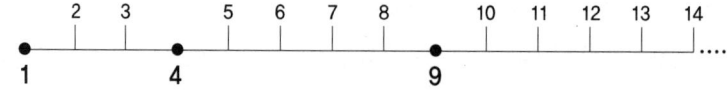

제곱근을 표기하는 기발한 방법이 있다. x^2이 x의 제곱을 나타내듯, x의 제곱근은 $x^{\frac{1}{2}}$으로 나타낼 수 있는 것이다. 이런 표기법은 밑이 같은 거듭제곱수를 곱할 때, 지수끼리 더해서 곱셈하는 방법과 잘 맞아떨어진다(밑의 값이 같은 수끼리 곱할 때는 지수끼리 더해준다. 예를 들어 $\sqrt{2}\times\sqrt{2} = 2^{\frac{1}{2}}\times 2^{\frac{1}{2}} = 2^{\frac{1}{2}+\frac{1}{2}} = 2^1 = 2$). 이것이 로그의 근간이다. 1600년경에 곱셈 문제를 덧셈 문제로 바꿀 수 있다는 것을 알게 된 후, 이 로그가 발명되었다. 또 다른 이야기를 해보자. 수에는 모두 제곱근이 있지만, 그 값이 모두 정수인 것은 아니다. 계산기의 $\sqrt{}$버튼을 이용하여 7의 제곱근을 구해보면 $\sqrt{7} = 2.645751311$이 나온다.

$\sqrt{2}$를 한번 살펴보자. 피타고라스학파 사람들에게 2라는 수는 특별한 의미가 있었다. 처음 나오는 짝수이기 때문이다(그리스인들은 짝수는 여성이고 홀수는 남성이며, 작은 수에는 독특한 특성이 있다고 생각했다). 계산기로 $\sqrt{2}$를 계산해보면, 나타낼 수 있는 자릿

수 범위에 따라 1.414213562라는 값이 나온다. 이 값이 2의 제곱근일까? 확인을 위해 1.414213562 × 1.414213562를 입력하여 실행해보자. 그러면 그 계산치는 1.999999999가 나온다. 이 값은 2가 아니다. 왜냐하면 1.414213562는 2의 제곱근의 근사치에 불과하기 때문이다.

자릿수를 아무리 늘려서 계산해 보아도 모두 근사치만 도출될 뿐이라는 사실은 아마도 상당히 놀랍게 느껴질 것이다! $\sqrt{2}$값을 소수 백만 번째 자리까지 계산해낸다고 해도 그 값은 여전히 근사치일 뿐이다. $\sqrt{2}$는 수학에서 꽤 중요한 수다. 원주율 π나 자연대수 e만큼 유명하지 않을지는 몰라도 따로 이름이 붙을 만한 자격은 충분히 있다. $\sqrt{2}$는 때때로 '피타고라스의 수Pythagorean number'라고도 불린다('Pythagorean triple'도 우리말로는 '피타고라스의 수'라고 하는데, 이것은 피타고라스의 정리 $a^2+b^2=c^2$을 만족시키는 정수 a, b, c를 말한다).

제곱근을 분수라 할 수 있을까?

제곱근이 분수인가 하는 질문은 고대 그리스인들이 알고 있던 측정이론과 관련이 있다. 길이를 측정하고 싶은 선분 AB가 있고, 더 이상 나눌 수 없는 길이의 기본 단위인 CD로 그것을 잰다고 가정해보자. AB의 길이를 재기 위해서는 선분 AB를 따라 CD를 계속 이어서 겹쳐본다. 이 길이단위를 m번 겹쳐보았더니 그 끝이 선분 AB의 끝점 B와 딱 맞아떨어진다면, 선분 AB의 길이는 간단하게 m이라고 할 수 있다. 만약 맞아떨어지지 않으면, 선분 AB를 복사해서 원본에 이어붙이면서 계속해서 길이단위를 가지고 측정할 수 있다(오른쪽 그림). 그리스인들은 이 과정을 계속하다 보면 어딘가에서는 선분 AB를 n번 복사하고 길이단위를 m번 겹쳤을 때 양쪽의 끝이 맞아떨

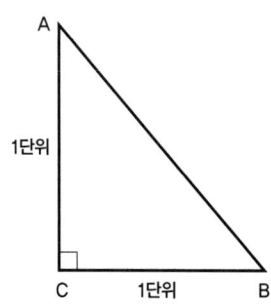

어지게 될 것이라 믿었다. 이렇게 되면 선분 AB의 길이는 $\frac{m}{n}$이다. 예를 들어 선분 AB를 3개 이어붙이고, 그 옆으로 길이단위가 29번 겹쳐서 맞아떨어졌다면, 선분 AB의 길이는 $\frac{29}{3}$가 된다.

그리스인들은 또한 빗변을 제외한 양변의 길이가 단위길이인 삼각형의 빗변 AB의 길이를 측정하는 방법에 대해서도 생각했었다. 피타고라스의 정리에 따르면 선분 AB의 길이는 기호로 $\sqrt{2}$라고 쓸 수 있으므로, '제곱근은 분수인가'라는 질문은 '$\sqrt{2} = \frac{m}{n}$인가', 즉 '$\sqrt{2}$는 분수인가'라는 질문으로 바꿀 수 있다.

$\sqrt{2}$를 소수로 표현하면 소수점 아래로 길이가 무한해질 가능성이 있음을 이미 살펴보았다. 그리고 이 사실은 $\sqrt{2}$가 분수가 아닐 가능성을 보여준다. 하지만 0.3333333… 같은 경우 소수점 아래로 숫자가 무한하지만 $\frac{1}{3}$이라는 분수로 간단하게 나타낼 수 있다. 좀더 확실하게 이를 논증할 필요가 있다.

√2를 분수라고 가정하자

이렇게 해서 우리는 수학에서 가장 유명한 증명 중 하나를 만나게 된다. 이 증명법은 그리스인들이 매우 좋아했던 증명 방식을 따른다. 바로 귀류법(어떤 명제가 참임을 증명하려 할 때 그 명제의 결론을 부정함으로써 가정 또는 공리 등이 모순됨을 보여 간접적으로 그 결론이 성립한다는 것을 증명하는 방법)이다. 먼저 $\sqrt{2}$가 분수이면서 동시에 분수가 아닐 수는 없다는 가정에서 출발한다. 이것은 '배중률'이라는 논리법칙이다. 이 논리에서 이것도 저것도 아닌 중간은 존재할 수 없다. 이런 면에서 보면 그리스인들은 재치가 있었다. 그들은 일단 $\sqrt{2}$를 분수로 가정했다. 그리고 매 단계마다 엄격한 논리를 적용해서 모순을 이끌어냈다. 우리도 한번 해보자. 일단 다음과 같이 가정한다.

$$\sqrt{2} = \frac{m}{n}$$

여기서 한 가지 더 가정할 수 있다. m과 n은 공약수를 갖지 않는다고 가정하는 것이다. 만약 공약수가 존재한다면 증명을 시작하기 전에 약분할 수 있기 때문에 이 가정은 타당하다(예를 들어 분수 $\frac{21}{35}$은 공약수 7로 약분하면 공약수가 없는 $\frac{3}{5}$이 된다).

$\sqrt{2} = \frac{m}{n}$의 양변을 제곱하면 $2 = \frac{m^2}{n^2}$이고 따라서 $m^2 = 2n^2$이 된다. 여기서 처음 주목하고 넘어갈 부분은 m^2은 어떤 숫자의 2배이기 때문에 분명 짝수라야 한다는 점이다. 그리고 다음으로 m 자체는 홀수가 될 수 없다. 홀수의 제곱은 홀수이기 때문이다. 따라서 m도 역시 짝수라야 한다.

여기까지는 논리적으로 문제가 없다. m은 짝수이므로 어떤 값의 두 배이고, 따라서 m = 2k라고 할 수 있다. 여기서 양변을 제곱하면 $m^2 = 4k^2$이다. 이 식을 $m^2 = 2n^2$에 대입하면 $2n^2 = 4k^2$이 된다. 그리고 양변을 2로 나누면 $n^2 = 2k^2$이라는 결론이 나온다. 이 등식은 낯이 익다! 위에서 사용한 논리를 적용하면 n^2은 짝수이고, n 자체도 짝수라는 결론이 나온다. 따라서 엄격한 논리를 통해 우리는 m과 n 모두 짝수이며, 2를 공약수로 갖는다는 것을 추론할 수 있다. 이것은 m과 n이 공약수를 갖지 않는다고 한 가정에 위배된다. 따라서 $\sqrt{2}$는 분수가 아니다.

모든 자연수에 대하여 (n이 완전제곱이 아닌 한) $\sqrt{n}$이 분수가 아님을 증명하는 것도 가능하다. 분수로 나타낼 수 없는 수를 '무리수'라고 부르며, 살펴보았듯이 무리수의 숫자는 무한히 많다.

05

파이 (π) 끝을 알 수 없는 매력적인 상수

π는 수학에 등장하는 숫자들 중에서 단연 최고의 스타다. 자연에 존재하는 다른 상수들은 다 잊는다 해도, π만큼은 그럴 수가 없다. 만약 숫자에 주는 오스카상이 있었다면, π는 한 해도 그 상을 놓치는 법이 없었을 것이다.

파이(π), 혹은 원주율은 원의 바깥 길이(원둘레)를 원의 중앙을 지나 가로지르는 길이(지름)로 나눈 값이다. 두 길이 사이의 비율을 나타내는 이 값은 원의 크기와 상관없이 항상 일정하다. 원이 크건 작건 π는 값이 변하지 않는 수학적 상수이다. π는 원의 속성에서 나온 값이지만, 원과 전혀 관계가 없는 곳에서 등장하기도 하는 등 수학의 여기저기에서 빈번하게 쓰인다.

π는 어떻게 발견된 걸까?

지름에 대한 원둘레의 비율은 아주 오래전부터 흥미를 끌었던 주제였다. 기원전 2000년경 바빌로니아인들은 원둘레가 지름보다 대략 3배 정도 길다는 사실을 발견했다.

π에 대한 수학적 이론을 제대로 시작했던 사람은 기원전 225년경 시라쿠사의 아르키메데스Archimedes이다. 아르키메데스의 업적은 여러 위인들과 어깨를 나란히 한다. 동료들을 평가하기 좋아하는 수학자들

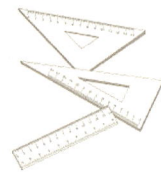

지름이 d, 반지름이 r인 원에 대하여
원둘레 = πd = 2πr
넓이 = πr^2

지름이 d, 반지름이 r인 구에 대하여
표면적 = πd^2 = 4πr^2
부피 = $\frac{4}{3}$πr^3

timeline
기원전 2000년
바빌로니아인, π값을 대략 3 정도라고 생각하다.

기원전 250년
아르키메데스, π에 가까운 근사치로 $\frac{22}{7}$를 내놓다.

은 그를 가우스Carl Friedrich Gauss('수학의 왕자'라고 불림)나 아이작 뉴턴Isaac Newton 경과 같은 반열에 올려놓았다. 이들의 평가가 어찌되었든 수학을 위한 명예의 전당이 생긴다면 아르키메데스도 거기에 이름을 올릴 것이라는 것만큼은 틀림없다. 하지만 그는 상아탑에 틀어박혀 학문만 하던 사람은 아니었다. 그는 천문학, 수학, 물리학 같은 학문 분야에도 공헌을 했지만 투석기, 지레, 집광거울 등의 무기를 설계하여 전쟁에서 로마 병사들의 접근을 막는 데도 한몫을 했다. 그에게는 학자들에게 흔히 보이는, 생각이 없는 듯 멍한 태도가 분명 있었다. 그렇지 않고서야 무엇이 그가 부력의 원리를 발견했을 때 욕조에서 뛰어나와 '유레카(알았다)'를 외치며 알몸으로 길거리를 뛰어다니게 만들었겠는가? 아쉽게도 π를 발견하고서는 어떻게 기뻐했는지에 대한 기록은 남아있지 않다.

지름에 대한 원둘레의 비율로 정의되는 π는 원의 넓이와 어떤 관계가 있을까? 이것은 반지름이 r인 원의 넓이가 πr^2임을 이끌어내는 추론이다. 사실 π에 대해서는 '원둘레÷지름'이라고 하는 정의보다 원의 넓이 공식이 더 많이 알려져 있다. π가 넓이와 원둘레에 이중으로 관여한다는 사실이 놀랍다.

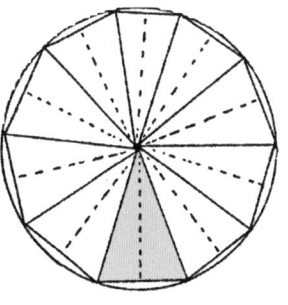

이것을 어떻게 증명할 수 있을까? 원을 밑변의 길이가 b이고 높이는 반지름 r과 거의 비슷한 좁은 이등변 삼각형들로 쪼개보자. 이렇게 하면 원 안으로 원의 넓이에 근접하는 넓이를 가진 다각형을 만들 수 있다. 시작하는 의미로 원을 삼각형 1,000개로 쪼개보자. 이 논증 과정은 근사치를 이용해 진행한다. 이 삼각형들을 서로 이웃한 것끼리 합치면 넓이가 대략 b×r인 사각형을 만들 수 있고, 다각형 전체의 넓이는 500×b×r이 된다. 500×b는 대략 원둘레의 절반에 해당하기 때문에 그 값은 πr이다. 따라서 다각형의 넓이는 $\pi r \times r = \pi r^2$이다. 더 작은 삼각형으로 쪼갤수록 근사치도 실제 값에 더 가까워질

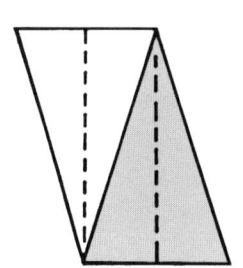

서기 1706년
윌리엄 존스, π라는 기호를 도입하다.

1761년
람베르트, π가 무리수임을 증명하다.

1882년
린데만, π가 초월수임을 증명하다.

것이고, 극한을 적용하면 원의 넓이는 πr^2이라는 결론을 내릴 수 있다.

아르키메데스는 π의 값이 $\frac{223}{71}$과 $\frac{220}{70}$ 사이라고 추정했다. π의 근사치로 $\frac{22}{7}$라는 값이 친숙해진 것은 아르키메데스 덕분이다. 원주율을 나타내는 기호 π를 실제로 지정한 사람은 거의 알려지지 않은 웨일스의 수학자 윌리엄 존스William Jones였다. 그는 18세기에 런던왕립학회 부회장을 맡기도 하였다. 원의 비율이라는 맥락으로 π를 대중화한 사람은 수학자이자 물리학자인 레온하르트 오일러였다.

지구를 돌고 돌아도 정확히 알 수 없는 값

π의 정확한 값은 결코 알 수가 없다. 무리수이기 때문이다. 이것은 1768년에 요한 람베르트Johann Lambert에 의해 증명되었다. π 값을 소수로 풀어내면 예측 가능한 패턴 없이 무한히 반복된다. 소수점 20번째 자리까지 풀어낸 값은 3.14159265358979323846…이다. 중국 수학자들은 √10값으로 3.16227766016837933199를 사용했고, 브라마굽타가 서기 500년경에 이 값을 π값으로 사용했다. 이 값은 π의 실제 값과 비교하면 벌써 소수점 두 번째 자리부터 달라졌기 때문에 대충 3이라고 하는 것과 비교해 그리 나을 것이 없었다.

π값은 급수Series of number를 이용해 계산할 수 있다. 잘 알려진 급수를 하나 살펴보면 다음과 같다.

$$\frac{\pi}{4} = 1 - \frac{1}{3} + \frac{1}{5} + \frac{1}{7} + \frac{1}{9} - \frac{1}{11} + \cdots$$

이 수식은 π로 수렴하는 과정이 끔찍하게 느려서 손으로 직접 계산하는 것은 거의 절망적이다. 한편, 오일러는 π로 수렴하는 놀라운 급수를 발견해냈다.

$$\frac{\pi^2}{6} = 1 + \frac{1}{2^2} + \frac{1}{3^2} + \frac{1}{4^2} + \frac{1}{5^2} + \frac{1}{6^2} + \cdots$$

독학으로 공부한 천재 스리니바사 라마누잔Srinivasa Ramanujan은 놀라울 정도로 π 값에 근접한 값이 나오는 수식을 고안해냈다. 이 수식에는 2의 제곱근만 들어간다.

$$\frac{9{,}801}{4{,}412}\sqrt{2} = 3.14159273001330566031399961890\cdots$$

수학자들은 π에 매혹되었다. 람베르트는 π가 분수가 될 수 없음을 증명했고 1882년에 독일의 수학자 페르디난트 폰 린데만Ferdinand von Lindemann은 π와 관련된 가장 유명한 미해결 문제를 풀어냈다. π가 초월수임을, 즉 대수방정식(x의 거듭제곱만을 포함하는 방정식)의 해解가 될 수 없음을 증명한 것이다. 이 '시대의 수수께끼'를 풀어냄으로써 린데만은 '주어진 원과 같은 넓이의 정사각형을 만드는 문제Squaring the circle'에도 방점을 찍었다. 한 원을 주고 자와 컴퍼스만을 이용해서 그것과 같은 넓이를 가진 정사각형을 작도하는 것이 도전과제였다. 린데만은 결론적으로 그것이 불가능함을 증명했다. 이를 뜻하는 영어 표현인 'squaring the circle'은 '불가능'이라는 의미로 사용되기도 한다.

π의 실제 값 계산은 신속하게 진행되었다. 1853년에 윌리엄 샨크스William Shanks는 소수 607번째 자리까지 정확한 값을 계산했다고 주장했다(사실은 527번째 자리까지만 맞았다). 현대에 들어와서는 컴퓨터 덕분에 π값을 더 많은 소수 자리까지 구할 수 있게 되었다. 1949년에는 에니악ENIAC 컴퓨터를 이용해 2,037번째 자리까지 π값을 계산했는데, 이 작업에만 무려 70시간이 들었다. 2002년에 들어서는 소수 1,241,100,000,000번째 자리라는 경이적인 자릿수까지 계산하였는데, 여기에도 계속 꼬리가 달라붙고 있는 중이다. 만약 적도에 서서 π를 소수점 아래로 계속 써내

려 간다면, 샹크스가 계산한 값은 총 14미터 길이에 이르게 된다. 그러나 2002년에 계산한 값을 적어 내려간다면, 지구를 무려 62바퀴나 돌 수 있게 된다!

사람들은 π에 대해서 다양한 질문을 던졌고, 또 그에 따른 답변을 내놓았다. π에서 나오는 숫자들은 무작위일까? 미리 순서를 정해놓은 숫자 배열을 소수점 아래로 전개한 π값에서 찾는 것이 가능할까? 예를 들어 0123456789를 찾아낼 수 있을까? 1950년대에는 이것을 풀 수 없는 문제로 여겼다. 2,000번째 자리까지 알려진 π값에서는 아무도 그런 숫자 배열을 찾아내지 못했다. 손꼽히는 수학자였던 네덜란드의 브로우베르 L.E.J. Brouwer는 이 질문은 무의미하며, 그것을 알아보는 것 자체가 불가능한 일이라고 했다. 1997년에는 이 숫자 배열이 17,387,594,880번째 자리에서 시작한다는 것이 밝혀졌다. 적도 비유를 들자면, 지구 한 바퀴를 돌기 약4,800킬로미터 전에 찾아낸 것이다. 6이 10개 줄지어 있는 배열은 1,000킬로미터를 가기 전에서 찾아낼 수 있지만, 7이 10개 줄지어 있는 배열은 지구를 한 바퀴 돌고도 5,800킬로미터를 더 가야 찾을 수 있다.

왜 π값에 집착하는가

π의 값을 그렇게 많은 자릿수까지 알아봐야 그것이 대체 무슨 소용일까? 어쨌거나 계산할 때는 대부분 소수 몇 자리 정도까지만 알아도 충분하고, 실용적으로 적용하는 데 있어서도 아마 10자리 이상은 필요하지 않으며, 아르키메데스가 사용한 $\frac{22}{7}$라는 근사치만 사용해도 대부분 충분할 것이다. 하지만 단지 재미만을 위해서 이렇게 많은 자릿수까지 계산하는 것은 아니다. π값 계산은 수학자들을 매혹시키기도 하지만, 컴퓨터의 한계를 시험해보는 것에도 사용된다.

π와 관련된 이야기 중에서 아마도 가장 기이한 일화는 미국 인디애나 주의회에

시에 등장하는 π

영시 하나를 외워두면 π값을 기억하는 데에 도움이 된다. 암기법을 이용해서 수학을 가르치는 전통에 따라, 마이클 키스Michael Keith는 에드거 앨런 포Edgar Allan Poe의 시 〈갈가마귀The Raven〉를 기발하게 개작해놓았다.

앨런 포의 원작	π를 위해 키스가 개작한 시
The raven E.A. Poe 갈가마귀	Poe, E. Near A Raven 갈가마귀 근처에서
Once upon a midnight dreary, while I pondered weak and weary, 어느 적적한 한밤중 내가 피로에 젖어	Midnights so dreary, tired and weary. 너무도 지루하고 지치고 피곤한 한밤중.
Over many a quaint and curious volume of forgotten lore, 잊혀진 전설이 나오는 기묘하고 신기한 책을 두고 곰곰이 생각에 잠겨 있을 때,	Silently pondering volumes extolling all by-now obsolete lore. 이제는 모두 쓸모없게 된 전설들을 극찬하는 책들에 대해 조용하게 곰곰이 생각하다가

키스가 개작한 영시를 보면 각각의 단어에 들어간 글자 개수가 π값 첫 740자리까지를 나타내고 있다(여기 나온 시 앞부분에 등장하는 π의 값은 3.1415926535897932384…이다.
Poe(3), E(1), Near(4), A(1), Raven(5), Midnights(9) …

서 π값을 법률로 정하는 법안을 통과시키려 한 것이었다. 이 일은 19세기 말에 의학 박사였던 구드윈E.J. Goodwin이 π를 이해하기 쉽게 만들자는 법안을 제출하면서 일어난 일이었다. 이 입법 과정에서 부딪힌 실무적인 문제는 제안자 자신도 자기가 원하는 값을 정할 능력이 없었다는 점이었다. 인디애나 주는 무척 다행스럽게도, π에 대한 법률을 제정하는 일이 얼마나 어리석은 것인지 법안이 완전히 통과되기 전에 깨달을 수 있었다. 그날 이후 정치인들은 π에 관련된 문제에는 손을 대는 일이 없었다.

자연대수 (e) 비밀이 많은 수

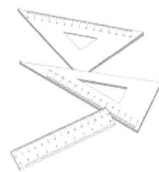

e는 유일한 라이벌인 π와 비교하면 아주 신참내기다. π는 좀더 위엄이 느껴지고, 그 역사가 바빌로니아 시대까지 장대한 세월을 거슬러 올라가는 반면, e는 역사에서 느껴지는 위압감이 훨씬 덜하다. e는 아주 팔팔하고 활기가 넘쳐서 '성장'과 관련된 곳에는 어디든 머리를 내민다. 인구에 관한 것이든, 돈이나 다른 물리량에 관한 것이든, 성장 얘기가 나오는 곳에는 어김없이 e가 등장한다.

e는 근사치가 2.71828 정도 되는 수다. 그런데 이 수가 왜 그리도 특별하다는 것일까? 이 수는 그냥 아무렇게나 뽑아낸 수가 아니라, 수학에서 가장 위대한 상수 중 하나다. 이 수는 17세기 초 몇몇 수학자들이 로그 logarithm (로그의 발명은 큰 숫자들 사이의 곱셈을 덧셈으로 변환할 수 있게 된 획기적인 사건이었다)의 개념을 명확하게 하기 위해 머리를 맞대는 과정에서 빛을 보게 되었다.

하지만 이 이야기는 사실 17세기판 전자상거래라 할 수 있는 것에서 출발한다. 야코프 베르누이 Jacob Bernoulli는 스위스 베르누이 가문의 한 사람으로, 베르누이 가문은 150년 동안 뛰어난 수학자들을 여러 명 배출하여 수학의 왕조를 이룬 것으로 유명하다. 야코프는 1683년에 복리複利 문제를 푸는 일에 착수했다.

e는 좋은 것일까, 나쁜 것일까?

1년 동안 100퍼센트라는 놀라운 금리로 종자돈 1달러(이를 원금이라고 부른다)를 예금한다고 생각해보자. 물론 예금에서 이자를 100퍼센트 주는 일은 거의 없지만,

timeline

서기 1618년
존 네이피어 John Napier, 로그와 관련하여 상수 e를 만나다.

1727년
오일러, 로그이론과 관련하여 e라는 표기법을 사용하다. 이것은 '오일러의 수'라고 불리기도 한다.

이 수치를 이용하는 것이 설명이 편하고, 나중에 수치를 실질적인 금리인 6퍼센트나 7퍼센트로 바꿔주기만 하면 개념을 똑같이 적용할 수 있다. 마찬가지로, 실제 원금이 10,000달러 정도라고 하면, 우리가 얻는 값에 10,000을 곱해주면 된다.

100퍼센트 금리로 1년이 지나고 나면 우리는 원금에 이자를 추가로 얻게 될 것이고, 이 경우 이자는 1달러가 된다. 따라서 2달러라는 짭짤한 돈이 생긴다. 이제 금리는 50퍼센트로 내리는 대신, 반년씩 따로 두 번 적용한다고 생각해보자. 첫 반년 동안 우리는 이자로 50센트를 벌게 되어, 반년이 지나면 원금은 1.5달러로 불어난다. 그리고 나머지 반년이 지나면 이 원금에 이자가 75센트 붙게 된다. 따라서 원금 1달러가 1년이 지난 후에는 2.25달러로 불어나게 된다! 1년을 반년씩 나누고 이자를 복리로 계산함으로써 25센트를 더 벌게 되었다. 별로 큰 액수가 아닌 것처럼 보이지만, 만약 처음에 투자한 돈이 10,000달러라고 하면 이자로 2,000달러가 아니라 2,250달러를 벌어들이게 된다. 반년씩 복리로 계산함으로써 250달러를 추가로 더 벌어들인 것이다.

하지만 반년마다 복리로 계산해서 저축 이자를 많이 받는다는 것은 은행에서 빌린 돈에 대해서도 이자를 많이 물어야 한다는 뜻이니까 조심하자! 이제는 1년을 4분기로 나누고 금리는 각 분기마다 25퍼센트를 적용한다고 가정해보자. 위의 계산과 비슷하게 진행하면 1달러는 2.44141달러로 불어날 것이다. 벌어들이는 이자가 점점 커지는 것을 보니, 10,000달러를 저축할 생각이면 가능한 한 1년을 더 작은 시간단위와 금리로 나누어 적용하는 것이 유리하다는 사실을 알 수 있다.

이렇게 계속하면 이자가 무한정 늘어나서 부자가 될 수 있을까? 1년을 점점 더 작은 단위로 계속 쪼개어 나가면, 오른쪽 표에서 보듯이 그 값이

복리 계산 주기	원금 이자 합
1년	$2.00000
반년	$2.25000
4분기	$2.44141
월	$2.61304
주	$2.69260
일	$2.71457
시	$2.71813
분	$2.71828
초	$2.71828

1748년
오일러, e를 23자리까지 계산하다. 이즈음에 그는 유명한 공식 $e^{i\pi} + 1 = 0$을 발견한 것으로 생각된다.

1873년
에르미트, e가 초월수임을 증명하다.

2007년
e를 10^{11} 자리까지 계산하다.

점차 하나의 고정 값으로 수렴한다. 물론 복리를 적용할 수 있는 현실적인 단위는 하루 단위다(은행에서도 이렇게 한다). 여기서 등장하는 수학적 메시지는, 수학자들이 'e'라고 칭한 이 극한치는 1달러를 연속적으로 복리로 계산했을 때 나오는 값에 해당한다는 것이다. 과연 복리는 좋은 것일까? 당신은 이미 그 답을 알고 있을 것이다. 돈을 저금하고 있다면 '그렇다', 돈을 빌리고 있다면 '아니다'.

e의 정체를 밝혀보자

π와 마찬가지로 e도 무리수이기 때문에 그 정확한 값을 알지는 못한다. e를 소수 20번째 자리까지 구한 값은 2.71828182845904523536…이다.

분자와 분모를 자릿수 두 자리로 제한하고 분수만을 이용해 e의 값에 가장 가까운 근사치를 구하면 $\frac{87}{32}$이다. 신기하게도 분자, 분모의 자릿수를 세 자리로 제한해서 최고의 근사치를 구하면 $\frac{878}{323}$이다. 이 두 번째 분수는 첫 번째 분수를 데칼코마니 그림처럼 세로로 접은 모양이다. 수학을 하다보면 이렇게 크고 작은 놀라움을 만나는 일이 많다. e를 구하는 급수 중 가장 잘 알려진 것은 다음과 같다.

$$e = 1 + \frac{1}{1} + \frac{1}{2\times1} + \frac{1}{3\times2\times1} + \frac{1}{4\times3\times2\times1} + \frac{1}{5\times4\times3\times2\times1} + \cdots$$

여기서는 느낌표를 써서 팩토리얼^{Factorial}(계승) 표기법으로 나타내는 것이 간편하다. 예를 들어 5! = 5×4×3×2×1이다. 이 표기법을 사용하면 e는 더 익숙한 다음의 형태로 표시된다.

$$e = 1 + \frac{1}{1!} + \frac{1}{2!} + \frac{1}{3!} + \frac{1}{4!} + \frac{1}{5!} + \cdots$$

이에 따라 e라는 수는 분명 어떤 패턴을 따르는 것으로 보인다. 수학적 특성을 살펴보면 e는 π보다 좀더 '대칭적'이다.

e가 분수가 아닌 무리수라는 사실은 1737년에 레온하르트 오일러에 의해 증명되었다. 1840년에 프랑스 수학자 조제프 리우빌 Joseph Liouville은 e가 이차방정식의 해가 될 수 없음을 증명하였고, 1873년에는 그의 동향 사람인 샤를 에르미트 Charles Hermite가 새로운 지평을 여는 연구를 통해 e가 초월수(대수방정식의 해가 될 수 없는 수)임을 증명했다. 여기서 중요한 것은 에르미트가 사용한 방법이었다. 9년 후에 페르디난트 폰 린데만은 에르미트의 방법을 변형해서 π가 초월수임을 증명했다. 훨씬 더 중요한 문제가 해결된 것이다.

한 가지 질문은 해결되었지만, 새로운 질문이 다시 등장했다. e의 e제곱은 초월수일까? 이렇게 괴상한 수식이 초월수가 아니면 뭐겠는가? 하지만 이것은 아직 엄밀하게 증명된 상태가 아니기 때문에 수학의 엄격한 표준을 적용하여 '추측'으로 분류해야 한다. 그래도 약간의 진전이 있어서 e의 e제곱(e^e)과 e의 e^2제곱(e^{e^2})이 동시에 초월수일 수는 없다는 사실이 증명되었다. 상당한 진전이긴 하지만, 아직은 부족하다.

π와 e 사이의 상관관계는 정말 매혹적이다. e^π과 π^e의 값은 비슷하다. 하지만 실제로 값을 계산해보지 않아도 $e^\pi > \pi^e$임을 쉽게 증명할 수 있다. 계산기로 살짝 근사치를 엿보자면 $e^\pi = 23.14069$이고 $\pi^e = 22.45916$ 정도가 나온다.

e^π는 러시아의 수학자 알렉산드르 겔폰드 Aleksandr Gelfond의 이름을 따서 '겔폰드 상수'로 알려졌고, 초월수임이 증명되었다. π^e에 대해서는 알려진 바가 훨씬 적다. 무리수라는 것도 아직 증명되지 않았다. 사실 무리수인지 아닌지도 아직 모른다.

e는 왜 중요할까?

e는 주로 성장과 관련된 곳에서 찾아볼 수 있다. 경제 성장, 인구 성장 등이 그 예다. e를 바탕으로 해서 방사성붕괴 모형을 만드는 데 사용하는 곡선도 이것과 관련이 있다.

e라는 수는 성장과 관련이 없는 문제에서도 등장한다. 18세기에 피에르 몽모르Pierre Montmort는 확률 문제를 연구했고, 그 이후로 이것은 광범위하게 연구되었다. 한 무리의 사람들이 점심을 먹기 위해 모여 모자를 벗어두었다가 헤어질 때는 모자를 무작위로 쓰고 나온다고 가정해보자. 원래의 자기 모자를 쓰는 사람이 아무도 없을 확률은 얼마나 될까?

이 확률은 $\frac{1}{e}$ (약 37퍼센트)임을 증명하는 것이 가능하기 때문에, 적어도 한 사람이 자기 모자를 쓰고 나올 확률은 $1-\frac{1}{e}$ (63퍼센트)이다. 이것은 e를 확률 문제에 적용하는 많은 사례 중 하나다. 그리고 드물게 발생하는 사건을 다루는 푸아송분포도 하나의 예다. 이런 초창기의 사례들만 있는 것이 아니다. 제임스 스털링James Stirling은 계승 값 n!의 놀라운 근사치를 찾아냈는데, 거기에도 e가 들어있다(여기에는 π도 들어있다). 그리고 통계학에서 자주 등장하는 정규분포의 '종형곡선'에도 e가 들어가고, 현수교를 지탱하는 케이블곡선의 디자인도 e를 바탕으로 이루어진다. 목록을 뽑자면 끝도 없다.

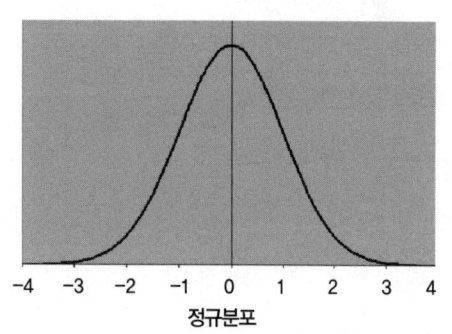
정규분포

세상을 놀라게 한 e

세상에서 가장 놀라운 공식이라 불리는 것에도 e가 들어간다. 수학에서 가장 유명한 수를 생각하면 우리는 0, 1, π, e, 그리고 허수 i = √−1을 떠올린다. 그런데 정말 이 공식은 옳은 것일까?

$$e^{i\pi} + 1 = 0$$

그렇다! 이 공식은 바로 오일러의 작품이다.

아마도 e에서 정말 중요한 것은 세대를 거치며 수학자들의 마음을 사로잡은 그 신비로움이 아닐까 싶다. 전반적으로 볼 때 e를 피할 수 있는 방법은 없다. 어네스트 빈센트 라이트^{E.V. Wright}는 왜 군이 수고스럽게 'e'가 전혀 들어가지 않는 소설을 쓰려고 했을까? 아마도 그는 필명도 따로 두고 있었을 것이다. 어쨌거나 그는 『개즈비^{Gadsby}』라는 소설에서 실제로 알파벳 e를 사용하지 않는 데 성공했다. 하지만 수학자가 e를 포함하지 않는 수학 교과서를 쓰겠다고 나서는 것은 정말 상상하기도 힘들다. 그리고 가능하지도 않다.

무한(∞) 무한의 크기를 잴 수 있을까?

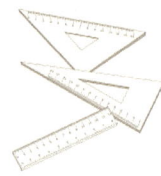

무한은 얼마나 클까? 간단하게 말해 ∞(무한의 기호)은 정말 엄청나게 크다. 한 직선을 따라 점차 큰 수를 늘어놓는데, 그 선이 무한정 뻗어나간다고 생각해보라. 아무리 큰 수, 예를 들어 $10^{1,000}$을 만들어낸다고 해도, $10^{1,000+1}$처럼 그것보다 큰 수는 늘 존재한다.

이렇게 수가 끝없이 이어진다는 것이 무한에 대한 전통적인 개념이다. 수학에서는 어떻게 해서든 무한을 이용하지만, 무한을 일반적인 수처럼 다루어서는 안 된다. 무한은 일반적인 수가 아니기 때문이다.

전체는 부분보다 크다

독일 수학자 게오르그 칸토어$^{Georg\ Cantor}$는 무한에 대해 완전히 다른 개념을 내놓았다. 그 과정에서 그는 혼자만의 힘으로 하나의 이론을 만들어냈고, 그것은 현대의 많은 수학자들을 자극했다. 칸토어이론의 기본 아이디어는 우리가 일상에서 사용하는 셈법보다도 더 간단한 아주 원초적인 셈법과 관련이 있다.

수를 셀 줄 모르는 농부가 있다고 가정해보자. 이 농부는 자기네 양이 몇 마리나 되는지 어떻게 알 수 있을까? 사실 간단하다. 아침에 우리에서 양을 한 마리씩 꺼낼 때마다 돌무더기에서 돌을 하나 꺼내 문 앞에 쌓아두면 된다. 그리고 저녁에 다시 양을 우리에 담을 때는 반대로 돌을 하나씩 돌무더기로 돌려보내면 된다. 만약

timeline

기원전 350년
아리스토텔레스, 실무한$^{實無限,\ actual\ infinite}$을 부정하다.

서기 1639년
지라르 데자르그$^{Girard\ Desargues}$, 기하학에 무한의 개념을 도입하다.

양이 한 마리 사라졌다면 문 앞에 돌도 하나 남아있게 될 것이다. 수를 이용하지 않아도 농부는 수학을 잘할 수 있다. 그는 양과 돌 사이에 일대일 대응이 성립한다는 것을 이용하고 있는 것이다. 사실 이런 원시적인 아이디어 속에는 깜짝 놀랄 만한 중요한 의미가 들어있다.

칸토어이론은 집합(집합이란 간단히 말해 개체들의 묶음을 말한다)을 다룬다. 예를 들어 N = {1, 2, 3, 4, 5, 6, 7, 8, …}이라고 하면 이것은 자연수의 집합을 의미한다. 일단 집합을 만들고 나면, 큰 집합 아래 있는 작은 집합인 부분집합에 대해 얘기할 수 있다. 예로 든 N이라는 집합에서 쉽게 생각해낼 수 있는 부분집합은 홀수의 집합 O = {1, 3, 5, 7, …}과 짝수의 집합 E = {2, 4, 6, 8, …}이 있다. '홀수와 짝수는 개수가 같은가?'라는 질문의 답은 무엇일까? 비록 각각의 집합에 들어있는 모든 원소의 개수를 일일이 다 세서 비교해보고 대답할 수는 없지만, 우리는 그 대답이 분명 '그렇다'임을 안다. 이런 확신의 근거는 무엇인가? 아마도 '자연수 중 절반은 홀수이고, 나머지 절반은 짝수니까…'라고 생각하기 때문이다. 칸토어도 같은 답을 내놓겠지만, 추론 과정은 다르다. 그는 홀수를 셀 때마다 그에 대응하는 짝수가 있기 때문이라고 말할 것이다. 집합 O와 E의 원소 개수가 같다는 생각은 각각의 홀수와 짝지을 수 있는 짝수가 있다는 사실에 근거를 두고 있다.

```
O:  1   3   5   7   9  11  13  15  17  19  21 …
    ↕   ↕   ↕   ↕   ↕   ↕   ↕   ↕   ↕   ↕   ↕
E:  2   4   6   8  10  12  14  16  18  20  22 …
```

만약 한 발 더 나가서 '자연수와 짝수의 개수는 같은가?'라고 물어본다면, 아마도 '아니오'라고 대답할 사람이 많을 것이다. 집합 N은 그 자체로 짝수집합보다 두 배 많은 수를 가지고 있다는 것이다. 하지만 무한한 개수의 원소를 갖고 있는

1655년
존 월리스 John Wallis, 무한을 나타내는 기호로 ∞을 처음 사용한 것으로 추측되다.

1874년
칸토어, 무한의 개념을 엄격하게 다루어, 무한에도 다른 급이 있음을 명시하다.

1960년대
에이브러햄 로빈슨 Abraham Robinson, 무한소라는 개념을 바탕으로 비표준해석학을 고안하다.

집합을 다룰 때는 '더 많다'라는 개념이 다소 애매하다. 이럴 때는 일대일 대응을 이용하는 편이 더 낫다. 놀랍게도, 자연수집합 N과 짝수집합 E 사이에는 일대일 대응관계가 존재한다.

$$N: \quad 1 \quad 2 \quad 3 \quad 4 \quad 5 \quad 6 \quad 7 \quad 8 \quad 9 \quad 10 \quad 11 \cdots$$
$$\updownarrow \updownarrow \updownarrow \updownarrow \updownarrow \updownarrow \updownarrow \updownarrow \updownarrow \updownarrow \updownarrow$$
$$E: \quad 2 \quad 4 \quad 6 \quad 8 \quad 10 \quad 12 \quad 14 \quad 16 \quad 18 \quad 20 \quad 22 \cdots$$

우리는 자연수와 짝수의 개수가 같다는 놀라운 결론을 얻게 된다! 이는 고대 그리스인들이 단언했던 '통념'에 정면으로 위배되는 것이다. 알렉산드리아의 유클리드가 펴낸 『원론』은 이렇게 시작한다. "전체는 부분보다 크다."

기수는 집합의 크기를 재는 값

집합에 들어있는 원소의 개수를 '기수^{Cardinality}(원소수)'라고 부른다. 양을 세는 경우에서 농부의 경리담당자가 기록한 기수는 42였다. 집합 {a, b, c, d, e}의 기수는 5이고 card{a, b, c, d, e} = 5라고 적는다. 즉 기수는 집합의 '크기'를 재는 값이다. 자연수의 집합 N과, N과 일대일 대응하는 모든 집합의 기수로 칸토어는 '알레프 0 (χ_0, 즉 '알레프^{Aleph}'는 히브리어 문자에서 따온 것이다)이라는 기호를 사용했다. 따라서 수학적 언어로 표현하자면 card(N) = card(O) = χ_0이다.

N과 일대일 대응으로 맞출 수 있는 집합은 '셀 수 있는 무한집합(또는 '가산무한집합')'이라고 부른다. 셀 수 있는 무한이라 함은 집합의 원소들을 목록으로 적어나가는 것이 가능하다는 말이다. 예를 들어 홀수의 목록은 간단하게 1, 3, 5, 7, 9, …로 적을 수 있으며, 이렇게 하면 처음 오는 원소가 무엇이고 두 번째, 세 번째, 그리고 그 이후로 무엇이 오는지 알 수 있다.

분수는 셀 수 있는 무한일까?

분수의 집합 Q를 생각하면, 자연수의 집합 N은 Q의 부분집합이라 할 수 있다는 점에서 볼 때 Q는 N보다 큰 집합이다. Q의 모든 요소를 목록으로 적어나갈 수 있을까? 음수를 포함한 모든 분수를 포괄할 수 있는 목록 작성법을 고안하는 것이 가능할까? 그렇게 큰 집합을 N과 일대일 대응시키는 것은 불가능해 보인다. 하지만 사실은 가능하다.

2차원적인 사고가 필요하다. 우선 모든 정수를 양수와 음수를 교대하여 한 줄로 적는다. 그리고 바로 그 밑으로 2를 분모로 갖는 모든 분수를 적어나가되, 윗줄에 나왔던 값은 뺀다($\frac{6}{2}=3$처럼). 이 밑으로 다시 3을 분모로 갖는 분수를 적어나가면서 마찬가지로 앞서 나왔던 값은 뺀다. 이런 식으로 계속 하면 물론 끝이 나지는 않지만, 이 도표 상에서 어떤 분수가 어디에 나타날지는 정확히 알 수 있다. 예를 들어 $\frac{209}{67}$는 67번째 줄에서 $\frac{1}{67}$의 오른쪽으로 200번째 자리에 나타난다.

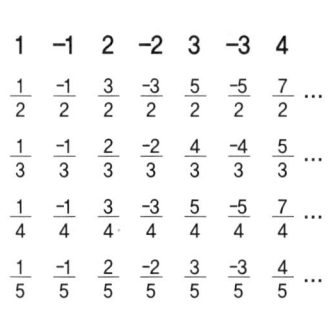

이런 식으로 모든 분수를 나타내면, 적어도 잠재적으로는 1차원 목록을 구축할 수 있다. 만약 맨 윗줄 왼쪽에서 시작해서 매 단계마다 오른쪽으로만 움직여 간다면 두 번째 줄에는 영원히 도달할 수 없을 것이다. 하지만 지그재그로 우회하는 경로를 선택하면 도달할 수 있다. 1에서 시작해서 오른쪽 그림의 화살표를 따라 목록을 일렬로 꿰어 나가면 다음과 같이 이어진다.

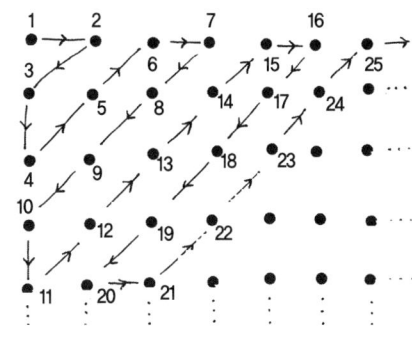

1, −1, $\frac{1}{2}$, $\frac{1}{3}$, −$\frac{1}{2}$, 2, −2, …. 양수든 음수든 모든 분수는 일직선으로 이어지는 이 1차원 목록 위에 존재한다. 역으로 1차원 목록 위의 어떤 분수든 2차원 목록 위에서 그에 대응하는 '짝'을 찾아낼 수 있다. 따라서 분수의 집

합 Q는 셀 수 있는 무한이라 할 수 있고, card(Q) = χ_0이라 적을 수 있다.

칸토어를 이기는 방법

분수의 집합은 실수 직선 위에 있는 많은 원소들을 포함하고 있지만, 실수 중에는 분수가 아닌 $\sqrt{2}$, e, π 같은 실수도 있다. 이것들은 무리수이며, 유리수가 채우지 못 하는 빈틈을 채워 완전한 실수 직선 R을 완성한다.

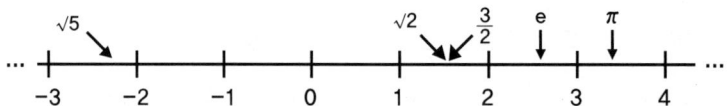

이렇게 모든 틈이 채워진 집합 R을 '연속체'라고 부른다. 그렇다면 실수 목록은 어떻게 만들 수 있을까? 칸토어는 단지 0과 1 사이의 실수만을 목록으로 작성하려고 했지만 결국에는 실패하고 말았다. 목록 만들기에 혈안이 되어 있는 사람들에게 이것은 분명 충격으로 다가올 것이며, 어째서 수로 이루어진 집합의 원소들을 하나하나 차례로 적을 수 없다는 것인지 정말 궁금해질 것이다.

칸토어의 말을 믿지 못하겠다면 한번 따져보자. 당신은 0과 1 사이 각각의 수를 소수점 아래로 무한히 확장되는 십진법으로 나타낼 수 있음을 안다.

예를 들면 $\frac{1}{2}$=0.5000000000000…, 그리고 $\frac{1}{\pi}$=0.31830988618379067153…이다. 칸토어에게 반박하려면 이렇게 말할 수 있어야 한다. "여기 0과 1 사이에 있는 모든 수를 r_1, r_2, r_3, r_4, r_5, …로 이어지는 목록으로 작성했습니다." 만약 이 목록을 만들어내지 못한다면 칸토어가 옳은 것이다.

칸토어가 당신의 목록을 보면서 대각선에 놓인 수들을 굵은 글자로 표시했다고 생각해보자.

$$r_1 : 0.\mathbf{a_1}a_2a_3a_4a_5 \cdots$$
$$r_2 : 0.b_1\mathbf{b_2}b_3b_4b_5 \cdots$$
$$r_3 : 0.c_1c_2\mathbf{c_3}c_4c_5 \cdots$$
$$r_4 : 0.d_1d_2d_3\mathbf{d_4}d_5 \cdots$$

아마 칸토어는 이렇게 말할 것이다. "좋습니다. 그런데 $x = x_1x_2x_3x_4x_5\cdots$라는 수는 대체 어디에 있습니까? 여기서 x_1은 a_1과 다르고, x_2는 b_2와 다르고, x_3는 c_3와 다르고, 이런 식으로 대각선을 따라 쭉 이어집니다." 칸토어의 x는 당신의 목록에 나와 있는 모든 수와 적어도 한 자리 이상 숫자가 다르기 때문에, 그 목록에는 존재하지 않는다. 결국 칸토어가 옳았다.

사실 실수의 집합 R에서는 목록을 만드는 것이 불가능하기 때문에 이것은 분수의 집합 Q의 무한보다 '더 큰' 무한집합이며, 무한의 등급이 더 높다. 큰 것보다 더 큰 것이다.

08 허수 쓸모 있는 가짜 수

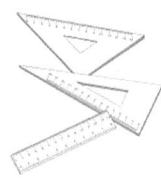

우리는 분명 수를 상상할 수 있다. 나는 가끔씩 내 은행 계좌에 백만 달러의 예금 잔고가 있는 것을 상상하고는 한다. 이 수가 '상상의 수'라는 데에는 의심의 여지가 없다. 하지만 수학에서 사용하는 상상의 수는 이런 공상과는 아무런 관련이 없다. 수학에서는 상상의 수를 '허수'라 부른다.

영어로는 허수를 'imaginary number(상상의 수)'라고 부른다. 철학자이자 수학자였던 르네 데카르트Rene Descartes는 어떤 방정식의 해는 일상에서는 절대로 볼 수 없는 이상한 수가 나온다는 것을 인식하고는 상상의 수라는 이름을 붙였다. 허수는 정말로 존재할까, 존재하지 않을까? 허수 혹은 상상의 수라는 단어에는 가짜라는 의미가 들어있기 때문에 철학자들은 이 질문을 곰곰이 생각했다. 그런데 수학자들에게는 '허수가 과연 존재하는가'라는 질문은 논쟁거리조차 되지 못한다. 그들에게 허수는 5나 π처럼 실재적인 일상의 한 부분일 뿐이다. 허수는 쇼핑가서 돈 계산할 때는 전혀 도움이 되지 않을지 모른다. 하지만 항공기설계나 전기공학에는 결코 빠져서는 안 될 중요한 수이다. 실수와 허수를 합친 것은 '복소수Complex number'라고 부른다. 이 이름은 허수, 상상의 수라는 이름보다는 철학자들의 골치를 덜 썩일 듯하다. 복소수이론은 -1의 제곱근에서 출발한다. 그럼 대체 어떤 수를 제곱해야 -1이 나오는 걸까?

0이 아닌 수를 골라서 제곱하면 언제나 양수가 나온다. 양수를 제곱할 때는 당

---

timeline

서기 1572년
라파엘 봄벨리 Rafael Bombelli, 허수로 계산을 하다.

1777년
오일러, -1의 제곱근을 상징하는 기호 i를 처음 사용하다.

연히 양수가 나오지만, 음수를 제곱해도 양수가 나올까? (-1)×(-1)을 가지고 시험해보자. 학교에서 배운 '음수끼리 곱하면 양수가 된다'는 법칙을 설령 잊어버렸다고 해도, 그 답이 -1이거나 +1이라는 것은 기억이 날 것이다. 만약 (-1)×(-1)의 값이 -1이라면, 양쪽을 -1로 나누었을 때, -1 = 1이라는 결론이 나오는데, 이것은 말이 안 된다. 따라서 (-1)×(-1)은 양수인 1이 된다고 결론내릴 수밖에 없다. -1뿐만 아니라 다른 음수에 대해서도 똑같은 논리를 적용할 수 있다. 따라서 어떤 실수를 제곱하든 그 값은 결코 음수가 될 수 없다.

복소수 개념의 초창기였던 16세기에는 이것이 걸림돌이었다. 그러나 일단 이 걸림돌을 극복하게 되자, 수학자들은 일상적인 수라는 속박에서 풀려나 기존에는 꿈도 꾸지 못했던 광활한 탐구영역으로 나갈 수 있게 되었다. 복소수의 발전은 실수를 좀더 자연스럽고 완벽한 체계로 완성시켜 주었다.

√-1을 i로 표시하기

실수 직선에 국한해서 보면, 어떤 수를 제곱해도 음수가 나올 수는 없기 때문에 -1의 제곱근은 존재하지 않는다는 것을 앞에서 살펴보았다.

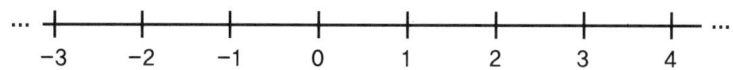

만약 우리가 계속 고집을 부려 실수 직선 안에서만 수를 생각해낸다고 하면, 허수는 그냥 상상 속의 가짜 수에 불과하다며 더 이상 신경을 쏟지 않고 철학자들과 함께 커피나 한 잔 마시러 가면 될 것이다. 아니면 과감하게 한 발을 내딛어 √-1을 새로운 실재로 받아들일 수 있다. 이것을 i라고 표시한다.

1806년
아르강, 도표로 복소수를 표현하다. 거기에 '아르강 도표'라는 이름이 붙다.

1811년
가우스, 복소수를 변수로 두는 함수를 가지고 연구하다.

1837년
윌리엄 해밀턴, 실수를 순서대로 나열한 쌍으로 복소수를 다루다.

| 공학에서의 √−1 |

대단히 실용적인 사람들인 공학자들조차도 복소수 사용법을 발견해냈다. 1830년대에 마이클 패러데이$^{Michael\ Faraday}$가 교류를 발견했을 때, 허수는 물리적 실재로 거듭나게 되었다. 이 경우에는 √−1을 i 대신 j로 표시했다. 공학에서는 i가 전류를 의미하기 때문이다.

이와 같은 단 한 번의 정신활동으로 허수는 실제로 세상에 존재하게 된다. 우리는 허수가 무엇인지 알지 못하지만, 그것의 존재는 믿는다. 적어도 우리는 $i^2 = −1$이라는 것은 안다. 따라서 우리의 새로운 수 체계 속에는 오랜 친구처럼 친숙한 1, 2, 3, 4, π, e, √2, √3 같은 실수도 들어가고 1 + 2i, −3 + i, 2 + 3i, 1 + i√2, √3 + 2i, e + πi 등의 수도 추가된다.

수학에서 이 중대한 발걸음을 내딛은 것은 19세기가 시작될 무렵이었다. 이때부터 우리는 1차원의 실수 직선을 벗어나 이상하고 새로운 2차원 복소평면의 세계로 들어가게 되었다.

실수와 많이 닮은 복소수

이제 우리 머릿속에는 a + bi의 형태를 갖는 복소수가 자리를 잡았는데, 이것으로 무엇을 할 수 있을까? 실수와 마찬가지로 복소수도 서로 더하고 곱할 수 있다. 더하기는 각각의 부분별로 더하면 된다. 따라서 2 + 3i와 8 + 4i를 더하면 (2 + 8) + (3 + 4)i가 되어 그 값은 10 + 7i이다.

곱하기도 아주 간단하다. 2 + 3i와 8 + 4i를 곱하고 싶다면, 먼저 각각의 항을 서로 곱하고 그 결과 나온 항인 16, 8i, 24i, 12i^2(i^2은 나중에 −1로 대체한다)을 모두 더해주면 된다. 그러면 (16 − 12) + (8i + 24i), 즉 4 + 32i라는 복소수 값이 나온다.

$$(2 + 3i) \times (8 + 4i) = (2 \times 8) + (2 \times 4i) + (3i \times 8) + (3i \times 4i)$$

복소수도 산수에 통용되는 일반적인 규칙을 모두 만족시킨다. 빼기와 나누기도 언제나 가능하다(0 + 0i라는 복소수로 나누는 것은 예외지만 실수에서도 0으로 나누는 것이 금지

되어 있기는 마찬가지다). 사실 복소수는 딱 한 가지만 빼고는 실수의 모든 특성을 고스란히 물려받았다. 실수는 양수와 음수로 나눌 수 있지만, 허수는 그것이 불가능하다.

아르강도표 위의 복소수

복소수의 2차원적 특성은 도표에서 분명하게 나타난다. 복소수 −3 + i와 1 + 2i를 아르강도표 위에 그려볼 수 있다. 복소수를 이렇게 그림으로 나타내는 것을 스위스 수학자 장 아르강Jean Robert Argand의 이름을 따서 아르강도표라고 부른다. 사실 이 시기에는 다른 사람들도 비슷한 개념을 이미 갖고 있었다.

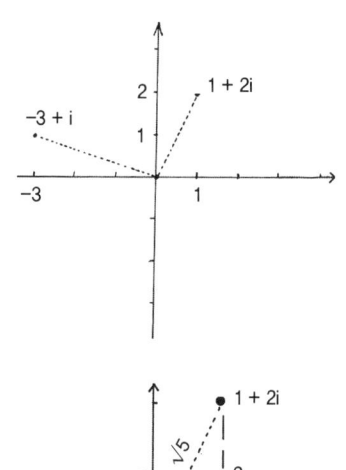

모든 복소수는 '짝'을 갖고 있으며 공식적으로는 '켤레복소수'라고 부른다. 1 + 2i의 짝은 1 − 2i로, 두 번째 항 앞의 부호를 반대로 해서 만들 수 있다. 1 − 2i의 짝은 1 + 2i가 되기 때문에 진정한 짝꿍관계라 할 수 있다.

이런 짝을 서로 더하거나 곱하면 언제나 실수 값이 나온다. 1 + 2i와 1 − 2i를 더하는 경우에는 2가 나오고, 곱하면 5가 나온다. 이 곱하기는 더욱 흥미롭다. 5라는 답은 복소수 1 + 2i의 '길이'를 제곱한 값이고, 이 길이는 그 짝의 길이와 같다. 다른 말로 하면, 복소수의 길이를 다음과 같이 정의할 수 있다.

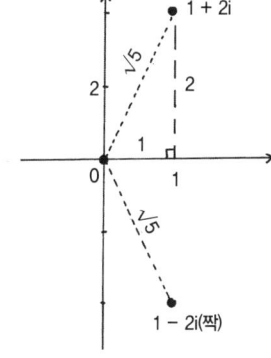

$$w\text{의 길이} = \sqrt{(w \times w\text{의 짝})}$$

−3 + i에 대해서 이것을 확인해보면, −3 + i의 길이 = √{(−3 + i)×(−3 − i)} = √(9

+ 1)이고, 따라서 −3 + i의 길이는 √10이 된다.

복소수가 신비주의와 결별할 수 있게 된 것은 19세기 아일랜드의 으뜸 수학자였던 윌리엄 로언 해밀턴William Rowan Hamilton 경의 공이 컸다. 그는 이 이론에는 사실상 i가 필요하지 않다는 것을 간파했다. 그것은 그냥 자리만 지키는 기호 역할만 했기 때문에 버려도 상관이 없었다. 해밀턴은 복소수를 실수 (a, b)를 '순서대로 나열한 쌍'으로 생각해서 이 수가 가지고 있는 2차원적인 특성을 끌어냈고, 굳이 신비주의적인 √−1에 매달리지 않았다. i를 빼면 더하기는 다음과 같이 된다.

$$(2, 3) + (8, 4) = (10, 7)$$

그리고 더하기처럼 직관적으로 이해하기는 좀 힘들지만, 곱하기는 다음과 같다.

$$(2, 3) \times (8, 4) = (4, 32)$$

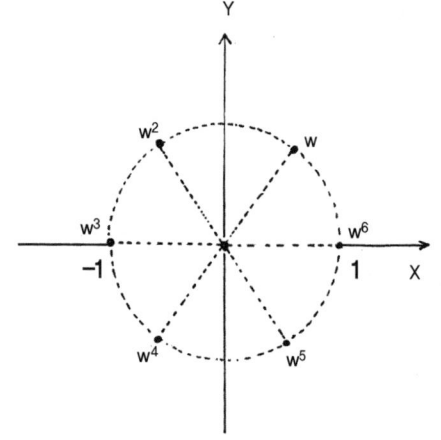

복소수의 완전성은 '1의 n제곱근'이라고 부르는 것을 생각해보면 분명하게 드러난다. 이 값은 $z^n = 1$이라는 방정식의 해다. 예로 $z^6 = 1$을 들어보자. 실수 직선상에서 보면 z = 1이나 z = −1이라는 2개의 해만 존재한다($1^6 = 1$이고 $(−1)^6 = 1$). 하지만 6차 방정식의 해는 분명 6개라야 하는데 나머지는 어디로 갔을까? 실수 제곱근과 마찬가지로 6개 제곱근의 길이는 1이고, 원점을 중심으로 반경이 1인 원 위에서 그 6개의 해를 모두 찾을 수 있다.

좀더 알아보자. 1사분면에 있는 제곱근인 $w = \frac{1}{2} + \frac{\sqrt{3}}{2}i$를 들여다보면, 반시계 방향으로 차례로 나오는 제곱근들은 각각 $w^2, w^3, w^4, w^5, w^6 =$

1에 해당하고, 모두 정육면체의 꼭짓점에 위치하고 있다. 일반적으로 1의 n제곱근은 원점을 중심으로 반경이 1인 원 위에 존재하고, 각각 정n면체의 '꼭짓점'에 위치한다.

복소수의 끊임없는 도전

일단 복소수를 갖추고 나자 수학자들은 본능적으로 일반화를 추구하기 시작했다. 복소수는 2차원이다. 하지만 2차원에만 국한되라는 법은 없다. 몇 년에 걸쳐 해밀턴은 3차원 수(삼원수)를 구축하여 그 수를 더하거나 곱할 수 있는 방법을 고안하려고 했다. 이러한 시도는 번번이 실패하였는데, 후에 4차원 수(사원수) 구축으로 관심을 돌려 이를 성공시킬 수 있었다. 곧이어 사원수 자체는 팔원수로 일반화되었다. 많은 사람들이 여기서 더 확장하면 십육원수도 가능할 것이라 예측했지만, 해밀턴의 중요한 업적 이후로 50년이 지나서야 그것은 불가능한 일이라는 사실이 밝혀졌다.

소수 세상에서 가장 기본적인 수

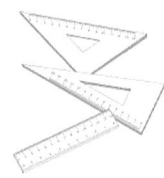

수학은 인간사 전반을 아우르는 아주 거대한 학문이기 때문에, 때로는 그 앞에서 주눅이 들기도 한다. 그래서 가끔씩은 기본으로 돌아갈 필요가 있다. 이것은 필연적으로 1, 2, 3, 4, 5, 6, 7, 8, 9, 10, 11, 12, … 같은 자연수로 돌아감을 의미한다. 그런데 이것보다 더 기본적인 수가 있을까?

자, 4 = 2 × 2이니까 4는 소인수로 쪼갤 수 있다. 다른 수도 이렇게 쪼갤 수 있을까? 사실 이런 수는 이것 말고도 많다. 예를 들면 6 = 2×3, 8 = 2×2×2, 9 = 3×3, 10 = 2×5, 12 = 2×2×3 등이다. 이런 수들은 2, 3, 5, 7 같은 기본적인 수로 만들어지기 때문에 합성수라고 한다. '쪼갤 수 없는 수'는 2, 3, 5, 7, 11, 13 같은 수들이다. 이런 수를 소수素數라고 한다. 소수는 1과 자신으로만 나누어지는 수이다. 그렇다면 1 자체도 소수인가라는 의문이 생긴다. 이 정의에 따르면 당연히 그래야 하고, 과거의 많은 저명한 수학자들도 1을 소수로 다루었다. 그러나 현대의 수학자들은 1은 제외하고 2부터 소수로 친다. 이렇게 하면 정리定理, Theorem들을 우아하게 표현할 수 있다. 그러니 우리도 2를 첫 소수로 하자.

1부터 시작하는 자연수들 중에서 소수에 밑줄을 그어보자. 1, <u>2</u>, <u>3</u>, 4, <u>5</u>, 6, <u>7</u>, 8, 9, 10, <u>11</u>, 12, <u>13</u>, 14, 15, 16, <u>17</u>, 18, <u>19</u>, 20, 21, 22, <u>23</u>, … 소수 연구는 기본 중의 기본으로 우리를 안내한다. 소수는 수학을 구성하는 '원자'라고 할 수 있기 때문에 무척 중요하다. 기본적인 화학 원소에서 다른 모든 화합물이 만들어지듯이, 소수

timeline

기원전 300년
유클리드, 『원론』에서 소수의 개수가 무한하다는 것을 밝히다.

기원전 230년
키레네의 에라토스테네스, 자연수에서 소수를 체로 걸러내는 방법을 기술하다.

를 이용하여 수학적 화합물을 만들어낼 수 있다.

수학적으로 이 모든 내용을 종합한 결과물은 '소인수분해 유일성의 정리Prime-number decomposition theorem'라는 거창한 이름을 가지게 되었다('정수론의 기본정리' 혹은 '산술의 기본정리'라고도 함). 이 정리에 따르면 1보다 큰 모든 자연수는 소수의 곱으로 표현할 수 있고, 그 소수의 조합 방법은 딱 한 가지밖에 없다. 예를 들어 $12 = 2 \times 2 \times 3$이고, 이 외에 소수로 표현하는 다른 방법은 없다. 이는 다시 제곱 표기법을 사용해서 적는다. 그렇게 표현하면 $12 = 2^2 \times 3$이다. 예를 하나 더 들면, 6,545,448은 $2^3 \times 3^5 \times 7 \times 13 \times 37$로 적을 수 있다.

소수를 찾아내는 갖가지 방법

안타깝게도 소수를 확인하는 공식은 없으며, 자연수에서 소수가 등장하는 방식에도 일정한 패턴이 없는 것 같다. 소수를 찾아내는 법을 처음으로 만들어낸 사람은 아르키메데스와 같은 시대에 살았고 인생 중 상당 기간을 아테네에서 보낸 키레네의 에라토스테네스Eratosthenes였다. 그는 적도의 길이를 정확히 계산해내 당시에 많은 존경을 받았다. 오늘날에는 소수를 찾아내는 체를 발명한 것으로 유명하다. 그는 자연수가 자기 앞에 펼쳐져 있다고 상상하고는 2에 밑줄을 치고, 2의 배수를 모두 지웠다. 같은 방법으로 3에 밑줄을 치고, 3의 배수를 모두 지웠다. 이런 식으로 계속 하면서 그는 모든 합성수를 체로 걸러냈다. 이 과정을 거친 후, 체에 남아있는 밑줄 그어진 수들이 바로 소수였다.

이렇게 하면 소수를 예측할 수 있게 된다. 하지만 어떤 주어진 수가 소수인지 아닌지는 어떻게 판단할 수 있을까? 19,071이나 19,073 같은 수는 어떤가? 소수 2와 5를 제외하면 모든 소수는 1, 3, 7, 9로 끝나야 하지만, 이 숫자로 끝난다고 해서 모

서기 1742년
골드바흐, 2보다 큰 모든 수는 두 소수의 합으로 나타낼 수 있다고 추측하다.

1896년
소수의 분포에 관한 소수 정리가 증명되다.

1966년
첸징룬, 골드바흐의 추측을 거의 확인하다.

0	1	2	3	4	5	6	7	8	9
10	11	12	13	14	15	16	17	18	19
20	21	22	23	24	25	26	27	28	29
30	31	32	33	34	35	36	37	38	39
40	41	42	43	44	45	46	47	48	49
50	51	52	53	54	55	56	57	58	59
60	61	62	63	64	65	66	67	68	69
70	71	72	73	74	75	76	77	78	79
80	81	82	83	84	85	86	87	88	89
90	91	92	93	94	95	96	97	98	99

두 소수인 것은 아니다. 끝이 1, 3, 7, 9로 끝나는 큰 수가 소수인지 아닌지 알아내려면 가능한 소수의 조합을 이리저리 시도해 보는 수밖에 없다. 덧붙여 말하자면 19,071 = $3^2 \times 13 \times 163$은 소수가 아니지만, 19,073은 소수다.

또 하나의 과제는 소수의 분포에 어떤 패턴이 있는지 찾아내는 일이다. 1부터 1,000까지를 100 단위의 구간별로 나누었을 때, 각각의 구간마다 소수가 얼마나 많은지 알아보자.

범위	1~100	101~200	201~300	301~400	401~500	501~600	601~700	701~800	801~900	901~1,000	1~1,000
소수의 개수	25	21	16	16	17	14	16	14	15	14	168

1792년 당시 15살에 불과했던 가우스는 주어진 수 n보다 값이 작은 소수의 개수를 추정해주는 공식 P(n)을 제안했다(이것은 소수정리라 불린다). n을 1,000으로 잡으면 이 공식은 172라는 근사치를 내놓는다. 실제 1,000보다 작은 소수의 개수는 168개로, 이 추정치보다는 적다. 과거에는 n에 어떤 값을 대입해도 소수의 실제 개수는 추정치보다 항상 작을 것으로 추측했으나, 소수가 놀라울 정도로 몰려있는 경우가 많아서 n을 10^{371}(풀어서 쓰면 1 뒤로 0이 371개나 따라 붙을 정도로 큰 수다)으로 잡으면 소수의 실제 개수는 추정치를 뛰어넘게 된다. 사실, 일부 자연수 구간에서는 추정치가 실제 개수보다 많고 적기를 반복하기도 한다.

소수의 개수는 무한하다?

소수는 무한히 많다. 유클리드는 자신의 책 『원론(9권, 명제 20번)』에서 "그 어떤 큰 소수를 갖다놓아도 그보다 큰 소수가 존재한다"라고 진술했다. 유클리드는 이 것을 이렇게 아름답게 증명해냈다.

"P가 가장 큰 소수라고 가정하고, N = (2×3×5×⋯×P) +1이라고 하자. N은 소수이거나 소수가 아니다. 만약 N이 소수라면 이것은 가장 큰 소수라 가정한 P보다 크기 때문에 원래의 가정에 모순된다. 만약 N이 소수가 아니라면 어떤 소수 P로 나눌 수 있어야 하고 P는 2, 3, 5, ⋯, P 중 하나가 되어야 한다. 이는 N − (2×3×5 ×⋯× P)가 P로 나누어떨어짐을 의미하지만, N − (2×3×5×⋯×P)의 값은 1이므로 결국 1이 P로 나누어떨어져야 함을 의미한다. 하지만 모든 소수는 1보다 크기 때문에 이는 불가능하다. 따라서 N의 특성에 상관없이 모순에 봉착하게 된다. 가장 큰 소수 P가 존재한다고 한 우리의 원래 가정은 거짓이다. **결론 : 소수의 개수는 무한하다**."

소수의 개수는 무한하지만, 그렇다고 해서 인류에게 알려진 가장 큰 소수를 찾아내려는 사람들의 노력을 막지는 못했다. 최근에 세운 기록은 거대한 메르센 소수인 $2^{24,036,583}-1$로, 이 값은 대략 $10^{7,235,732}$ 정도이다. 이 수는 1로 시작해서 뒤로 0이 7,235,732개 따라 붙는다(2011년 현재 이보다 더 큰 메르센 소수가 몇 개 더 발견되었다).

풀리지 않은 문제

소수와 관련해서 아직까지 풀리지 않은 것들 중 특히 눈에 띄는 분야는 '쌍둥이 소수 문제'와 그 유명한 '골드바흐의 추측'이다.

쌍둥이 소수란 두 수의 차이가 2인 연속된 소수의 쌍을 말한다. 1과 100 사이에 있는 쌍둥이 소수는 (3, 5), (5, 7), (11, 13), (17, 19), (29, 31), (41, 43), (59, 61), (71, 73)이다. 10^{10}보다 작은 수 중에는 쌍둥이 소수가 27,412,697쌍이 있다고 한다. 이는 12(쌍둥이 소수 11과 13 사이)처럼 쌍둥이 소수 사이에 낀 짝수가 이 범위의 수들 중 겨우 0.274퍼센트 정도밖에 안 된다는 것을 의미한다. 쌍둥이 소수의 개수도 무한할까? 그렇지 않다면 오히려 이상하겠지만, 지금까지 그 누구도 이것을 증명해내지 못했다.

크리스티안 골드바흐Christian Goldbach는 다음과 같이 추측했다.

2보다 큰 모든 짝수는 두 소수의 합이다.

예를 들면, 42는 짝수이고 5 + 37로 적을 수 있다. 42는 11 + 31, 13 + 29, 19 + 23처럼 다른 조합으로도 쓸 수 있지만, 이것은 중요하지 않다. 어떤 조합이든, 적어도 하나가 있다는 것만 알면 충분하다. 지금까지 엄청나게 넓은 범위의 수에 적용해본 결과로는 이 추측이 옳다는 것을 알 수 있지만, 일반화해서 증명하지는 못했다. 그러나 어느 정도 진전이 있었기 때문에 증명할 날이 그리 멀지 않았다고 생각하는 사람들도 있다. 중국 수학자 첸징륜陳景潤은 큰 걸음을 내딛었다. 그는 충분히 큰 모든 짝수는 두 소수의 합이나, 혹은 하나의 소수와 하나의 준소수(두 소수를 곱해서 나온 수)의 합으로 나타낼 수 있음을 증명하였다.

정수론의 대가인 피에르 페르마Pierre de Fermat는 4k + 1의 형태를 띠는 소수는 두 제곱수의 합으로 표현하는 방식이 딱 하나씩 존재하지만(예를 들면 17 = 1^2 + 4^2), 4k + 3의 형태를 띠는 소수는 두 제곱수의 합으로 표현하는 것이 아예 불가능하다는 것을(예를 들면 19) 증명했다. 조제프 라그랑주Joseph Lagrange는 제곱에 대한 유명한 정리를 증명하기도 했다. 그 정리에 따르면 모든 양의 정수는 제곱수 4개의 합이다. 예를 들면 19 = $1^2 + 1^2 + 1^2 + 4^2$이다. 제곱을 넘어 세제곱 이상에 대해서도 연구가 이루어지고 이런저런 정리를 담은 책들이 쏟아져 나왔지만, 아직도 많은 문제들이 풀리지 않은 채 남아있다.

앞서서 소수를 '수학의 원자'라고 표현했다. 그럼 분명 이런 질문이 돌아올 것이다. "물리학자들은 원자를 넘어 쿼크처럼 더 근본적인 단위까지 찾아냈다. 그런데 수학은 여전히 제자리에만 머물러 있는 것인가?" 정수에만 국한해서 생각하면 5는 소수이고, 또 영원히 그럴 것이다. 하지만 가우스는 중요한 발견을 했다. 5 같은 일부 소수는 5 = (1 − 2i) × (1 + 2i)로 표현할 수 있다는 것이다(여기서 i는 허수 체계에서 사용하는 $\sqrt{-1}$이다). 5나 이와 비슷한 수는 가우스 정수$^{\text{Gaussian integer}}$(실수부와 허수부가 모두 정수인 복소수)의 곱으로 나타낼 수 있기 때문에 한때 추측했던 것처럼 쪼개는 것이 아주 불가능한 것은 아니다.

> **수점술사의 수**
>
> 수에 관한 이론 중 가장 도전적인 영역 중 하나는 '워링의 문제$^{\text{Waring's problem}}$'이다. 1770년에 캠브리지 대학의 교수였던 에드워드 워링$^{\text{Edward Waring}}$은 자연수를 거듭제곱의 합으로 표현하는 문제를 제안했다. 바로 여기서 수점술^{numerlogy}의 마술이 소수, 제곱수의 합, 세제곱수의 합의 형태를 띤 수학이라는 객관적인 과학과 만나고 있다. 수점술에서 보면, 성서에서는 '짐승의 숫자'라고 이르며 이단의 숫자로서 독보적인 위치를 차지하고 있는 666은 뜻밖의 특성을 가지고 있다. 666은 처음 나오는 일곱 개 소수의 제곱수의 합이다.
>
> $$666 = 2^2 + 3^2 + 5^2 + 7^2 + 11^2 + 13^2 + 17^2$$
>
> 그리고 수점술사들은 예리하게도 666은 1부터 6까지를 세제곱해서 앞뒤로 더해나간 값이기도 하다는 점을 지적한다. 그리고 그것으로도 모자라다면, 여기서 가운데 자리를 차지하고 있는 6^3은 6×6×6을 줄여 쓴 것이라고 지적한다.
>
> $$666 = 1^3 + 2^3 + 3^3 + 4^3 + 5^3 + 6^3 + 5^3 + 4^3 + 3^3 + 2^3 + 1^3$$
>
> 과연 666은 진정 '수점술사의 수'라 할 만하다.

완전수 숫자의 완전함을 꿈꾼다

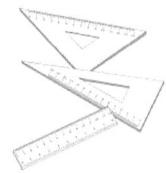

수학에서 완전에 대한 추구는 거기에 열광하는 사람들을 다른 곳으로 이끌었다. 완전제곱수라는 것도 있기는 하지만 여기서 사용한 완전이라는 말은 미학적인 의미보다 오히려 세상에는 불완전한제곱수가 존재한다는 것을 경고하는 의미가 더 강하다. 다른 방향으로 눈을 돌려보면, 어떤 수는 약수가 몇 개 없고, 어떤 수는 약수가 많다. 하지만 그런 수들 중에는 정말 '딱' 들어맞는 수가 있다. 이를테면 어떤 수에서 자신을 제외한 나머지 양의 약수의 합이 그 수 자체의 값과 같은 경우가 있다. 이와 같은 수를 완전수라고 한다.

삼촌 플라톤으로부터 아카데메이아 학원의 운영을 넘겨받은 그리스 철학자 스페우시포스Speusippus는 피타고라스학파 사람들은 숫자 10을 완전한 수라고 믿는다고 단언했다. 왜일까? 1과 10 사이에 있는 소수(2, 3, 5, 7)의 개수와 소수가 아닌 수(4, 6, 8, 9)의 개수가 같고, 10은 이런 특성을 가진 수 중 제일 작은 수이기 때문이라고 한다. 별 희한한 완전의 개념도 다 있다.

피타고라스학파 사람들은 실제로 완전수에 대한 개념이 무척 풍부했던 것으로 보인다. 유클리드는 『원론』에서 완전수의 수학적 특성을 묘사했고, 400년 후 니코마코스Nicomachus가 이를 심도 있게 연구해서 친화수Amicable number(두 수의 쌍이 있어서, 어느 한 수의 진약수를 더한 값이 나머지 다른 수가 되는 것을 말한다. 진약수는 원래 수 자신을 제외한 나머지 약수를 이른다), 심지어는 사교수Sociable number(어떤 수 A의 진약수의 합이 B이고, 다시 B의 진약수의 합이 C가 되는 식으로 계속 이어 갔을 때 다시 원래의 수 A로 돌아오는 수의 모임을 사교수라고 한다)가 탄생하기에 이르렀다. 이런 분류는 그 수 자신과 그 수의 약수 사

timeline

기원전 525년
피타고라스학파 사람들, 완전수와 과잉수에 관심을 두다.

기원전 300년
유클리드, 『원론』 9권에서 완전수에 대해 논의하다.

서기 100년
게라사의 니코마코스, 완전수를 바탕으로 수를 분류하다.

이의 관계로 정의된다. 그러다가 어느 시점에 가서는 과잉수Superabundant number와 부족수Deficient number의 이론을 내놓게 되었으며, 결국 이것이 그들이 말하는 완전의 개념을 낳았다.

어떤 수가 과잉수인지 아닌지는 약수를 이용해 판단하고, 이는 곱하기와 더하기 사이의 관련성을 바탕으로 이루어진다. 30을 예로 들면, 30과 나누어떨어지면서 30보다는 작은 모든 약수를 생각해보자. 30처럼 작은 수의 경우에서 그 약수는 1, 2, 3, 5, 6, 10, 15임을 알 수 있고, 이 약수를 모두 더하면 42가 나온다. 30은 그 약수의 합이 30 그 자체보다 크기 때문에 과잉수이다.

부족수는 이와 반대다. 약수의 합이 자기 자신의 값보다 작으면 부족수가 된다. 예를 들어 26의 약수는 1, 2, 13이고 이를 합하면 26보다 작은 16밖에 되지 않기 때문에 26은 부족수이다. 소수는 약수의 합이 언제나 1에 불과하므로 아주 심한 부족수이다.

제일 처음 등장하는 완전수들

순서	1	2	3	4	5	6	7
완전수	6	28	496	8,128	33,550,336	8,589,869,056	137,438,691,328

과잉수도, 부족수도 아닌 수는 완전수다. 완전수의 약수를 모두 더하면 완전수 그 자체의 값이 나온다. 수에서 처음 등장하는 완전수는 6이다. 6의 약수는 1, 2, 3이고 이를 모두 더하면 6이 나온다. 피타고라스학파 사람들은 6이라는 수가 부분들 간에 서로 기가 막히게 조화되는 것에 매료된 나머지, 6을 '결혼, 건강, 아름다움' 등으로 부르기도 했다. 성 아우구스티누스(354~430년)가 들려준 6과 관련된 또 하나의 이야기가 있다. 그는 6의 완전함은 세상이 존재하기 전부터 존재했으며, 이

1603년
피에트로 카탈디Pietro Cataldi, 6번째, 7번째 완전수인 216(217-1) = 8,589,869,056과 218(219-1) = 137,438,691,328을 찾아내다.

2008년
대형 소수 탐사 프로젝트에 의해 44번째 메르센 소수(자릿수가 거의 천만 자리)를 발견하다 (2011년 현재 47번째까지 발견, 자릿수 천만 자리 넘김).

세상이 6일 만에 창조된 것은 이 수가 완전하기 때문이라고 믿었다.

6 다음에 나오는 완전수는 28이다. 28의 약수는 1, 2, 4, 7, 14이고, 이를 합하면 28이 나온다. 이 두 완전수 6과 28은 완전수 분야에서 다소 특별한 위치를 차지하고 있다. 짝수인 모든 완전수는 6이나 28로 끝난다는 것을 증명할 수 있기 때문이다. 28 뒤로 완전수가 다시 등장하려면 496까지 기다려야 한다. 496이 정말 그 약수의 합과 같은지는 쉽게 확인할 수 있다. 496 = 1 + 2 + 4 + 8 + 16 + 31 + 62 + 124 + 248이다. 그 다음 완전수를 만나려면 이른바 수학의 성층권이라 부를 만한 높은 곳까지 찾아올라가야 한다. 16세기에 이미 다섯 번째 완전수까지 밝혀졌지만, 아직도 우리는 가장 큰 완전수가 존재하는지, 아니면 완전수가 무한히 커지면서 계속 등장하는지에 대해서는 밝혀내지 못했다. 완전수도 소수처럼 무한히 이어진다는 의견이 우세하긴 하다.

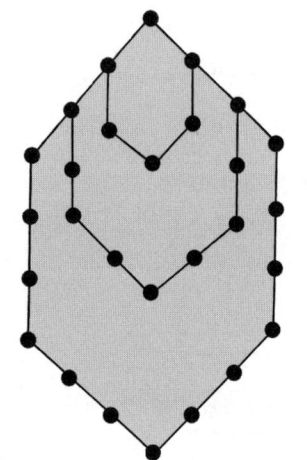

피타고라스학파 사람들은 기하학적인 연관성을 찾아내는 데 대단히 예리한 눈초리를 갖고 있었다. 만약 완전수만큼 구슬을 가지고 있다면, 그것을 육각형의 목걸이로 배열할 수 있다. 6의 경우에는 간단하게 꼭짓점마다 구슬이 달린 육각형을 이룬다. 하지만 그보다 큰 완전수에 대해서는 큰 목걸이 안에 그보다 작은 보조목걸이를 추가해야 한다.

완전수를 만드는 메르센 수

프랑스의 수도사 마랭 메르센Marin Mersenne 신부의 이름을 따서 메르센 수Mersenne number라고 불리는 이 수가 바로 완전수를 만드는 열쇠다. 메르센은 예수회 학교에서 데카르트와 함께 공부했었고, 두 사람 모두 완전수를 찾아내는 일에 흥미를 느꼈다. 메르센 수는 2를 거듭제곱해서 2, 4, 8, 16, 32, 64, 128, 256, …처럼 두 배로 불어나는 수들을 만든 다음 거기서 1을 빼면 만들어진다. 즉, 메르센 수는 2^n-1의 형태를 띠는 수다. 이 수는 항상 홀수이지만 항상 소수가 나오는 것은 아니다. 하지만 완전수를 만들려면 메르센 수이면서 소수인 수가 필요하다.

메르센은 지수가 소수가 아니면, 메르센 수도 마찬가지로 소수가 될 수 없다는 것을 알았다. 오른쪽 표에서 4, 6, 8, 9, 10, 12, 14 등 소수가 아닌 지수를 보면 거기서 나온 메르센 수도 소수가 아님을 알 수 있다. 메르센 수가 소수가 되기 위해서는 지수가 반드시 소수여야만 했다. 하지만 그것으로 충분할까? 처음 나오는 사례를 몇 개 살펴보면, 3, 7, 31, 127 등의 수가 나오는데, 이들은 모두 소수다. 그렇다면 소수를 지수로 해서 나온 메르센 수도 마찬가지로 모두 소수라고 할 수 있을까?

1500년 정도에 이르기까지 옛날 수학자들 다수가 이것을 사실이라고 생각했다. 하지만 소수는 그리 호락호락하고 단순한 존재가 아니다. 11을 지수로 거듭제곱해서 만든 메르센 수인 $2^{11}-1$을 보면, $2^{11}-1 = 2{,}047 = 23 \times 89$이기 때문에 소수가 아님이 밝혀졌다. 어떤 일관된 규칙은 없어 보인다. 메르센 수 $2^{17}-1$과 $2^{19}-1$은 모두 소수지만, $2^{23}-1$은 소수가 아니다.

지수	거듭제곱 값	1을 뺀 값 (메르센 수)	소수 여부
2	4	3	소수
3	8	7	소수
4	16	15	소수 아님
5	32	31	소수
6	64	63	소수 아님
7	128	127	소수
8	256	255	소수 아님
9	512	511	소수 아님
10	1,024	1,023	소수 아님
11	2,048	2,047	소수 아님
12	4,096	4,095	소수 아님
13	8,192	8,191	소수
14	16,384	16,383	소수 아님
15	32,768	32,767	소수 아님

$$2^{23}-1 = 8{,}388{,}607 = 47 \times 178{,}481$$

완전수에 대한 계속되는 도전

유클리드의 업적과 오일러의 업적을 합치면 짝수 완전수를 만드는 공식이 나온다. 만약 $n = 2^{p-1}(2^p-1)$이고 2^p-1이 메르센 소수라면, 그리고 오직 그럴 때만 n은 짝수 완전수가 된다.

예를 들어 살펴보면 $6 = 2^1(2^2-1)$, $28 = 2^2(2^3-1)$, $496 = 2^4(2^5-1)$이다. 짝수 완전수를 계산하는 이 공식은 메르센 소수를 찾아내기만 하면 그것을 이용해 짝수 완전수를 만들 수 있다는 것을 의미한다.

완전수는 사람과 컴퓨터에 계속해서 도전 과제를 던졌으며, 앞으로도 이전의 수학자들은 상상도 못했던 방식으로 계속 이어질 것이다. 19세기가 시작될 무렵, 수치표 제작자 피터 발로우Peter Barlow는 그 누구도 오일러가 계산한 완전수를 넘어서지는 못할 것이라고 생각했다. 오일러가 계산한 완전수는 다음과 같다.

$$2^{30}(2^{31}-1) = 2,305,843,008,139,952,128$$

하지만 예상은 빗나갔다. 그는 강력한 컴퓨터의 등장을 내다보지 못했을 뿐 아니라, 끊임없이 새로운 것에 도전하는 수학자들의 열정도 예상하지 못한 것이다.

진정한 친구

수학자들은 보통 냉철한 사람들이라 이제는 수의 신비 같은 것에 혹하는 일이 별로 없지만, 그렇다고 해도 수점술이 완전히 수명을 다한 것은 아니다. 친화수는 피타고라스학파 사람들이 이미 알고 있었을 가능성이 있으나, 완전수 이후에 등장한 것으로 보인다. 결국 친화수는 나중에 낭만적인 별점(占)을 만드는 데 쓸모가 있었다. 이 별점에서는 친화수의 수학적 특성들을 하늘이 맺어준 인연만이 가질 수 있는 본성으로 해석했다. 220과 284, 이 두 수는 친화수다. 왜일까? 220의 약수는 1, 2, 4, 5, 10, 11, 20, 22, 44, 55, 110이다. 이 수를 모두 더하면 284가 나온다. 이쯤이면 눈치챘겠지만, 284의 약수를 모두 구해서 더해보면 220이 나온다. 진정한 우정이란 바로 이런 것을 두고 하는 말 아닐까?

메르센 소수

메르센 소수를 찾아내는 일은 쉽지 않다. 수세기 동안 많은 수학자들이 그 목록을 늘렸지만, 그 과정은 수많은 오류와 정정의 역사로 얼룩져 있다. 레온하르트 오일러는 1732년에 8번째 메르센 소수인 $2^{31}-1 = 2,147,483,647$을 발견했다. 1963년에 23번째 메르센 소수인 $2^{11213}-1$을 찾아낸 일리노이 대학교 수학과에서는 이를 대단히 자랑스럽게 여겨 자기네 대학교 우표를 통해 이 사실을 세상에 자랑했다. 하지만 강력한 컴퓨터의 도움으로 메르센 소수 산업은 전진을 계속하였다. 1970년대 후반에는 고등학생이 로라 니켈Laura Nickel과 랜든 놀Landon Noll이 25번째 메르센 소수를 발견하기에 이르렀고, 놀은 26번째 메르센 소수까지 발견하였다. 지금까지 발견된 메르센 소수는 총 47개다.

홀수 완전수, 오래된 수학의 난제

홀수 완전수가 발견될 수 있을지는 현재 아무도 모른다. 데카르트는 찾을 수 없을 것이라고 생각했지만, 아무리 대단한 전문가라도 틀릴 가능성은 분명히 존재한다. 영국의 수학자 제임스 조셉 실베스터(James Joseph Sylvester)는 홀수 완전수가 존재한다면 그것은 거의 기적일 것이라고 단언했다. 그렇게 되려면 엄청나게 많은 조건들을 충족해야 하기 때문이다. 실베스터의 이런 회의적인 태도는 사실 놀랄 일이 아니다.

홀수 완전수는 가장 오래된 수학의 난제 중 하나이지만, 만약 실제로 존재한다면 그 수에 대해서는 이미 많은 것이 알려져 있다. 홀수 완전수는 서로 다른 소수 약수를 적어도 8개 가져야 하고, 그중 하나는 백만 이상이어야 하며, 이 완전수의 자릿수는 적어도 300자리 이상이 되어야 한다.

피보나치수열
재미있는 특성이 넘쳐나는 수

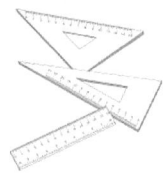

영화 〈다빈치 코드Da Vinci Code〉를 보면, 살해당한 박물관장 자크 소니에르는 자신의 운명에 대한 단서로 여덟 개의 수를 남긴다. 13, 3, 2, 21, 1, 1, 8, 5. 이 수들을 재조합해서 그 의미를 파악하기 위해서는 솜씨 좋은 암호해독가 소피가 필요했다. 자, 수학 사상 가장 유명한 수열을 만나게 된 것을 축하한다.

자연수의 피보나치수열Fibonacci sequence은 다음과 같다.

1, 1, 2, 3, 5, 8, 13, 21, 34, 55, 89, 144, 233, 377, 610, 987, 1,597, 2,584, …

이 수열은 재미있는 특성이 많아서 널리 알려졌다. 이 수열을 정의하는 핵심 특성이기도 한 가장 기본적인 특성은, 이 수들이 자기 앞에 나오는 두 수를 더한 값이라는 점이다. 예를 들면 8 = 5 + 3, 13 = 8 + 5, …, 2,584 = 1,587 + 987 등이다. 첫 두 수가 1로 시작한다는 것만 알면 나머지는 그 자리에서 바로 만들어낼 수 있다. 피보나치수열은 해바라기 속에 들어있는 씨앗의 개수로부터 만들어지는 나선의 수(예를 들어 한 방향으로 나선이 34개이면, 다른 방향으로는 55개가 된다)처럼 자연에서도 찾아볼 수 있고, 건축가들이 설계하는 방과 건물의 비율 등에서도 찾아볼 수 있다. 클래식 음악 작곡가들은 벨라 바르토크Béla Bartók의 무용모음곡이 이 수열과 연관되었다고 생각해왔으며, 더불어 이것을 영감의 원천으로 사용해왔다. 현대음악을 살펴보면, 브라이언 트랜소우Brian Transeau(BT라고도 알려짐)는 자신의 앨범 〈This Binary

timeline

서기 1202년
피보나치, 『산술 교본』에서 피보나치 수열에 대해 얘기하다.

1724년
다니엘 베르누이Daniel Bernoulli, 황금비를 이용해 피보나치수열의 수를 표현하다.

Universe)에 피보나치수열에서 나오는 궁극의 비율에 대한 경의의 표시로 '1.618'이라는 곡을 실었다. 이 수치에 대해서는 뒤에서 살펴보도록 하자.

토끼의 쌍과 피보나치수열

피보나치수열은 1202년에 피사의 레오나르도(피보나치)가 출판한 『산술 교본Liber Abaci』에서 나타났지만, 아마 인도에서는 그 전부터 이 수들을 알고 있었을 것으로 보인다. 피보나치는 토끼의 번식에 관해 다음과 같은 문제를 제기했다.

"어미 토끼 쌍은 매월 새끼를 쌍으로 낳는다. 처음에는 새끼 한 쌍이 있다. 첫 달이 지날 무렵이면 이 새끼들이 어미가 되고, 둘째 달이 지날 무렵이면 어미 쌍은 그대로 남아있고 새로 새끼 한 쌍이 태어난다. 이렇게 성숙과 출산 과정이 계속된다. 토끼 쌍은 죽는 법이 없다."

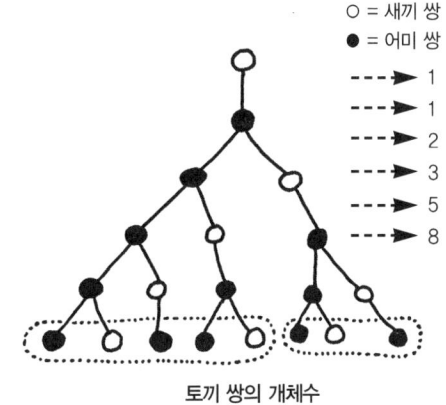

토끼 쌍의 개체수

피보나치는 이렇게 1년이 지나면 얼마나 많은 토끼 쌍이 있게 될지 알고 싶어 했다. 토끼의 세대는 가계도를 통해 나타낼 수 있다. 5월 말이면 토끼 쌍이 몇이나 될지 알아보자. 그림을 통해 확인해보면 토끼가 8쌍임을 알 수 있다. 이 단계에서 왼쪽 그룹은 다음과 같다.

● ○ ● ● ○

이것은 그 바로 윗줄을 통째로 복사해온 것이다. 그리고 오른쪽 그룹은 다음과 같다.

1923년
바르토크, 무용모음곡을 작곡하다. 이 곡은 피보나치수열에서 영감을 받은 것으로 생각된다.

1963년
피보나치수열의 정수론을 다루는 학술지인 〈계간 피보나치Fibonacci Quarterly〉가 발간되다.

2007년
조각가 피터 랜달 페이지Peter Randall-Page, 영국 콘월의 에덴 프로젝트를 위해 피보나치수열을 바탕으로 70톤짜리 조각 작품 '씨앗Seed'을 창작하다.

● ○ ●

이것도 윗줄의 윗줄을 통째로 복사해온 것이다. 이것을 보면 토끼 쌍의 출산은 기본적인 피보나치 방정식을 따른다는 것을 알 수 있다.

n개월 후의 숫자 = (n − 1)개월 후의 숫자 + (n − 2)개월 후의 숫자

재미있고 신기한 특성

수열의 각 항들을 모두 더하면 어떻게 되는지 살펴보자.

$$1 + 1 = 2$$
$$1 + 1 + 2 = 4$$
$$1 + 1 + 2 + 3 = 7$$
$$1 + 1 + 2 + 3 + 5 = 12$$
$$1 + 1 + 2 + 3 + 5 + 8 = 20$$
$$1 + 1 + 2 + 3 + 5 + 8 + 13 = 33$$
$$\cdots$$

이렇게 나온 수들도 마찬가지로 수열을 이룬다. 이것을 원래의 수열 아래에 위치시키되, 위치를 조금 조정하면 다음과 같이 된다.

피보나치수열 1 1 2 3 5 8 13 21 34 55 89 …
더한 값   2 4 7 12 20 33 54 88 …

피보나치수열의 첫 n개의 항을 더한 값은 그 다음다음 피보나치 수의 값보다 1이 작다. 1 + 1 + 2 + ⋯ + 987의 값을 알고 싶으면, 그 다음다음 수인 2,584에서 1을

빼서 2,583을 구하면 된다. 1 + 2 + 5 + 13 + 34 같이 피보나치 수를 교대로 누락시키면서 더하면 그 답은 55이고, 이것 또한 피보나치 수다. 만약 교대 방법을 다르게 해서 1 + 3 + 8 + 21 + 55를 구하면 그 답은 88로, 그 다음 피보나치 수 89에서 1을 뺀 값이다.

피보나치수열의 수들을 제곱해보는 것도 재미있다. 각각의 피보나치 수를 제곱해서 더해 나가면 새로운 수열이 만들어진다.

피보나치수열	1	1	2	3	5	8	13	21	34	55 …
제곱		1	1	4	9	25	64	169	441	1156	3025 …
제곱의 합		1	2	6	15	40	104	273	714	1870	4895 …

이 경우 n번째 수까지 제곱 값을 모두 더하면 그 값은 원래의 피보나치수열에서 n번째 수와 그 다음 수를 곱한 값과 같다. 예를 들면 다음과 같다.

$$1 + 1 + 4 + 9 + 25 + 64 + 169 = 273 = 13 \times 21$$

피보나치수열은 예상하지 않았던 곳에서 불쑥 튀어나오기도 한다. 1달러짜리 동전과 2달러짜리 가상 동전이 뒤섞여 있는 지갑을 상상해보자. 이 지갑에서 특정 액수만큼의 동전을 꺼내는 방법은 몇 가지나 될까? 이 문제를 풀 때는 순서가 중요하다. 예를 들어 4달러를 꺼내려면 1 + 1 + 1 + 1, 2 + 1 + 1, 1 + 2 + 1, 1 + 1 + 2, 2 + 2 중 어느 것을 사용해도 상관없다. 결국 꺼내는 방법은 모두 5가지다. 그리고 이것은 5번째 피보나치 수에 해당한다. 만약 이런 식으로 20달러를 꺼내려고 하면 그 방법은 10,946가지이고, 이는 21번째 피보나치 수다! 무척 간단한 수학적 아이디어이지만 그것이 얼마나 강력한 힘을 가질 수 있는지 엿볼 수 있는 사례다.

피보나치수열에서 탄생한 황금비

각각의 피보나치 수를 그 앞의 수로 나누어 그 비율을 살펴보면 피보나치수열의 놀라운 특성을 또 하나 발견할 수 있다. 1, 1, 2, 3, 5, 8, 13, 21, 34, 55까지의 수열을 통해 살펴보자.

$\frac{1}{1}$	$\frac{2}{1}$	$\frac{3}{2}$	$\frac{5}{3}$	$\frac{8}{5}$	$\frac{13}{8}$	$\frac{21}{13}$	$\frac{34}{21}$	$\frac{55}{34}$
1.000	2.000	1.500	1.333	1.600	1.625	1.615	1.619	1.617

오래지 않아 그 비율은 황금비로 알려지게 되었고, 그리스문자 ϕ(π와 마찬가지로 '파이'로 발음한다)로 표시하는, 수학에서 상당히 유명한 수가 되었다. 이 수는 π나 e처럼 최고의 수학 상수들과 어깨를 나란히 하는데, 그 정확한 값은 다음과 같다.

$$\phi = \frac{(1+\sqrt{5})}{2}$$

이것을 십진수 근사치로 나타내면 1.618033988…이다. 조금만 머리를 써보면, ϕ를 이용해 각각의 피보나치 수를 나타낼 수 있음을 증명할 수 있다.

피보나치수열은 이미 알려진 것이 꽤 많음에도 불구하고, 아직 답을 구하지 못한 질문 또한 여전히 많다. 피보나치수열에서 처음 등장하는 소수는 2, 3, 5, 13, 89, 233, 1597 등이 있는데, 피보나치수열에 소수가 무한히 많은지 여부는 아직 밝혀지지 않았다.

닮은꼴, 소의 수열

피보나치수열은 그와 유사한 수열들을 다양한 계열로 거느리는 것이 자랑거리다. 그중에 소의 개체수 문제와 관련된 아주 인상 깊은 것이 있다. 한 달이면 새끼 쌍에서 어미 쌍으로 자라서 새끼를 낳기 시작하는 피보나치의 토끼 쌍과는 달리, 소의 쌍은 성숙 과정에 중간 단계가 있어서 새끼 쌍에서 미성숙 쌍을 거쳐 어미 쌍이 된다. 그리고 어미 쌍만이 새끼를 낳을 수 있다. 소의 수열은 다음과 같다.

$$1, 1, 1, 2, 3, 4, 6, 9, 13, 19, 28, 41, 60, 88, 129, 189, 277, 406, 595, \cdots$$

이 수열에서는 세대가 한 값을 건너뛰기 때문에 예를 들면 41 = 28 + 13이고, 60 = 41 + 19이다. 이 수열은 피보나치수열과 비슷한 성질을 갖는다. 소의 수열에서는 한 항을 그 앞의 항으로 나누어 얻는 비율이 그리스문자 Ψ('프사이'로 발음한다)로 표현하는 극한값에 가까워진다.

$$\Psi = 1.465571231876768026653 \cdots$$

이 값을 '슈퍼황금비 Supergolden ratio'라고 한다.

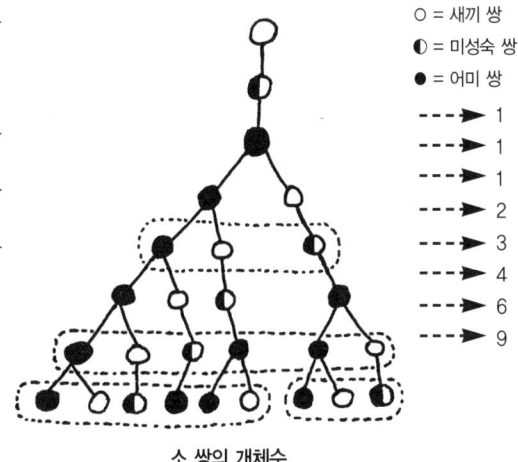

소 쌍의 개체수

황금비 직사각형 수학자의 이상향

우리 주위에는 사각형이 널려있다. 건물, 사진, 유리창, 문, 심지어는 이 책도 사각형이다. 사각형은 예술가들의 세계에도 존재한다. 피에트 몬드리안Piet Mondrian, 벤 니컬슨Ben Nicholson이나 다른 화가들처럼 추상화 쪽으로 나간 사람들은 한두 종류의 사각형을 이용해 그림을 그렸다. 그런데 이 사각형들 중에서 가장 아름다운 사각형은 무엇일까? 길고 가는 '자코메티의 직사각형Giacometti rectangle'일까, 아니면 정사각형일까? 아니면 이 양 극단 사이에 있는 사각형일까?

이 질문이 의미가 있기는 한 걸까? 일부 사람들은 '그렇다'고 대답한다. 그리고 특정 사각형이 다른 것들보다 더 '이상적'이라고 믿는다. 그런 사각형들 중에서도 아마 가장 많은 사랑을 받는 것은 황금비 직사각형일 것이다. 사각형을 고를 때는 비율을 보고 고를 수 있다. 결국 사각형을 결정짓는 것은 비율이기 때문이다. 황금비 직사각형은 아주 특별해서 오랫동안 예술가, 건축가, 수학자들에게 영감을 불어 넣었다. 먼저 다른 사각형을 살펴보자.

A4 용지 속의 수학

폭 210밀리미터, 길이 297밀리미터인 A4 용지를 한 장 꺼내서 보면, 폭에 대한 길이의 비율은 $\frac{297}{210}$이고, 이 값은 대략 1.4142 정도이다. 국제표준의 A 규격 용지들은 짧은 쪽 길이가 b라면 긴 쪽의 길이는 언제나 1.4142×b로 잡는다. A4 용지에서 b = 210밀리미터인 반면, A5에서는 b = 148밀리미터이다. 용지 크기에 사용되는 A 규격에는 임의로 설정한 규격에서는 볼 수 없는 대단히 바람직한 특성이 있

timeline

기원전 3세기
유클리드, 『원론』에서 외중비(= 황금비)에 대해 다루다.

서기 1202년
피보나치, 『산술 교본』을 펴내다.

다. 만약 A 규격 용지를 가운데서 접으면, 그렇게 반으로 접혀 나오는 작은 두 직사각형은 원래의 큰 직사각형과 정비례 관계가 된다. 똑같이 생긴 두 개의 작은 직사각형이 다시 등장하는 것이다.

이런 식으로 A4 용지를 반으로 접으면 A5 용지 두 장이 나온다. 마찬가지로 A5 용지를 반으로 접으면 A6 용지가 두 장이 나온다. 반대로 A3 용지는 A4 용지 두 장으로 만들어진다. A 규격에서는 번호가 작을수록 종이는 더 커진다.

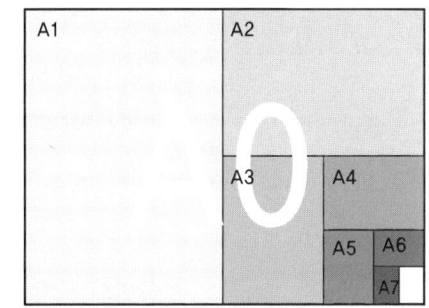

그런데 1.4142라는 특정 값이 이런 재주를 부린다는 것을 어떻게 알아냈을까? 직사각형을 다시 한번 접어보자. 하지만 이번에는 긴 쪽의 길이를 모른다고 해보자. 직사각형의 폭 길이를 1로 잡고 긴 쪽의 길이를 x로 잡으면, 폭에 대한 길이의 비율은 $\frac{x}{1}$이다. 이제 이 직사각형을 접어서 나온 작은 직사각형의 폭에 대한 길이의 비율은 $\frac{1}{\frac{1}{2}x}$이고, 이것은 $\frac{x}{2}$와 같다. A 규격의 핵심은 이렇게 나온 두 비율이 같다는 것이므로 $\frac{x}{1} = \frac{2}{x}$, 즉, $x^2 = 2$라는 방정식을 얻는다. 따라서 x의 진짜 값은 $\sqrt{2}$이고, 이를 근사치로 나타내면 1.4142이다.

유명인사 황금비

황금비 직사각형은 사정이 다르긴 하지만 아주 살짝 다르다. 이번에는 직사각형을 접되, 다음 페이지 그림에 나온 것처럼 RS 선분을 따라 접어서 MRSQ가 정사각형이 되도록 접는다.

황금비 직사각형의 핵심 특성은 이렇게 해서 남은 직사각형 RNPS가 원래의 큰 직사각형에 비례한다는 것이다. 즉 정사각형을 제외하고 남은 직사각형이 원래의

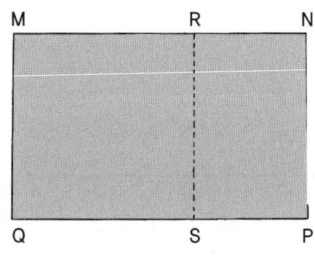

큰 직사각형의 축소판이 되어야 한다.

앞서 계산했던 것과 마찬가지로 큰 직사각형의 폭 MQ = MR의 길이는 1단위로 놓고, 긴 쪽 MN의 길이는 x로 놓자. 폭에 대한 길이의 비율은 다시 한번 $\frac{x}{1}$가 된다. 작은 직사각형 RNPS의 폭은 MN − MR이고, 이는 x−1이다. 따라서 이 작은 직사각형의 폭에 대한 길이의 비율은 $\frac{1}{(x-1)}$이다. 이것을 방정식으로 나타내면 다음과 같다.

$$\frac{x}{1} = \frac{1}{(x-1)}$$

양변의 분자와 분모를 교차로 곱해서 정리하면 $x^2 = x + 1$이 나오고, 이 방정식 해의 근사치는 1.618이다. 이것은 쉽게 확인해볼 수 있다. 1.618을 전자계산기에 입력해서 제곱해보면 좌변 x^2은 2.618이라는 값이 나오고 이것은 우변 $x + 1 = 2.618$과 같다. 이 x값이 바로 그 유명한 황금비이며, 그리스문자 ϕ로 나타낸다. 이 값의 정의와 근사치는 다음과 같다.

$$\phi = \frac{1+\sqrt{5}}{2} = 1.61803398874989484820\cdots$$

그리고 이 수는 피보나치수열과 토끼의 번식 문제와도 관련이 있다('피보나치수열' 참고).

자, 이제 황금비 직사각형을 그릴 수 있는지 알아보자. 우선 한 면의 길이가 1인 정사각형 MQSR에서 QS의 가운데 점을 잡고 그것을 O라고 하자. OS의 길이는 $\frac{1}{2}$이므로 피타고라스의 정리에 의하면 삼각형 ORS에서 OR = $\sqrt{\left(\frac{1}{2}\right)^2 + 1^2} = \frac{\sqrt{5}}{2}$이다.

컴퍼스를 이용해서 O를 중심으로 원호 RP를 그릴 수 있다. 그러면 OP = OR = $\frac{\sqrt{5}}{2}$이다. 따라서 다음과 같은 결론을 얻는다.

$$QP = \frac{1}{2} + \frac{\sqrt{5}}{2} = \phi$$

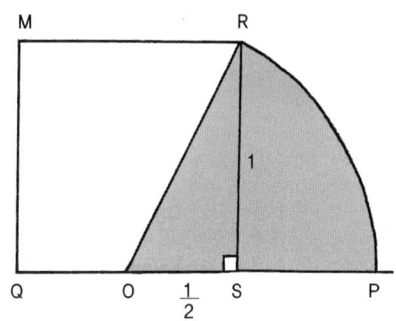

이것이 바로 우리가 원했던 황금비 직사각형의 옆면, 또는 황금분할이다.

역사 속에서 황금비 찾기

황금비 ϕ에 대해서는 이런저런 주장이 많다. 일단 황금비의 수학적 매력을 깨닫고 나면, 예기치 않았던 곳에서 황금비를 찾아내기도 하고, 심지어는 황금비가 존재하지 않는 곳에서도 황금비가 있는 것으로 착각하기도 한다. 여기서 더 나가면, 역사적 유물들이 등장하기 이전에 이미 황금비가 알려져 있었다는 위험한 주장이 나오기도 한다. 즉 음악가, 건축가, 미술가들이 창작을 하고 있던 순간에 황금비를 염두에 두고 있었다는 것이다. 이런 괴벽을 '황금비 만능주의^{Golden numberism}'라고 부른다. 별다른 증거도 없이 수에 관한 내용을 일반화해서 확장하는 것은 아주 위험한 발상이다.

아테네 파르테논 신전을 예로 들어보자. 이 신전을 건설할 당시 황금비가 세상에 알려져 있었던 것은 분명하지만, 그렇다고 이것이 꼭 파르테논 신전이 황금비를 기반으로 만들어졌다는 것을 의미하지는 않는다. 파르테논 신전을 정면에서 바라보면 삼각지붕 형태를 포함한 높이 대비 폭의 비율은 1.74로, 이 값은 분명 1.618에 가깝다. 하지만 이 값을 두고 황금비에서 동기를 받아 이 건축물을 지었다고 할 만큼 충분히 가까운 값이라 말할 수 있을까? 몇몇 사람들은 삼각지붕 형태는 이 계산에서 제외해야 한다고 주장하는데, 이렇게 하면 높이 대 폭의 비율은 사실 자연수 값 3이 나온다.

루카 파치올리Luca Pacioli는 1509년에 발행한 책 『신성한 비례De Divina Proportione』에서 신의 특성과 ϕ에 의해 결정되는 비례의 특성 사이의 연관성을 발견했다. 그는 황금비에 '신성한 비례'라는 이름을 붙였다. 파치올리는 프란체스코 수도회의 수도사였으며 영향력 있는 수학책을 쓴 사람이었다. 그가 베니스 상인들이 사용하던 복식부기 회계 방식을 대중화했기 때문에 어떤 사람들은 그를 '회계의 아버지'로 추앙하기도 한다. 그가 유명해진 또 하나의 이유는 레오나르도 다빈치에게 수학을 가르쳤다는 사실 때문이었다.

르네상스 시대에는 황금분할이 거의 신비로운 존재로까지 격상되었다. 천문학자 요하네스 케플러Johannes Kepler는 황금분할을 수학의 '귀중한 보석'으로 묘사했다. 나중에 독일의 실험심리학자 구스타프 페히너Gustav Fechner는 놀이용 카드, 책, 창문 등 수천 개의 직사각형 형태를 측정해보고 가장 흔하게 나타나는 옆면의 비율이 ϕ에 가깝다는 것을 발견했다.

르 꼬르뷔제Le Corbusier는 사각형에 매료되어 그것을 건축 설계의 핵심 요소로 삼았는데, 특히나 황금비 직사각형에는 더욱 마음을 빼앗겼다. 그는 조화와 질서에 큰 중점을 두었으며, 그것을 바로 수학에서 찾아냈다. 그는 수학자의 눈으로 건축물을 바라보았다. 그가 내세운 주요 건축 원리 중 하나는 '모듈레이터' 시스템으로, 비례에 관한 이론이었다. 사실 이것은 설계에 이용했던 도형인 일련의 황금비 직사각형들을 만들어내기 위한 방편이었다. 르 꼬르뷔제는 레오나르도 다빈치에게서 영감을 받았고, 다빈치는 인체에서 발견되는 비율을 중시했던 로마의 건축가 비트루비우스Vitruvius에게 관심이 많았다.

슈퍼황금비 직사각형이란?

황금비 직사각형과 유사한 방법으로 만들 수 있는 '슈퍼황금비 직사각형'도 있다.

슈퍼황금비 직사각형 MQPN을 만들어보자. 앞에서 한 것과 마찬가지로 MQSR은 변의 길이가 1인 정사각형이다. MP를 잇는 대각선을 그리고 RS와 만나는 점을 J라고 하자. 그런 다음 NP 위에 점 K를 잡아 선분 RN과 평행한 선분 JK를 그린다. RJ의 길이를 y

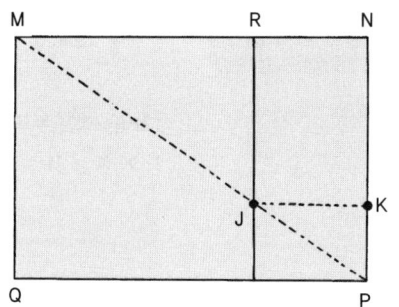

라고 하고, MN의 길이를 x로 놓는다. 주어진 모든 직사각형은 $\frac{RJ}{MR} = \frac{NP}{MN}$이다(삼각형 MRJ와 MNP는 닮은꼴이기 때문이다). 따라서 $\frac{y}{1} = \frac{1}{x}$, 즉 $x \times y = 1$이 되고, 이런 경우 x와 y는 서로 '역수'라고 한다. 직사각형 RJKN이 원래의 직사각형 MQPN과 비례하게 만들면, 즉 $\frac{y}{(x-1)} = \frac{x}{1}$가 성립하게 하면 슈퍼황금비 직사각형이 된다. $xy = 1$이라는 사실을 이용하면, 슈퍼황금비 직사각형의 길이 x는 삼차방정식 $x^3 = x^2 + 1$의 해라는 결론을 내릴 수 있다. 이것은 황금비 직사각형을 결정하는 방정식인 $x^2 = x + 1$과 분명 비슷하다. 이 삼차방정식은 해로 양의 실수 값 Ψ(x를 좀더 표준적인 기호인 Ψ로 바꾸자)를 갖고 그 값은 다음과 같다.

$$\Psi = 1.46557123187676802665\cdots$$

이 수는 소의 수열에서 나온 수다. 황금비 직사각형은 자와 컴퍼스를 가지고 작도할 수 있는 반면, 슈퍼황금비 직사각형은 이런 식으로는 작도할 수 없다.

파스칼의 삼각형

긴밀한 조화와 본질의 모범

1의 중요성은 누구나 인정할 것이다. 그렇다면 11은 어떤가? 11 × 11 = 121, 11 × 11 × 11 = 1,331, 11 × 11 × 11 × 11 = 14,641인 것을 보면 이 수도 무척 흥미롭다. 이들을 아래로 죽 나열하면 이런 형태가 된다.

11
121
1,331
14,641

이것이 파스칼의 삼각형에서 처음 나오는 줄이라는데, 삼각형은 대체 어디 있는 걸까?

추가로 $11^0 = 1$을 집어넣으면서 제일 먼저 할 일은 쉼표를 지우고 숫자들 사이에 공백을 집어넣는 것이다. 그러면 14,641은 1 4 6 4 1 이 된다.

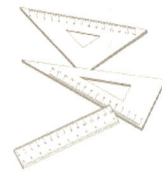

파스칼의 삼각형

파스칼의 삼각형은 대칭성과 그 안에 숨어있는 관계들 때문에 수학계에서 무척 유명하다. 1653년에 블레즈 파스칼 Blaise Pascal은 논문 하나에서 이 삼각형에 들어있는 모든 숨겨진 관계들을 다룰 수는 없을 것으로 생각한다고 적었다. 파스칼의 삼각형은 다른 수학 분야와도 관련이 많다보니 아주 오래되고 인정받는 수학적 주제로 자리 잡았지만, 그 기원을 따져보면 그보다도 훨씬 오래전으로 거슬러 올라간다. 사실 이 삼각형은 파스칼의 이름을 딴 것이지만, 그가 발명한 것은 아니다. 13세기 중국의 학자들도 이 삼각형을 알고 있었다.

파스칼의 패턴은 위쪽부터 만들어 간다. 1을 먼저 적고, 그 다음 줄 양쪽에 각각

timeline

기원전 5세기
산스크리트어를 보면 파스칼의 삼각형에 대한 단편적인 증거가 남아있다.

서기 1070년
오마르 카얌 Omar Khayyam, 파스칼의 삼각형을 발견하다. 일부 나라에서는 그의 이름을 따서 삼각형을 부르기도 한다.

1을 다시 적는다. 그 다음 줄에도 계속 양쪽 끝에는 1을 적고 그 안쪽 숫자들은 바로 위에 있는 두 수를 합쳐서 만든다. 예를 들어 다섯 번째 줄에 나온 6은 그 위에 있는 3을 두 개 더해서 나온 것이다. 영국의 수학자 하디 G.H. Hardy는 이렇게 말했다. "수학자는 화가나 시인처럼 패턴을 만드는 사람이다." 그 말대로 파스칼의 삼각형은 스페이드 모양의 패턴을 보인다.

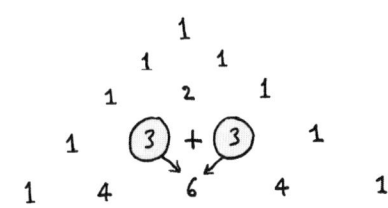

대수학과 관련이 있다고?

파스칼의 삼각형은 실제 수학에서도 발견된다. 예를 들어 $(1 + x) \times (1 + x) \times (1 + x) = (1 + x)^3$을 풀면, $1 + 3x + 3x^2 + x^3$이 나온다. 자세히 살펴보면 이 수식의 기호 앞에 나온 숫자들이 그에 상응하는 파스칼의 삼각형 줄에 나온 숫자와 일치하는 것을 알 수 있다. 그림으로 나타내보자.

$$
\begin{array}{lc}
(1 + x)^0 & 1 \\
(1 + x)^1 & 1\quad 1 \\
(1 + x)^2 & 1\quad 2\quad 1 \\
(1 + x)^3 & 1\quad 3\quad 3\quad 1 \\
(1 + x)^4 & 1\quad 4\quad 6\quad 4\quad 1 \\
(1 + x)^5 & 1\quad 5\quad 10\quad 10\quad 5\quad 1
\end{array}
$$

그리고 파스칼의 삼각형에서 아무 줄이나 잡고 거기 나온 수들을 모두 더하면 언제나 2의 거듭제곱 값이 나온다. 예를 들면 5번째 줄에서는 $1 + 4 + 6 + 4 + 1 = 16 = 2^4$이다. 이것은 위 도식의 왼쪽 수식에서 $x = 1$로 놓으면 나오는 값이다.

1303년
중국의 수학자 주세걸朱世傑, 파스칼의 삼각형을 정의하고 어떤 수열들을 더하는 방법을 보이다.

1664년
삼각형의 특성에 대한 논문이 파스칼 사후에 발표되다.

1714년
라이프니츠, 조화삼각형에 대해 논하다.

사선을 따라 나오는 특성들

파스칼의 삼각형에서 제일 먼저 눈에 띄는 특성은 대칭성이다. 삼각형 가운데로 수직선을 그려보면, 삼각형은 '거울상 대칭성'이 있다. 수직선을 중심으로 좌우가 똑같다. 그래서 북동방향 사선이나 북서방향 사선이나 똑같기 때문에 어느 쪽을 지정할 필요 없이 그냥 '사선'이라고 불러도 된다. 숫자 1만 죽 늘어선 사선 바로 밑에 있는 사선은 1, 2, 3, 4, 5, 6, …으로 이어지는 자연수 사선이다. 그리고 그 아래로는 1, 3, 6, 10, 15, 21, …으로 이어지는 삼각수(삼각형 모양으로 물건을 배열했을 때 그 삼각형을 이루는 물건의 개수) 사선이 나온다. 그리고 그 다음은 1, 4, 10, 20, 35, 56, …으로 이어지는 사면체수 사선이 나온다. 이 수들은 사면체(3차원 삼각형, 혹은 삼각형 밑바닥에서부터 다시 삼각형 형태로 쌓아올린 대포알의 개수)와 대응한다. 그러면 '누운 사선'은 어떨까? 삼각형을 가로지르되, 각각의 줄과 평행하지도 않고, 그렇다고 똑바른 사선도 아닌 비스듬한 선으로 가로지르는 수들을 모두 더해 나가면 1, 2, 5, 13, 34, …이라는 수열을 얻을 수 있다. 각각의 수는 바로 앞의 수를 3배 곱한 다음, 다시 하나 더 앞의 수를 뺀 값이다. 예를 들어 34 = 3 × 13 − 5이다. 이를 바탕으로 다음에 나오는 수를 계산해보면 3 × 34 − 13 = 89가 나온다. 이 수열과 번갈아 나오는 누운 사선을 빼먹을 뻔했다. 이것은 1, 1 + 2 = 3으로 시작해서 <u>1</u>, <u>3</u>, <u>8</u>, <u>21</u>, <u>55</u>, …으로 이어지는 수열이 나오고, 앞에 나온 수열과 마찬가지로 '3을 곱해서 앞의 것 빼기'의 규칙을 따른다. 따라서 그 다음 숫자는 3 × 55 − 21 = <u>144</u>가 나온다. 하지만 여기서 끝이 아니다. 누운 사선에서 나오는 이 두 수열을 서로 사이사이 끼워 넣으면 피보나치수열이 나온다.

$$1, \underline{1}, 2, \underline{3}, 5, \underline{8}, 13, \underline{21}, 34, \underline{55}, 89, \underline{144}, \cdots$$

파스칼의 삼각형의 누운 사선

파스칼의 조합

파스칼의 수를 이용하면 일부 계산 문제를 해결할 수 있다. 방 안에 일곱 사람이 있다고 생각해보자. 그리고 각각의 이름을 앨리슨(A), 캐서린(C), 엠마(E), 게리(G), 존(J), 매튜(M), 토마스(T)라고 하자. 세 사람씩 다른 묶음으로 조합하는 방법은 모두 몇 가지나 될까? A, C, E를 뽑을 수도 있고 A, C, T를 뽑을 수도 있다. 수학자들은 편하게 파스칼의 삼각형에서 n번째 줄 r번째 위치(n, r 모두 0부터 센다)에 있는 수를 C(n, r)이라고 적는다. 앞선 질문의 답은 C(7, 3)이다. 삼각형에서 7번째 줄 3번째 위치의 수는 35다. 만약 7명 중에 3명을 골라 한 묶음을 만들었다면 고르지 않은 4명의 묶음도 자동적으로 고른 셈이 되므로 4명씩 묶는 방법도 마찬가지로 35가 되어야 한다. 이것은 C(7, 4)의 값도 역시 35가 되는 이유를 설명해준다. 일반적으로 C(n, r) = C(n, n−r)이며, 파스칼의 삼각형이 대칭이기 때문에 이는 당연한 결과다.

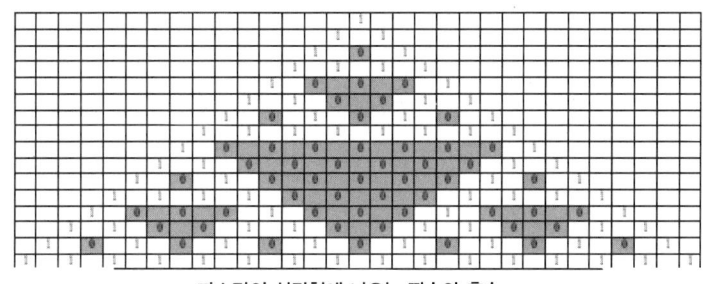

파스칼의 삼각형에 나오는 짝수와 홀수

시어핀스키 삼각형 만들기

파스칼의 삼각형을 보면, 삼각형 내부의 수들은 짝수냐 홀수냐에 따라서 어떤 패턴을 만드는 것을 볼 수 있다. 홀수는 1, 짝수는 0으로 치환하면, 시어핀스키 삼각형 Sierpinski gasket이라고 알려진 멋진 프랙탈 도형과 똑같은 패턴이 나온다('프랙탈' 참고).

시어핀스키 삼각형

부호를 추가하기

$(-1 + x)$의 거듭제곱, 즉 $(-1 + x)^n$에 해당하는 파스칼의 삼각형을 적어 내려갈 수 있다. 이 경우 삼각형이 수직선에 대해 완전히 대칭을 이루는 것은 아니다. 그리고 한 줄에 나온 수를 모두 더하면 2의 거듭제곱이 나오는 대신 0이 나온다. 하지만 여기서 흥미 있는 것은 사선이다. 1, −1, 1, −1, 1, −1, 1, −1, …으로 이어지는 북서방향 사선은 다음 전개식의 계수(x 앞에 나온 수, 예를 들면 $3x$에서 3)이다.

$$(1 + x)^{-1} = 1 - x + x^2 - x^3 + x^4 - x^5 + x^6 - x^7 + \cdots$$

부호 추가하기

반면, 그 다음 사선에 나오는 수들은 아래의 전개식에 나오는 계수이다.

$$(1 + x)^{-2} = 1 - 2x + 3x^2 - 4x^3 + 5x^4 - 6x^5 + 7x^6 - 8x^7 + \cdots$$

기막힌 수의 집합, 조화삼각형

대단히 박식했던 독일의 라이프니츠Gottfried Liebniz는 삼각형 형태로 이루어지는 기막힌 수의 집합을 찾아냈다. 라이프니츠의 수는 수직선을 중심으로 대칭을 이룬다. 하지만 파스칼의 삼각형과는 달리 여기서는 아랫줄의 두 수를 더해서 윗줄의 수를 만든다. 예를 들면 $\frac{1}{12} = \frac{1}{30} + \frac{1}{20}$이다. 이 삼각형을 만들려면 윗줄의 수에서 아랫줄 왼쪽의 수를 빼서, 아랫줄 오른쪽에 놓으면 된다. 즉, $\frac{1}{12}$과 $\frac{1}{30}$을 알고 있으면 $\frac{1}{12} - \frac{1}{30} = \frac{1}{20}$이 되고, 이 값은 $\frac{1}{30}$ 다음에 온다. 이때 바깥 사선에 그 유명한 조화급수가 등장하는 것

라이프니츠 조화삼각형

을 눈치챘는가?

$$1 + \frac{1}{2} + \frac{1}{3} + \frac{1}{4} + \frac{1}{5} + \frac{1}{6} + \frac{1}{7} + \cdots$$

하지만 두 번째 사선은 라이프니츠급수로 알려져 있는 급수다.

$$\frac{1}{1 \times 2} + \frac{1}{2 \times 3} + \cdots \frac{1}{n \times (n+1)}$$

이것을 잘 계산하면 $\frac{n}{n+1}$ 이 나온다. 앞서 했던 것과 마찬가지로 n번째 줄, r번째 수를 B(n, r)로 적을 수 있다. 이 값과 파스칼의 수 C(n, r)과의 관계는 다음의 공식으로 표현할 수 있다.

$$B(n, r) \times C(n, r) = \frac{1}{n+1}$$

파스칼의 삼각형과 긴밀하게 얽혀 있는 수학의 다른 많은 분야들을 보면, 꼬리에 꼬리를 문다는 표현이 딱 어울린다. 크게 세 분야 정도만 대보자면 현대기하학, 조합론, 대수학 등이 있다. 하지만 이런 관련성보다 더 중요한 것은 이것이 수학의 본질을 보여주는 모범이라는 점이다. 수학이란 바로, 주제 그 자체를 더욱 깊이 이해하기 위해 끊임없이 패턴과 조화를 찾아나서는 여정인 것이다.

대수학 미지의 수를 추적하라

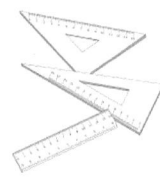

대수학은 문제를 살짝 비틀어서 연역적으로 풀이할 수 있는 독특한 방식을 제공해준다. 여기서 살짝 비튼다는 것은 역으로 거슬러 생각할 수 있게 해준다는 것이다. 25에 17을 더해서 42를 얻는 문제를 생각해보자. 이것은 순차적인 사고방식이다. 수가 주어지고, 우리는 그저 그 값들을 더하면 된다. 하지만 이번에는 42라는 답을 먼저 주고, 다른 질문을 던지는 경우를 생각해보자. 25에 더해서 42가 나오는 수는 무엇일까? 여기서 역방향 사고방식이 등장한다. 우리는 $25 + x = 42$라는 방정식을 만족시키는 x의 값을 원한다. 42에서 25를 빼면 그 답을 알 수 있다.

학생들은 수 세기 동안 대수학을 이용해 해결해야 하는 문장제와 씨름했다.

"내 조카 순홍이는 여섯 살이고, 나는 마흔 살이다.
내가 순홍이보다 나이가 세 배 많아지는 것은 몇 년 후인가?"

이런저런 값을 대입해보면서 시행착오를 통해 답을 찾아낼 수도 있지만, 대수학을 이용하면 훨씬 경제적이다. 지금부터 x년 후에 순홍이는 $6 + x$살이 되고, 나는 $40 + x$살이 된다. 내 나이는 순홍이보다 세 배 많기 때문에 다음의 방정식이 성립한다.

$$3 \times (6 + x) = 40 + x$$

방정식 좌변의 곱셈을 정리하면 $18 + 3x = 40 + x$가 되고, x는 모두 좌변으로, 수는 모두 우변으로 정리하면 $2x = 22$가 되어, 결국 $x = 11$이라는 결과가 나온다. 내

timeline

기원전 1950년
바빌로니아인, 이차방정식을 다루다.

서기 250년
알렉산드리아의 디오판토스 Diophantus, 『산술 Arithmetica』을 펴내다.

825년
알콰리즈미의 책 제목에 나온 'al-jabr'라는 단어가 대수학을 의미하는 용어 'algebra'의 어원이 되다.

가 51세가 될 때, 순홍이는 17세가 된다. 마치 마술 같지 않은가!

내가 몇 살이 되면 순홍이보다 나이가 두 배가 되는지 알고 싶다면 어떻게 해야 할까? 마찬가지 방법으로 접근할 수 있고, 이번에는 다음과 같은 방정식이 나온다.

$$2 \times (6 + x) = 40 + x$$

이 방정식의 해는 $x = 28$이다. 내가 68세가 되면, 순홍이는 34세가 된다. 위에 나온 방정식은 가장 간단한 형태의 방정식이다. 이것을 '선형방정식' 또는 '일차방정식'이라고 부른다. 선형방정식에는 x^2, x^3 같은 항이 등장하지 않는다. 이런 항이 등장하면 풀기가 더 어려워진다. x^2 같은 항을 포함하는 방정식은 '이차방정식'이라고 하며, x^3 같은 항을 포함하는 방정식은 '삼차방정식'이라고 부른다.

수학은 산수의 과학에서 기호의 과학, 혹은 대수학으로 옮겨가는 과정 중에 커다란 변화를 겪었다. 숫자에서 문자 기호로 진보하는 과정은 엄청난 지적 도약이 필요했지만, 그만한 가치가 충분히 있었다.

대수학을 향한 수학자의 열정

대수학은 9세기 이슬람 학자들의 연구에서 상당히 중요한 요소였다. 알콰리즈미Al-Khwarizmi는 수학교과서를 한 권 펴냈는데, 그 제목에는 아랍어 'al-jabr(이 말은 음수를 이항해서 양수로 만드는 방법을 뜻하며, 대수학을 의미하는 영어 'algebra'의 어원이 되었다)'가 들어있었다. 결국 일차방정식과 이차방정식을 이용해 실용적인 문제들을 다루었던 알콰리즈미의 '방정식의 과학'은 'algebra(대수학)'라는 이름을 우리에게 남겼다. 그보다 한참 후에 오마르 카얌은 시집 『루바이야트Rubaiyat』와 거기에 남긴 불후의 명문으로 유명해진다.

1591년
프랑수아 비에트François Viète, 기지량과 미지량을 나타내는 문자를 이용해 수학교과서를 쓰다.

1920년
에미 뇌터, 현대의 추상대수학 발전에 대한 논문을 펴내다.

1930년
판 데어 베르덴Bartel van der Waerden, 유명한 『현대대수학Moderne Algebra』이라는 책을 출판하다.

"한 잔의 술과, 빵 한 덩어리

그리고 내 곁에 노래하는 그대만 있다면

황야라 한들 족히 낙원이 아니랴!"

하지만 22살이 되던 1070년에 그는 삼차방정식의 해를 연구하는 대수학 책을 쓰게 된다.

지롤라모 카르다노^{Girolamo Cardano}는 1545년에 수학에 대한 위대한 연구를 책으로 펴냈는데, 이것은 방정식이론의 분수령이 되었다. 이 책은 삼차방정식과 사차방정식(x^4라는 항을 포함한다)에 대해 풍부한 연구 결과를 포함하고 있었기 때문이다. 이 일련의 연구는 이차, 삼차, 사차 방정식을 $+, -, \times, \div, \sqrt[q]{}$(마지막 기호는 q제곱근을 의미한다)라는 연산만을 포함하는 공식으로 풀 수 있음을 보여주었다. 예를 들어 $ax^2 + bx + c = 0$이라는 이차방정식은 다음의 공식을 이용해서 풀 수 있다.

$$x = \frac{-b \pm \sqrt{b^2 - 4ac}}{2a}$$

만약 $x^2 - 3x + 2 = 0$이라는 방정식을 풀고 싶다면 a = 1, b = −3, c = 2라는 값을 공식에 대입만 하면 된다.

삼차방정식과 사차방정식의 해를 구하는 공식은 엄청나게 길고 거추장스럽긴 하지만 분명히 존재한다. 수학자들을 놀라게 한 것은 x^5이 들어있는 '오차방정식'의 일반적인 해를 구하는 공식을 만들어낼 수 없다는 점이었다. 5의 거듭제곱이 대체 뭐가 특별해서 그런 것일까?

요절한 수학자 닐스 아벨^{Niels Abel}은 1826년에 이 오차방정식의 수수께끼에 대해 기막힌 해답을 내놓았다. 사실 그가 증명한 것은 부정적인 내용이었다. 보통 어떤 것이 불가능하다는 것을 증명하는 일은 가능하다는 것을 증명하는 일보다 항상 어렵다고 해도 과언이 아니다. 아벨은 모든 오차방정식의 해를 구할 수 있는 일반 공식이 성립되지 않음을 증명했고, 이것을 찾으려고 해봤자 모두 허사라는 결론을 내렸다. 아벨은 수학에서 최고 경지에 오른 사람들을 이해시키는 것은 성공했지만, 이 뉴스가 수학계 전반에 퍼지는 데는 꽤 오랜 시간이 걸렸다. 일부 수학자들은 이러한 결과를 받아들이기를 거부했고, 19세기까지도 사람들은 존재하지도 않는 공식을 찾아냈다고 주장하는 연구 결과를 계속해서 발표했다.

논리학으로 확장되다

500년간 대수학은 '방정식의 이론'으로 통했지만, 19세기에는 새로운 방향으로 발전이 이루어졌다. 대수학에 나오는 기호가 숫자 이상의 것을 나타낼 수 있음을 깨닫게 된 것이다. 예를 들어 그것들로 명제를 나타낼 수 있었는데, 그 때문에 대수학이 논리학과 연관될 수 있게 되었다. 심지어는 행렬대수학('행렬' 참고) 같은 것에 나오는 더 고차원적인 대상을 나타낼 수도 있었다. 많은 비수학자들이 오랫동안 의문을 가졌던 것처럼, 그것들은 전혀 아무것도 나타내지 않고 특정 룰에 따라 움직이는 기호가 될 수 있었다.

1843년 현대대수학의 중요한 사건이 한 가지 발생했다. 윌리엄 로언 해밀턴이라는 아일랜드 사람이 사원수를 발견한 것이다. 해밀턴은 2차원의 복소수를 더 고차원으로 확장할 수 있는 기호 체계를 찾고 있었다. 그는 오랫동안 3차원 기호 체계를 찾아내려 애썼지만, 만족스러운 결과를 얻지 못하고 있었다. 매일 아침 그의 아들은 이런 질문을 했다고 한다. "아빠, 이제 삼원수 곱하기 할 수 있어요?" 아들의 질문에 그는 항상 "아직은 더하기 빼기밖에 안 된단다"라고 답할 수밖에 없었다.

성공은 예상치 못한 순간에 찾아왔다. 3차원 기호 체계를 찾는 일은 어차피 막다른 길에 막힐 운명이었다. 애초부터 3차원이 아니라 4차원 기호 체계에 도전했어야 했다. 이 번쩍이는 영감은 아내와 함께 더블린으로 이어지는 로열운하를 따라 걷다가 불현듯 찾아왔다. 그는 발견의 기쁨으로 무아지경에 빠져들었다. 트리니티 대학의 천문학교수이자 기사 작위까지 받은 이 38세의 학자는 갑자기 공공기물 파괴자처럼 한 치의 망설임도 없이 브로엄 다리의 돌 위에 그 핵심적인 관계를 새겨 넣었다. 오늘날 이 자리에는 이 사실을 알리는 명판이 자리 잡고 있다. 그날을 가슴속에 새기며, 그는 이 주제에 강박적으로 빠져들었다. 그는 몇 년에 걸쳐 이것을 주제로 강연을 했으며, 두 권의 두꺼운 책도 출판했다.

사원수의 독특한 특성 중 하나는 곱하기를 할 때 일반 산수의 규칙과는 대조적으로 곱하기의 순서가 대단히 중요하다는 점이다. 1844년에 독일의 언어학자 겸 수학자 헤르만 그라스만 Hermann Grassmann은 해밀턴처럼 극적인 일화는 없었지만, 대수 체계에 대한 또 하나의 책을 펴냈다. 당시에는 큰 주목을 받지 못했지만, 이 연구는 훗날 광범위한 영향력을 가진 것으로 밝혀졌다. 오늘날에는 사원수와 그라스만의 대수학 모두 기하학, 물리학, 컴퓨터그래픽 등의 분야에서 응용되고 있다.

추상적 방법론의 도입

20세기에 대수학의 지배적인 패러다임은 공리적 방법 Axiomatic method(기본명제들과 특정한 추리 규칙에 의해 그 영역의 모든 명제들을 연역적으로 이끌어내는 방법)이었다. 이것은 유클리드 기하학에서는 처음부터 근간을 이루는 것이었으나, 최근까지만 해도 대수학에는 적용되지 않았다.

에미 뇌터 Emmy Noether는 추상적 방법론의 옹호자였다. 이 현대대수학(기존의 대수학과 구분하기 위한 명칭으로 추상대수학이라고도 한다)에서는, 개별 사례들은 일반적인 추상적 개념에 따라오는 구조에 대한 연구라는 생각이 전반적으로 퍼져있다. 개별 사례들이 같은 구조를 가졌지만 다른 표기법을 쓸 때, 이것을 동형^{Isomorphic}이라고 부른다.

가장 기본적인 대수적 구조는 군$^{群, \text{ Group}}$으로, 이것은 공리의 목록으로 정의된다('군론' 참고). 구조들 중에는 공리가 적은 구조도 있고(준군^{Groupoid}, 반군$^{\text{Semi-group}}$, 유사군$^{\text{Quasi-group}}$ 등), 공리가 더 많은 구조도 있다(환^{Ring}, 사체$^{\text{Skew-field}}$, 정역$^{\text{Integral domain}}$, 체^{Field} 등). 20세기 초반에 대수학이 '현대대수학'이라는 추상과학으로 변신하는 과정에서 이런 새로운 단어들이 수학에 도입되었다.

유클리드의 알고리즘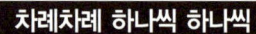

차례차례 하나씩 하나씩

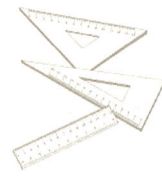

알콰리즈미는 우리에게 'algebra(대수학)'라는 용어를 남겨주기도 했지만, 9세기에 남긴 산수 책을 통해 'algorithm(알고리즘)'이라는 용어를 남기기도 했다. 이 개념은 수학자나 컴퓨터과학자 모두에게 아주 쓸모 있는 개념이다. 알고리즘은 대체 무엇일까? 이 질문에 대답할 수 있다면, 우리는 유클리드의 호제법 알고리즘 Euclid's division algorithm을 이해하는 첫발을 내딛은 것이다.

알고리즘이란 어떤 기계적 절차를 의미한다. 이는 '이것을 먼저 하고, 그 다음에는 저것을 하라'는 식의 명령이 목록으로 나열된 것이다. 컴퓨터가 왜 알고리즘을 좋아하는지 이해하는 것은 어려운 일이 아니다. 컴퓨터는 명령을 잘 따르고 옆길로 빠지는 법이 절대로 없기 때문이다. 어떤 수학자들은 알고리즘은 반복적이라서 지루하다고 생각한다. 하지만 알고리즘을 만들고 그것을 수학적 명령을 포함하는 수백 줄의 컴퓨터 코드로 옮기는 일은 결코 만만한 작업이 아니다. 잘못하면 끔찍하게 틀린 결과가 나올 위험이 도사리고 있다.

알고리즘을 만드는 것은 대단히 창조적인 도전이다. 같은 일을 하는 데도 여러 가지 다른 방법이 있는 경우가 많기 때문에 거기서 가장 나은 알고리즘을 찾아내야 한다. 어떤 알고리즘은 목적과 잘 맞지 않기도 하고, 또 어떤 알고리즘은 하도 산만해서 효율성이 너무 떨어진다. 그리고 어떤 알고리즘은 대단히 빠르지만 잘못된 답을 내놓기도 한다.

이것은 요리와도 닮은 구석이 있다. 속을 채워 넣은 칠면조구이를 요리하는 조

timeline

기원전 3세기
유클리드의 호제법이 『원론』 7권에 실리다.

서기 3세기
중국 수학자 손자孫子, '중국인의 나머지정리'를 발견하다.

리법(알고리즘)은 수백 가지도 넘는다. 분명 1년에 한 번 찾아오는 크리스마스에 엉터리 알고리즘으로 칠면조를 요리하고 싶은 사람은 없을 것이다. 그래서 우리는 이런저런 재료도 준비하고, 요리 방법도 챙긴다. 칠면조 요리법을 짧게 요약하면 다음과 비슷하게 시작할 것이다.

- 칠면조 속을 여러 가지 재료로 채운다
- 칠면조 바깥쪽 피부를 버터로 문지른다
- 소금, 후추, 파프리카 등으로 양념한다
- 170도 정도의 온도에서 세 시간 반 동안 굽는다
- 조리된 칠면조를 30분가량 그냥 놔둔다

우리는 그저 이 알고리즘대로 차례차례, 하나씩 하나씩 진행하면 된다. 수학 알고리즘에는 보통 들어있지만 이 조리법에서는 빠져있는 유일한 내용은 루프Loop로, 루프란 반복 처리에 사용하는 도구이다. 칠면조는 한 번 요리로 충분할 테니 루프는 필요 없을 것이다.

수학에도 재료가 있다. 그것은 바로 수다. 유클리드의 호제법 알고리즘은 최대공약수를 계산하기 위해 설계된 것이다. 두 자연수의 최대공약수란 그 두 수와 나누어떨어지는 수 중 가장 큰 값을 말한다. 18과 84라는 두 수를 예로 들어보자.

최대공약수와 최소공배수

18과 84의 최대공약수는 18과 84 두 수와 정확히 나누어떨어지는 수 중 가장 큰 수이다. 2는 18과 84 둘에 나누어떨어지고 3도 마찬가지이다. 이에 따라 6도 양쪽

810년
알콰리즈미, '알고리즘'이라는 용어를 수학에 남기다.

1202년
피보나치, 『산술 교본』에서 정수론에서의 합동에 대한 연구를 발표하다.

1970년대
중국인의 나머지정리가 메시지 암호화에 적용되다.

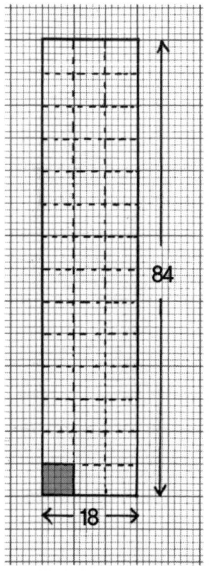

모두와 나누어떨어진다. 이 두 수를 나눌 수 있는 더 큰 수가 있을까? 9와 18도 시도해볼 수 있다. 확인해보면 이 값은 84와는 나누어떨어지지 않는다. 따라서 6이 두 수와 나누어떨어지는 가장 큰 수다. 우리는 18과 84의 최대공약수는 6이라고 결론 내릴 수 있고, gcd(18, 84) = 6이라고 적는다(gcd ; greatest common divisor, 최대공약수).

최대공약수는 부엌 바닥의 타일로 해석할 수 있다. 이 최대공약수는 폭이 18이고 길이가 84인 직사각형 벽을 완전히 채울 수 있는 가장 큰 정사각형 타일의 한 변의 길이에 해당한다. 단, 타일을 잘라서 끼워 넣을 수는 없다. 이 경우에 6 × 6인 타일이 들어맞는 것을 볼 수 있다.

최대공약수와 연관된 개념으로 최소공배수(lcm ; least common multiple)라는 것이 있다. 18과 84의 최소공배수는 18과 84로 나누어떨어지는 수 중 가장 작은 수를 말한다. 최소공배수와 최대공약수 사이의 관계는 두 수의 최소공배수와 최대공약수를 곱한 값이 두 수를 곱한 값과 같다는 점에서 잘 드러난다. 여기서 lcm(18, 84) = 252이므로, 6 × 252 = 1,512 = 18 × 84임을 확인할 수 있다.

기하학적으로 보면, 최소공배수는 18 × 84인 직사각형 타일로 채워 넣을 수 있는 가장 작은 정사각형의 한 변의 길이에 해당한다. lcm(a, b) = ab ÷ gcd(a, b)이므로 최대공약수만 찾아내면 최소공배수를 알 수 있다. gcd(18, 84) = 6임은 이미 앞서 계산해서 알고 있지만, 그것을 계산하기 위해서는 18과 84의 약수들을 알아야 한다.

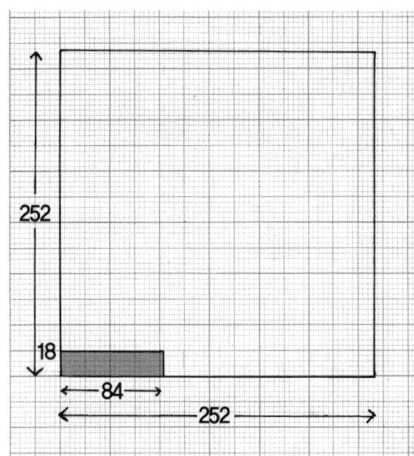

18 × 84의 직사각형 타일로
정사각형을 채우기

다시 한번 과정을 요약하면, 우리는 먼저 두 수를 인수로 쪼개야 한다. 그러면 18 = 2 × 3 × 3이고, 84 = 2 × 2 × 3 × 7이다. 그리고 양쪽을 비교해보면, 2는 양쪽에 공통으로 있고, 양쪽을 나누는 2의 거듭제곱 중에서는 2의 1제곱이 가장 높다. 마찬가지로 3도 공통이고 3의 거듭제곱 지수로는 1이 가장 높은 값이다. 하지만 7은 84와는 나누어떨어지지만, 18과는 그렇지 않으므로 최대공약수의 인수로 들어갈 수 없다. 따라서 2 × 3 = 6이 양쪽 수를 나누는 최대공약수라고 결론내릴 수 있다.

꼭 인수를 가지고 이렇게 곡예를 부려야 하는 걸까? 만약 gcd(17,640, 54,054)를 알아내기 위해 계산한다고 상상해보자. 우선 두 수를 인수분해해야 할 테고, 그후로도 갈 길이 너무 멀다. 분명 더 쉬운 방법이 있을 것이다.

더 큰 수의 최대공약수 알아내기

더 나은 방법이 있다. 유클리드의 호제법 알고리즘은 『원론』 7권의 정리 2번에 나온다. '서로에게 소수가 아닌 두 숫자가 주어졌을 때, 최대공약수를 구하는 방법'.

유클리드가 내놓은 알고리즘은 아름답다 싶을 만큼 효율적이고, 인수를 찾는 수고 없이 간단하게 뺄셈만 하면 된다. 어떻게 작동하는지 알아보자.

우리의 목적은 d = gcd(18, 84)를 계산하는 것이다. 먼저 84를 18로 나누는 것에서 시작한다. 이것은 정확히 나누어떨어지지 않아서 몫은 4, 나머지는 12가 된다.

$$84 = 4 \times 18 + 12$$

d는 84와 18 모두와 나누어떨어져야 하므로 나머지인 12와도 나누어떨어져야 한다. 따라서 d = gcd(12, 18)이다. 따라서 과정을 되풀이해서 18을 12로 나눈다.

$$18 = 1 \times 12 + 6$$

나머지가 6이므로 d = gcd(6, 12)이다. 12를 6으로 나누면 나머지는 0이 된다. 따라서 d = gcd(0, 6)이다. 6은 0, 6 양쪽 수와 동시에 나누어떨어지는 가장 큰 수이므로 이것이 우리가 찾는 답이 된다.

d = gcd(17,640, 54,054)를 계산해보면, 나머지는 차례로 1,134, 630, 504, 0이 나오고, 결국 d = 126이 나온다.

디오판토스 방정식과 여행가방

최대공약수는 해가 반드시 정수라야 하는 방정식의 풀이에 사용할 수 있다. 이런 방정식을 그리스 초기의 수학자였던 알렉산드리아의 디오판토스의 이름을 따서 디오판토스 방정식이라고 부른다.

크리스틴 부인이 바베이도스로 휴가를 간다고 상상해보자. 크리스틴은 집사 존에게 여행용 가방 꾸러미를 가지고 공항으로 가게 했다. 꾸러미에 들어있는 여행용 가방의 무게는 18킬로그램이거나 84킬로그램이고, 총 무게는 652킬로그램이라고 알려주었다. 존이 벨그레이비어로 돌아왔을 때, 존의 아홉 살 난 아들 제임스는 이렇게 소리친다. "그럴 리가 없어요. 최대공약수 6으로는 652가 나누어떨어지지 않는단 말이에요." 제임스는 아마도 총 무게가 642킬로그램일 거라고 추측했다.

제임스는 $18x + 84y = c$라는 방정식의 해가 정수이기 위해서는 c가 최대공약수 6으로 나누어떨어져야 한다는 것을 알았던 것이다. 652는 6으로 나누어떨어지지 않지만, 642는 나누어떨어진다. 제임스는 크리스틴 부인이 바베이도스로 가져가려고 했던, 무게가 다른 각각의 가방이 몇 개(x, y)였는지 굳이 알 필요가 없었다.

중국인의 나머지정리

만약 두 수의 최대공약수가 1이면 그들을 '서로소'라고 한다. 이 수는 자체적으로 소수일 필요는 없으나 서로에게는 소수이어야 한다. 예를 들면 gcd(6, 35) = 1로 서로소이지만, 6과 35는 자체적으로는 소수가 아니다. 중국인의 나머지정리Chinese Remainder Theorem를 위해서는 이것이 필요하다.

문제를 하나 더 풀어보도록 하자. 앵거스는 자기한테 술이 몇 병이나 있는지 모르지만, 두 개씩 짝을 맞춰보면 한 병이 남는다. 그리고 술병을 다섯 줄로 된 술 선반에 넣으면 3병이 남는다. 그가 가진 술은 몇 병이나 될까? 이 수를 2로 나누면 나머지가 1이고, 5로 나누면 나머지가 3이라는 것은 이제 알고 있다. 첫 번째 조건을 통해서 우리는 짝수를 모두 배제할 수 있다. 홀수들을 훑어 나가면 13이라는 수가 그 요구를 충족하는 것을 알 수 있다(앵거스가 가진 술은 확실히 3병보다 많고, 3병이라고 해도 역시 조건을 만족시킨다). 하지만 이 조건에 맞는 다른 수들이 있다. 사실 13, 23, 33, 43, 53, 63, 73, 83, …으로 이어지는 모든 수가 여기 해당된다.

이제 이 수를 7로 나누면 나머지가 3이 나온다는 조건을 하나 더 달아보자(즉, 도착한 술을 보니 7병짜리 꾸러미로 포장되어 있었고, 거기에 3병이 더 딸려 왔다). 13, 23, 33, 43, 53, 63, …으로 이어지는 수열을 따라 이 조건을 맞춰보니, 73이 딱 들어맞는 것을 찾아냈다. 하지만 143도 그렇고, 213도 그렇고, 이 수에 70을 여러 번 더한 값들이 모두 그렇게 딱 들어맞는다는 사실에 주목해야 한다.

수학용어로 말하면, 우리는 중국인의 나머지정리에 의해 보장된 해를 찾아낸 것이다. 이 정리에 의하면 두 개의 해는 $2 \times 5 \times 7 = 70$의 배수만큼 차이가 난다. 만약 앵거스의 술병이 150개와 250개 사이라면, 정답은 213병이라고 못박아 말할 수 있다. 3세기에 발견된 정리치고는 꽤 쓸 만하지 않은가?

논리 　모호함을 정확함으로

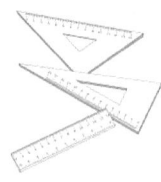

'만약 도로 위에 차가 많이 없으면, 공해를 견딜 만할 것이다. 도로 위의 차를 줄이든지 통행료를 징수하든지, 아니면 둘 다 해야 한다. 만약 통행료를 징수하면, 여름은 참을 수 없을 정도로 더워질 것이다. 그런데 사실 이번 여름은 상당히 시원한 것으로 드러나고 있다. 따라서 필연적으로 이런 결론이 나온다. 공해가 견딜 만한 수준이다.'
한 일간지 사설에 나온 이 논증은 타당한가, 아니면 비논리적인가? 이것이 도로 통행 정책으로서 의미가 있는지, 아니면 저널리즘을 잘 따르고 있는지는 우리의 관심사가 아니다. 우리의 관심은 오직 이것이 이성적 추론 과정으로서 타당성이 있는지 여부다. 논리는 이런 의문을 푸는 데 도움이 된다. 논리는 추론을 엄격하게 검사하는 것이기 때문이다.

아리스토텔레스의 논리학

위에 나온 신문기사를 그대로 살펴보자니 너무 복잡하다. 먼저 이것보다 더 간단한 논증을 살펴보기 위해 논리학의 창시자로 추앙받는 그리스 철학자 아리스토텔레스에게로 거슬러 올라가 보자. 그의 접근방식은 다른 형태의 삼단논법에 근거를 두고 있었다. 이 논증 스타일은 세 개의 진술, 즉 전제 두 개와 결론 하나로 이루어진다. 예를 들어보자.

모든 치와와는 개다
모든 개는 동물이다
———————————————
따라서 모든 치와와는 동물이다

timeline

기원전 335년
아리스토텔레스, 삼단논법의 논리를 공식화하다.

서기 1847년
조지 불, 『논리의 수학적 분석 Mathematical analysis of logic』을 펴내다.

줄을 기준으로 위에는 전제가 나오고, 아래로는 결론이 나온다. 이 예시를 보면 '치와와', '개', '동물'이라는 단어에 우리가 어떤 의미를 붙이든 간에 결론에 어떤 필연성이 있다. 다른 단어를 이용해서 똑같은 삼단논법을 구성해보자.

모든 사과는 오렌지다
모든 오렌지는 바나나다
―――――――――――
모든 사과는 바나나다

이 경우에 그 단어의 일반적인 함축적 의미를 그대로 적용한다면, 각각의 진술들은 분명 터무니없는 것들이다. 그러나 이 두 삼단논법의 경우 구조가 같으며, 이런 구조 때문에 이 삼단논법 자체는 타당하다. 한마디로 말해 이런 구조 안에 있는 진술 A, B, C의 경우에서 두 전제 A, B가 참인데, 결론인 C가 거짓인 경우를 찾아내는 것은 불가능하다는 얘기다. 타당한 논증은 이래서 쓸모가 있다.

'모든', '어떤' 같은 수량형용사를 사용하면 다양한 삼단논법이 가능해진다. 예를 하나 더 들어보자.

어떤 A는 B다
어떤 B는 C다
―――――――
어떤 A는 C다

이것은 타당한 논증인가? 이것을 모든 A, B, C에 대해 적용할 수 있는 것인가? 아니면 전제들이 참임에도 불구하고 결론은 거짓인 반례가 도사리고 있을까? A를

타당한 논증
모든 A는 B다
모든 B는 C다
―――――――
모든 A는 C다

1910년
러셀과 화이트헤드, 수학을 논리로 환원하려 시도하다.

1965년
로프티 자데 Lofti Zadeh, 퍼지 논리를 발전시키다.

1987년
일본, 퍼지 논리를 기반으로 지하철 시스템을 구축하다.

치와와, B를 갈색 물체, C를 책상이라고 해보면 어떨까? 다음에 나오는 사례는 설득력이 있는가?

> 어떤 치와와는 갈색이다
> 어떤 갈색 물체는 책상이다
> ─────────────
> 어떤 치와와는 책상이다

우리가 든 반례를 보면 이 삼단논법은 타당하지 않음을 알 수 있다. 삼단논법의 형태가 워낙에 많았기 때문에 중세 학자들은 그것들을 기억하기 쉽게 암기법을 개발했다. 우리가 처음 예로 들었던 것은 B<u>A</u>RB<u>A</u>R<u>A</u>로 알려져 있다. 이 삼단논법에서는 'All(모든)'이 세 번 등장하기 때문이다. 논증을 분석하는 이런 방법들은 이천 년 넘게 지속되었고, 중세 대학교 학부 과정에서는 이것을 중요하게 다루었다. 삼단논법에 대한 이론인 아리스토텔레스의 논리학은 19세기까지도 완벽한 과학으로 여겨졌다.

타당한가, 그렇지 않은가

다른 형태의 논리도 있는데, 이것은 삼단논법보다 한 발 더 나간다. 이 논리는 명제나 간단한 진술, 혹은 이들의 조합을 다룬다. 일간지 사설을 분석하려면 이 '명제논리'에 대한 지식이 조금 필요하다. 조지 불^{George Boole}이 이것을 새로운 종류의 대수학으로 취급할 수 있음을 깨닫게 된 이후로, 명제논리는 한때 '논리대수^{algebra of logic}'로 불리기도 했는데, 이것을 보면 명제논리의 구조가 어떤 것인지 감을 잡을 수 있다. 1840년대에는 조지 불이나 오거스터스 드 모르간^{Augustus de Morgan} 같은 수학자들에 의해 논리에 대한 연구가 상당히 많이 이루어졌다.

시험 삼아 한번 해보자. '프레디는 치와와다'를 나타내는 명제 a를 생각해보자. 명제 a는 참일 수도, 거짓일 수도 있다. 만약 내가 프레디라고 불리는 내 강아지를 생각하고 있는데, 프레디가 정말 치와와라면 이 진술은 참(T, true)이다. 하지만 이 진술을 이름이 프레디인 내 사촌에게 적용한다면 이 진술은 거짓(F, false)이다. 한 명제가 참인가, 거짓인가 하는 것은 어디를 참조하는가에 달려있다.

'에델은 고양이다'라는 또 하나의 명제 b가 있다면, 이 두 개의 명제를 몇 가지 방식으로 조합할 수 있다. 그런 조합 중 하나를 a ∨ b라고 적는다. 연결기호 ∨는 '혹은(논리합, or)'에 해당하지만, 논리에서 사용하는 '혹은'은 일상용어로 사용하는 '혹은'과는 사용법이 조금 다르다. 논리에서 a ∨ b가 참이라는 의미는 '프레디는 치와와다'가 참이거나, '에델은 고양이다'가 참이거나, 아니면 양쪽 모두가 참이며, a와 b가 모두 거짓일 때만 a ∨ b가 거짓이라는 의미이다. 이 내용을 진리표에 요약해놓았다.

'그리고(논리곱, and)'를 이용해서도 명제를 조합할 수 있고, a ∧ b로 적는다. 그리고 '아니다(부정, not)'를 사용할 수도 있으며, '¬a'라고 적는다. a ∧ (a ∨ b)와 같이 a, b, c와 연결기호들을 섞어서 이 명제들을 조합해보면 논리의 대수적 특성이 분명하게 드러난다. 우리는 다음과 같은 항등식을 얻을 수 있다.

$$a \wedge (b \vee c) \equiv (a \wedge b) \vee (a \wedge c)$$

기호 ≡는 논리적 진술 간의 '동치Equivalence'를 의미하며, 동치의 양쪽은 진리표가 똑같다. 논리대수와 일반 대수학 사이에는 유사한 점이 있다. 기호 ∧와 ∨는 $x \times (y + z) = (x \times y) + (x \times z)$로 나타나는 일반 대수학에서의 ×, +와 비슷하게 행

논리합(OR) 진리표

a	b	a∨b
T	T	T
T	F	T
F	T	T
F	F	F

논리곱(AND) 진리표

a	b	a∧b
T	T	T
T	F	F
F	T	F
F	F	F

부정(NOT) 진리표

a	¬a
T	F
F	T

함의(Implication) 진리표

a	b	a→b
T	T	T
T	F	F
F	T	T
F	F	T

동하기 때문이다. 하지만 유사하다고 해도 완전히 같지는 않으며 예외가 있다.

다른 논리 연결기호들을 이 기본 기호를 이용해서 정의할 수 있다. 이런 기호들 중 쓸모 있는 연결기호를 하나 들자면 '함의Implication'의 연결기호인 a → b가 있는데, 이것은 ¬a ∨ b와 동치이다. 진리표를 통해 확인할 수 있다.

이제 다시 일간지 사설로 돌아가 보자. 그 사설의 논리를 다음과 같은 기호로 나타낼 수 있다.

C = 도로 위에 차가 적다
P = 공해가 견딜 만하다
S = 통행료 징수 계획이 있다
H = 여름이 참을 수 없을 만큼 덥다

C → P
C ∨ S
S → H
¬H
―――
P

이 논증은 타당한가, 그렇지 않은가? 결론 P는 거짓이지만, 모든 전제는 참이라고 가정해보자. 이 가정이 모순을 일으킨다는 것을 증명할 수 있다면, 그것은 이 논증이 타당하다는 것을 의미한다. 전체가 참인데 결론이 거짓일 수는 없다. 만약 P가 거짓이라면, 첫 번째 전제 C → P에서 C는 거짓이어야 한다. C ∨ S는 참이므로, C가 거짓이란 사실로부터 S는 참이어야 한다. 세 번째 전제 S → H가 참이므로 H는 참임을 알 수 있다. 즉 ¬H는 거짓이다. 이것은 마지막 전제인 ¬H가 참이라는 가정과 모순이다. 이 신문 사설에 실린 진술 내용은 여전히 논란의 여지를 안고 있지만, 논증의 구조만큼은 타당하다.

무거운 치와와의 집합?

프레게Gottlob Frege, 퍼스C.S. Peirce, 슈뢰더Ernest Schröder는 명제논리에 양화量化,

Quantification를 도입하여 '술어논리(이것은 변수에 대해서 서술하기 때문이다)'를 구축하였다. 여기에서는 '모든 ~에 대하여'라는 뜻을 가진 전칭기호 ∀와, '어떤 ~에 대하여'라는 뜻을 가진 존재기호 ∃를 사용한다.

논리학에서 이루어진 새로운 또 하나의 발전은 퍼지 논리 Fuzzy logic 라는 아이디어다. 영단어 'fuzzy'는 애매모호하고 경계가 불확실하다는 의미이기 때문에, 마치 혼란스러운 생각을 의미하는 말로 들릴 수도 있지만, 사실은 전통적 논리의 한계를 넓혀놓은 것이다. 전통적 논리는 집합의 개념을 기반으로 한다. 우리는 치와와의 집합, 개의 집합, 갈색 물체의 집합 등에 대해 이야기할 수 있다. 이렇게 집합 개념을 이용하면 무엇이 집합에 속하고, 무엇이 속하지 않는지가 분명해진다. 만약 공원에서 로디지안 리지백이라는 순종 아프리카산 사냥개를 마주치면, 그것은 치와와의 집합에 속하지 않는다는 것을 확신할 수 있다.

퍼지집합 이론에서는 집합으로 정확히 정의하기 어려운 것들을 다룬다. 무거운 치와와의 집합을 생각해보자. 얼마나 무거워야 이 집합에 포함될 수 있을까? 퍼지집합에서는 집합의 회원 자격에 등급을 둘 뿐, 무엇이 집합에 포함되고 무엇이 그렇지 않은지를 결정하는 경계는 모호한 상태로 둔다. 수학 덕분에 우리는 '모호함'의 정도를 '정확하게' 다룰 수 있게 되었다. 논리는 결코 건조한 학문이 아니다. 논리학은 아리스토텔레스로부터 시작해서 발전을 거듭해왔으며, 이제는 연구와 응용이 활발하게 진행되고 있는 분야이다.

∨ 혹은(논리합)
∧ 그리고(논리곱)
¬ 아니다(부정)
→ ~이면 ~이다(함의)
∀ 모든 ~에 대하여(전칭 기호)
∃ 어떤 ~에 대하여(존재 기호)

증명
돌진, 비틀기, 딴죽걸기 – 다양한 증명 방법

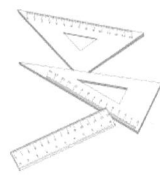

수학자들은 증명을 통해 자신의 주장을 정당화하려고 한다. 흠잡을 데 없는 합리적 논증에 대한 추구야말로 순수수학의 원동력이다. 이미 알려졌거나 추측되는 것으로부터 내린 올바른 추론의 사슬은 수학자를 이미 확립된 수학적 지식의 보고로 입성하게 한다.

증명은 쉽게 얻을 수 있는 것이 아니다. 대부분의 경우 엄청난 노력과 실수 끝에 얻게 된다. 증명을 내놓기 위한 몸부림이야말로 수학자들 삶의 중심을 차지한다고 할 수 있다. 성공적인 증명은 확립된 이론을 추측이나 좋은 고안으로부터 가려내는 수학자의 '진품 인증' 도장이나 마찬가지다.

증명에서 추구하는 특성은 엄격함과 투명함이며, 그만큼이나 중요한 것이 우아함이다. 여기에 하나 더 덧붙이자면 통찰력이 들어간다. 좋은 증명이란 '우리를 더 현명하게 만들어주는 증명'이다. 하지만 아무런 증명도 없는 것보다는 완전하지는 않아도 약간의 증명이나마 있는 것이 낫다. 증명되지 않은 사실을 기반으로 앞으로 나가려 하면 사상누각沙上樓閣 같은 이론을 만들어낼 위험이 있기 때문이다.

증명은 영원한 것은 아니다. 그와 관련된 개념의 발전에 맞추어 수정할 필요가 생기기도 한다.

증명이란 무엇일까?

어떤 수학적 결과에 대해 읽거나 들을 때 당신은 그 내용을 믿는가? 그것을 믿는

timeline

기원전 3세기
유클리드, 『원론』을 통해 수학적 증명의 모범을 제시하다.

서기 1637년
데카르트, 『방법서설』에서 수학적 엄격함을 모범으로 제시하다.

이유는 무엇인가? 아마도 당신이 인정하는 아이디어에서 출발해 논리적으로 합당한 논증 과정을 거쳐 당신이 정말인가 궁금해 하는 주장을 결론으로 이끌어내주기 때문일 것이다. 이것이 바로 수학자들이 증명이라 부르는 것으로, 증명에는 보통 일상의 언어와 엄격한 논리가 섞여있다. 증명의 질에 따라서 당신은 그 내용을 신뢰하거나 의심하게 될 것이다.

수학에서 주로 이용되는 증명의 종류는 다음과 같다. 반례법, 직접증명법, 간접증명법, 수학적 귀납법.

반례를 들어 딴죽걸기

우선 회의적인 태도로 시작해보자. 이것은 한 진술이 거짓임을 증명하는 방법이다. 특정 진술을 예로 들어보자. '모든 수는 제곱하면 짝수가 나온다'라는 주장을 들었다고 가정해본다. 당신은 이 주장을 믿는가? 바로 답을 내놓기에 앞서서 몇몇 예를 들어 확인해볼 필요가 있다. 6이라는 수를 예로 들어 제곱해보면 $6 \times 6 = 36$으로, 정말 짝수가 나온다는 것을 알 수 있다. 하지만 제비 한 마리 봤다고 봄이 왔다 믿는 것은 너무 성급한 일이다. 이 주장은 어떤 수든지 성립한다고 했고, 수는 무한히 많다. 몇 개 더 시험해봐야 이 주장이 정말인지 감을 잡을 수 있을 것이다. 이번에는 9를 가지고 시험해보자. $9 \times 9 = 81$이다. 하지만 81은 홀수다. 이것은 모든 수는 제곱하면 짝수가 나온다는 진술이 거짓임을 의미한다. 이런 예는 원래의 주장과 맞지 않기 때문에 반례라고 부른다. '모든 백조는 흰색이다'라는 주장에 대한 반례를 찾으려면 검은 백조를 찾아내면 된다. 수학의 재미 중 하나는 그런 반례를 찾아서, 이미 성공한 듯 보이는 정리를 무대 위에서 끌어내리는 것이다.

만약 그런 반례를 찾아내지 못하면 우리는 그 진술이 아마도 옳은 것이 아닐까

1838년
드 모르간, '수학적 귀납법'이라는 용어를 도입하다.

1967년
비숍Bishop, 구성주의적 방법만을 사용해 수학적 결과를 증명하다.

1976년
임레 라카토스Imre Lakatos, 영향력이 큰 책, 『수학적 발견의 논리Proofs and Refutations』를 발간하다.

하고 생각하게 된다. 그렇게 되면 수학자들은 다른 국면으로 들어가야 한다. 증명을 이끌어내야 하는 것이다. 이 중 가장 단도직입적인 방법은 직접증명법이다.

직접 부딪혀서 증명하기

직접증명법에서는 이미 확립된 내용이나 가정된 내용으로부터 논리적인 논증 과정을 거쳐 결론으로 직접 돌진해 들어간다. 이것이 가능하다면 우리는 정리를 이끌어낼 수 있다. 모든 수는 제곱하면 짝수가 나온다는 것을 증명할 수는 없다. 이미 반증했기 때문이다. 그래도 여기서 뭔가 건질 것이 있을지도 모르겠다. 우리가 처음 예로 들었던 6과 반례로 들었던 9의 차이점은 6은 짝수고, 9는 홀수였다는 점이다. 가정을 좀 변경해서 새로운 진술을 내놓아보자. '모든 짝수는 제곱하면 짝수가 된다.'

수를 대입해서 확인해보면 어떤 값을 대입해봐도 진술이 성립하고, 반례를 찾을 수가 없다. 그러면 반례를 찾으려던 방침을 바꿔서 반대로 그것을 증명하기로 해보자. 어떻게 시작해야 할까? 일단 일반적인 짝수를 n으로 놓고 시작할 수 있다. 하지만 다소 추상적이므로 6이라는 구체적인 수를 사용하여 어떻게 진행해야 할지 알아보도록 하자. 여러분도 잘 알고 있듯이 짝수는 2의 배수다. 즉 $6 = 2 \times 3$이다. $6 \times 6 = 6 + 6 + 6 + 6 + 6 + 6$이고, 달리 적어보면 $6 \times 6 = 2 \times 3 + 2 \times 3 + 2 \times 3 + 2 \times 3 + 2 \times 3$ 이다. 이것을 괄호를 사용하여 다시 적어보면 다음과 같다.

$$6 \times 6 = 2 \times (3 + 3 + 3 + 3 + 3 + 3)$$

이것은 6×6이 2의 배수이고, 따라서 짝수임을 의미한다. 하지만 이 논증 과정에서 6에만 특별히 한정되는 내용은 없었으므로, $n = 2 \times k$로 놓고 같은 과정을 진행해보면 다음과 같은 결론을 얻는다.

$$n \times n = 2 \times (k + k + \cdots + k)$$

따라서 $n \times n$은 짝수라는 결론에 도달한다. 이제 증명이 끝났다. 유클리드의 『원론』을 번역하는 과정에서 후세의 수학자들은 증명이 마무리되었음을 알리기 위해 증명의 맨 마지막에 'QED'라고 적었다. 이것은 '증명 끝'이라는 뜻으로, 'quod erat demonstrandum'이라는 라틴어의 약자다. 요즘에는 안을 가득 채운 정사각형 ■를 사용한다. 이 기호는 이것을 처음 도입한 폴 할모스Paul Halmos의 이름을 따서 할모스라고 부른다.

살짝 틀어서 증명하기

간접증명법은 먼저 결론을 거짓이라 가정하고, 논리적 추론 과정을 통해 이것이 원래의 가정과 모순임을 보여 증명하는 방법이다. 앞에 다루었던 증명을 이 방법을 이용해 다시 증명해보자.

n을 짝수로 놓고, $n \times n$이 홀수라고 가정하자. $n \times n = n + n + \cdots + n$이고, 여기서 우변의 n은 n개만큼 이어진다. 이것은 n이 짝수가 될 수 없음을 의미한다(만약 n이 짝수라면, 짝수를 더한 값인 우변이 짝수가 되어 $n \times n$도 짝수가 되기 때문이다). 따라서 n은 홀수라는 결론이 나오고, 이것은 가정과 모순이다. ■

사실 이것은 약한 형태의 간접증명법이다. 가장 강력한 간접증명법은 '귀류법'으로 알려져 있으며, 이는 그리스인들이 특히 사랑했던 증명법이다. 아테네의 아카데미에서 소크라테스와 플라톤은 논적들을 모순의 그물에 빠지게 만들어 논점을 증명하는 것을 좋아했다. 그렇게 하면 자신이 증명하려고 했던 논점은 자연스럽게 드러나게 된다. 2의 제곱근이 무리수임을 증명하는 증명은 이것의 전형적인 예로, 2의 제곱근이 유리수라는 가정에서 출발하여 그것이 모순을 일으킨다는 것을 보여 증명을 이끈다.

첫 도미노만 쓰러뜨리면 된다

수학적 귀납법은 일련의 진술 $P_1, P_2, P_3, \cdots$가 모두 참임을 증명하는 강력한 방법이다. 이 특수한 기법은(과학적 귀납법과 혼동해서는 안 된다) 정수를 포함하는 진술을 증명할 때 폭넓게 이용된다. 이 방법은 특히 그래프이론, 정수론, 컴퓨터과학 등에서 두루 쓸모가 있다. 실질적인 예로 홀수를 더하는 문제를 생각해보자. 예를 들어 처음 나오는 홀수 세 개를 더하면 1 + 3 + 5 = 9이고, 처음 나오는 홀수 네 개를 더하면 1 + 3 + 5 + 7 = 16이다. 살펴보면 9는 $3 \times 3 = 3^2$이고, 16은 $4 \times 4 = 4^2$이다. 따라서 처음 나오는 홀수 n개를 더하면 n^2과 같다는 것을 추측할 수 있다. n값을 무작위로 뽑아서 7을 대입해보자. 그러고 보니 정말 1 + 3 + 5 + 7 + 9 + 11 + 13 = 49이고 이 값은 7^2이다. 하지만 이 패턴이 모든 n값을 만족시키는 것일까? 모든 값을 일일이 다 대입해볼 수는 없어 문제에 부딪히고 만다.

여기서 수학적 귀납법이 등장한다. 비공식적인 표현을 빌자면 이것은 도미노식 증명법이라 할 수 있다. 줄지어 세워놓은 도미노와 비슷하기 때문이다. 도미노 하나를 쓰러뜨리면 그 다음 도미노는 틀림없이 쓰러진다. 따라서 도미노를 전부 쓰러뜨리기 위해서는 첫 도미노만 쓰러뜨리면 된다. 이런 사고방식을 홀수 더하기 문제에도 적용해볼 수 있다. 진술 P_n은 처음 나오는 홀수 n개를 더하면 n^2이 나온다고 한다. 수학적 귀납법은 $P_1, P_2, P_3, \cdots$가 모두 참이 되게 하는 연쇄반응을 일으킨다. 진술 P_1은 명백히 참이다. $1 = 1^2$이기 때문이다. 그 다음으로 P_2도 참이다. 1 +

$3 = 1^2 + 3 = 2^2$이기 때문이다. P_3 또한 참이다. $1 + 3 + 5 = 2^2 + 5 = 3^2$이기 때문이다. 그리고 마찬가지로 P_4도 참이다. $1 + 3 + 5 + 7 = 3^2 + 7 = 4^2$이기 때문이다. 한 단계에서 나온 결과를 이용해서 다음 단계로 넘어갈 수 있다. 이 과정을 공식화하면 수학적 귀납법의 틀을 잡을 수 있다.

논쟁은 항상 존재한다

증명의 종류와 분량은 천차만별이다. 어떤 증명은 정말 짧고 간결하다. 교과서에 나오는 증명들이 특히 그렇다. 하지만 최근의 어떤 증명들은 학술지 한 권을 다 잡아먹기도 하고, 분량이 수천 쪽에 이르기도 한다.

근본적인 논쟁거리도 또한 존재한다. 몇몇 수학자들은 존재 여부를 따질 때 간접증명법의 귀류법을 별로 달가워하지 않는다. 어떤 방정식의 해가 존재하지 않는다는 가정이 모순을 일으킨다는 사실만으로 그 방정식에 해가 존재한다는 것을 충분히 증명할 수 있을까? 이 증명법을 반대하는 사람들은 논리는 그저 눈속임에 불과하며 실제로 어떻게 해야 구체적으로 해법을 구성할 수 있을지에 대해서는 아무것도 말해주지 않는다고 주장한다. 이들을 수학의 '구성주의자'라고 하며, 이들은 이 증명법이 '수의 의미'를 말해주지 못한다고 비판한다. 이들은 귀류법을 수학에 없어선 안 될 필수적인 무기로 여기는 전통적 수학자들을 경멸한다. 반면 전통적인 입장을 취하는 수학자들은 이런 논증 방법을 금지하는 것은 한 손을 뒤로 묶어 놓고 일을 하라는 것이나 마찬가지이며, 이 간접증명법을 통해 증명된 수많은 결과를 부정하는 것은 수학이라는 아름다운 양탄자를 너덜너덜한 누더기로 만드는 것이나 다름없다고 주장한다.

집합 묶어서 하나로 취급하기

니콜라 부르바키(Nicholas Bourbaki)라는 필명을 사용한 프랑스 학자들의 모임이 있었다. 이 단체의 회원들은 수학을 밑바닥부터 '올바르게' 다시 쓰기를 원했으며, 수학의 모든 것을 집합론을 바탕으로 재정립해야 한다는 과감한 주장을 펼쳤다. 공리적 방법이 그 핵심이었으며 그들은 '정의, 정리, 증명'이라는 엄격한 방식을 따라 책을 펴냈다. 이것은 또한 1960년대 현대수학운동의 취지이기도 했다.

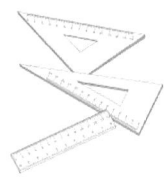

게오르그 칸토어는 실수론에 탄탄한 기반을 마련하려는 열망으로 집합론을 창조해냈다. 처음에는 편견과 비난에 시달리기도 했지만, 20세기가 시작될 무렵 집합론은 수학의 한 분야로 완전히 자리를 잡게 되었다.

집합이란 이런 것

집합이란 개체의 모음이라고 할 수 있다. 공식적인 정의는 아니지만, 이것으로 집합이 무엇인지 대략 그림을 그려볼 수 있다. 이 개체들을 집합의 '원소'라고 부른다. 집합 A가 있고, A가 a를 원소로 가질 때, 칸토어가 그랬듯이 $a \in A$로 적을 수 있다. 예를 들어보면 $A = \{1, 2, 3, 4, 5\}$일 때, 그 원소인 1에 대해서는 $1 \in A$, 그 원소가 아닌 6에 대해서는 $6 \notin A$라 적을 수 있다.

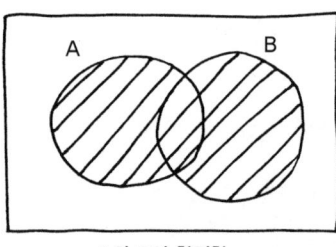

A와 B의 합집합

집합을 결합하는 데는 두 가지 중요한 방식이 있다. 두 집합 A, B가 있을 때, A나 B, 혹은 양쪽 모두에 포함되는 원소들로 이루어진 집합을 A와 B의 '합집합'이라

timeline

서기 1872년
칸토어, 집합론 창조의 조심스러운 발걸음을 내딛다.

1881년
존 벤, 집합의 '벤다이어그램' 표시법을 대중화하다.

고 부른다. 수학자들은 이것을 A ∪ B로 적는다. 이것을 벤다이어그램으로 나타낼 수도 있다. 이 이름은 빅토리아 여왕 시대의 논리학자 존 벤^{John Venn} 신부의 이름을 딴 것이다. 오일러는 이런 다이어그램을 그보다 훨씬 앞서서 사용했었다.

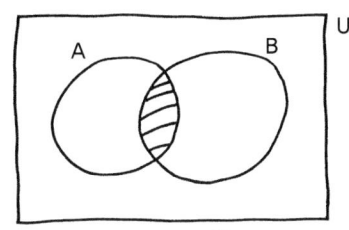

A와 B의 교집합

집합 A ∩ B는 A의 원소이면서 동시에 B의 원소인 원소로 구성된 집합이며 두 집합의 '교집합'이라고 부른다. A = {1, 2, 3, 4, 5}이고 B = {1, 3, 5, 7, 10, 21}이면, 그 합집합은 A ∪ B = {1, 2, 3, 4, 5, 7, 10, 21}이고 교집합은 A ∩ B = {1, 3, 5}이다. 만약 집합 A를 전체집합 U의 일부로 보면, 여집합 A^c를 U의 원소이지만 A의 원소는 아닌 원소들의 집합으로 정의할 수 있다.

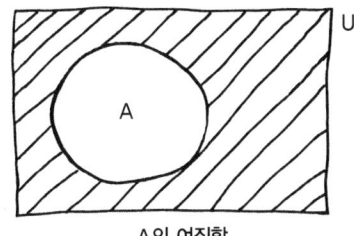

A의 여집합

집합 연산 ∩와 ∪는 각각 대수학의 ×, +와 비슷하다. 이 두 연산과 여집합 연산 c를 함께 포함하는 '집합대수'라는 것이 있다. 인도 태생의 영국 수학자 드 모르간은 이 세 가지 연산이 어떻게 작용하는지 보여주는 법칙을 공식화했다. 현대의 표기법으로 나타내면 드 모르간의 법칙은 다음과 같다.

$$(A \cup B)^c = A^c \cap B^c$$
$$(A \cap B)^c = A^c \cup B^c$$

집합에서 나타나는 모순

유한집합에서는 A = {1, 2, 3, 4, 5}처럼 원소들을 나열할 수 있기 때문에 다루는 데 문제가 별로 없다. 그런데 칸토어 시대에는 무한집합을 다루는 것이 좀더 도전적인 일이었다.

칸토어는 특정 성질을 가진 원소들의 모음으로 집합을 정의했다. 10보다 큰 모

1931년
괴델, 어떤 형식적 공리수학 체계든지 논증이 불가능한 진술을 포함하고 있음을 증명하다.

1939년
프랑스 수학자 모임에서 부르바키라는 필명을 처음 사용하다.

1964년
코헨, 연속체 가설의 독립성을 증명하다.

든 정수의 집합 {11, 12, 13, 14, 15, …}를 생각해보자. 집합의 크기가 무한하기 때문에 모든 원소를 직접 다 나열할 수는 없다. 그러나 모든 원소에 공통적인 특징이 있기 때문에 그 조건을 지정할 수는 있다. 칸토어의 표현법을 따르면 A = {x: x는 10보다 큰 정수}라고 적을 수 있다.

초기 집합론에서는 추상적 객체의 집합 A = {x: x는 추상적 객체}를 정의할 수 있었다. 이 경우 집합 A 그 자체도 추상적 객체이다. 따라서 A ∈ A가 성립한다. 하지만 이런 관계를 허용하게 되면 심각한 문제가 발생한다. 영국의 철학자 버트런드 러셀Bertrand Russell은 '자기 자신을 포함하지 않는 모든 것을 포함하는 집합 S'라는 아이디어를 떠올렸다. 이것을 기호로 나타내면 S = {x: x ∉ x}이다.

그러고 나서 그는 이런 질문을 던졌다. 'S ∈ S가 성립하는가?' 만약 '그렇다'라고 대답하면 S는 집합 S의 조건문을 만족해야 하므로, S ∉ S이어야 한다. 반면 '아니요'라고 대답한다면 S ∉ S이다. 그렇다면 S는 집합 S의 정의인 S = {x: x ∉ x}를 만족시키지 않아야 하므로 S ∈ S이다. 러셀의 질문은 아래의 문장으로 끝났는데, 이것이 러셀의 역설의 근간이다.

S ∉ S이면, 그리고 오직 그때에만 S ∈ S이다.

이것은 '이발사의 역설'과 비슷하다. 한 마을의 이발사가 스스로 면도하지 못하는 사람만 면도해준다고 말했다. 여기서 문제가 생긴다. 이 이발사는 자기를 면도해주어야 할까? 만약 스스로 면도하지 않으면, 자기를 면도해주어야 한다. 만약 스스로 면도를 한다면, 자기를 면도해주면 안 된다.

이율배반이라고도 하는 이런 역설을 피하는 일은 대단히 절박하다. 수학자들 입장에서는 모순을 일으키는 체계를 허용할 수는 없는 일이었다. 러셀은 유형이론을 만들어 a가 A보다 하위형인 경우에만 a ∈ A를 허용함으로써, S ∈ S 같은 표현을 피했다.

이런 이율배반을 피하는 또 다른 방법은 집합론을 형식화하는 것이었다. 이런 접근방식을 사용하면 집합 그 자체의 본질에 대해서는 걱정할 필요가 없다. 대신 그들을 다루는 데 필요한 규칙을 알려주는 형식화된 공리만 나열하면 된다. 그리스인들 또한 자신들의 문제를 해결하기 위해 이와 비슷한 것을 시도했다. 직선이 무엇인지는 설명할 필요 없이, 그저 직선을 어떻게 다루어야 하는지만 설명하면 되었던 것이다.

집합론에 연결지어 말하자면, 이것이 바로 집합론의 제르멜로-프랑켈Zermelo-Fraenkel 공리의 기원이었는데, 이는 그들의 체계 안에서 너무 '큰' 집합이 나타나지 못하도록 차단시켰다. 이것은 '모든 집합의 집합' 같은 위험한 존재가 생겨나지 않도록 효과적으로 차단했다.

참도 아니고 거짓도 아닌

오스트리아의 수학자 쿠르트 괴델Kurt Gödel은 형식적 공리계를 이용해 모순에서 달아나기를 원했던 사람들에게 K.O 펀치를 날렸다. 1931년에 괴델은 아무리 간단한 형식체계라 하더라도 그 안에는 그 체계 안에서의 연역을 통해 참과 거짓을 증명하기 힘든 진술이 존재한다는 사실을 증명했다. 비공식적으로 말하자면, 그 체계의 공리로는 도달할 수 없는 진술이 존재한다는 말이다. 즉, 참과 거짓을 결정할 수 없는 진술이 있음을 뜻한다. 이런 이유로 괴델의 정리를 다른 말로 하면 '불완전성 정리'라고도 한다. 이런 결론은 제르멜로-프랑켈 체계뿐 아니라 다른 체계에도 모두 적용된다.

집합에서 기수란?

유한집합의 원소의 수는 계산이 쉽다. 예를 들어 A = {1, 2, 3, 4, 5}는 5개의 원소가 있으므로, 집합 A의 기수는 5이고, card(A) = 5라고 적는다. 좀 느슨하게 얘기하자면, 기수는 집합의 '크기'를 재는 것이다.

칸토어의 집합론에 의하면 분수의 집합 Q와 실수의 집합 R은 매우 다르다. 집합 Q는 목록으로 작성할 수 있지만, 집합 R은 그렇지 못하다. 양쪽 모두 무한집합인 것은 사실이지만, 집합 R은 집합 Q보다 무한의 등급이 더 높다. 수학자들은 card(Q)의 값을 $\aleph_0$, card(R) = c로 표시한다. 따라서 이는 $\aleph_0 < c$임을 의미한다.

코헨의 연속체 가설

1878년 칸토어에 의해 세상에 등장한 연속체 가설은 집합 Q의 무한보다 큰 다음 등급의 무한은 실수의 무한이라고 주장한다. 다른 말로 하자면, 연속체 가설은 기수가 정확히 $\aleph_0$과 c 사이에 있는 집합은 없다는 것이다. 칸토어는 이것을 증명할 수 없을 것이라고 믿으면서도 이것을 풀기 위해 노력했다. 이것의 반증을 들기 위해서는 $\aleph_0 <$ card(X) $< c$인 R의 부분집합 X를 찾아내면 되었지만, 칸토어는 이것도 찾아낼 수 없었다.

독일의 수학자 다비드 힐베르트(David Hilbert)는 1900년에 파리 국제수학자대회에서 발표했던, 그 유명한 '다음 세기에 풀어야 할 수학의 난제 23개'의 목록에서 이 문제를 제일 앞에 놓았다. 그만큼 이것은 무척 중요한 문제였다.

괴델은 단연코 이 가설이 거짓이라 믿었지만, 그것을 증명하지는 않았다. 다만 그는 1938년에 이 가설과 집합론에 대한 제르멜로-프랑켈 공리 사이에 모순이 없음을 증명했다. 사반세기가 지난 후에 폴 코헨(Paul Cohen)은 연속체 가설이 제르멜로-

프랑켈 공리로부터 연역될 수 없음을 증명하여 괴델과 논리학자들을 놀라게 했다. 이것은 공리와 가설의 부정 사이에 모순이 없음을 증명한 것이나 마찬가지다. 따라서 코헨은 괴델이 1938년에 발표한 연구 결과를 결합하여, 연속체 가설은 집합론 공리들의 나머지와 관계가 없음을 증명하였다.

이런 상황은 기하학에서 볼 때 평행선 공리가 유클리드의 다른 공리들과 관련이 없다는 사실과 그 본질 면에서 유사하다('평행선 공준' 참고). 이 발견으로 말미암아 비유클리드 기하학이 꽃을 피우게 되었으며, 이것은 다른 무엇보다도 특히 아인슈타인의 상대성이론의 발전을 가능하게 해주었다. 이와 비슷하게, 연속체 가설은 그것을 인정하든 부정하든 집합론의 다른 공리들과 충돌하지 않는다. 코헨의 선구적인 연구 이후로 완전히 새로운 분야가 탄생하게 되었다. 이 분야는 코헨이 연속체 가설의 독립성을 증명할 때 사용한 기법을 받아들였던 수 세대의 수학자들을 매료시켰다.

미적분 극한의 과정을 즐겨라

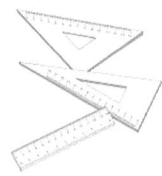

'calculus'는 계산하는 방식을 뜻한다. 그래서 수학자들은 논리나 확률 등을 이야기할 때 계산이라는 뜻의 'calculus'를 종종 사용한다. 그러나 그 중에서 순수하고 간단한 'Calculus'는 단 하나밖에 없다는 것은 모두 동의하는 사실이며, 때문에 첫 글자를 대문자로 적는다. 그것은 바로 '미적분'을 뜻한다.

미적분은 수학의 핵심 버팀목이다. 과학자나 공학자, 혹은 계량경제학자라면 미적분학을 모르고 지나칠 일은 거의 없을 것이다. 미적분학의 응용 범위는 그렇게도 넓다. 역사적으로 미적분학은 17세기에 미적분학을 개척한 뉴턴과 라이프니츠Gottfried Leibniz와 관련이 있다. 이 두 사람은 비슷한 이론을 내놓았기 때문에 누가 처음 미적분학을 발견했는가를 두고 논쟁이 일어나기도 했다. 사실 두 사람은 각기 독립적으로 자기만의 결론에 도달했으며 사용한 방법도 매우 달랐다.

그 이후로 미적분학은 거대한 과목이 되었다. 세대를 거칠 때마다 사람들은 다음 세대가 꼭 배워야 하는 기술들을 계속적으로 추가해나간다. 그러다 보니 요즘 교과서들은 그 양이 천 쪽을 넘어가고 부수적으로 따라오는 내용들도 상당히 많게 되었다. 이렇게 덧붙여진 내용들 중 절대로 빠져서는 안 될 것이 바로 미분과 적분이다. 이 두 가지는 뉴턴과 라이프니츠가 세워놓은 미적분학의 양대 산맥이다. 미분을 뜻하는 'differentiation'과 적분을 뜻하는 'integration'은 각각 라이프니츠의 'differentialis(분해하다)'와 'integralis(한데 모으다)'에서 유래한 것이다.

timeline

기원전 450년
제논Zeno, 역설을 통해 무한소를 조롱하다.

서기 1660~1670년대
뉴턴과 라이프니츠, 미적분의 첫걸음을 내딛다.

1734년
버클리, 미적분학의 근본적인 약점을 꼬집다.

기술적인 용어로 설명하면 미분은 '변화'를 측정하는 것과 관련이 있고, 적분은 '영역의 면적'을 측정하는 것과 관련이 있다. 그러나 미적분학의 백미는 이 두 가지가 동전의 양면이라는 사실에 있다. 미분과 적분은 서로 반대다. 미적분학은 하나의 과목이긴 하지만 양면을 모두 알아야만 한다. 때문에 뮤지컬 〈펜잔스의 해적 The Pirates of Penzance〉에서 작가들이 현대적인 장군의 귀감으로 삼았던 스탠리 제독이 다음과 같이 말하며 자랑스러워했던 것도 무리가 아니다.

"직각삼각형의 빗변을 제곱해보면 재미있는 사실이 많지.
나는 미분과 적분을 아주 잘한다네."

사고실험을 통해 본 미분

과학자들은 '사고실험 Thought experiment'을 좋아한다. 특히나 아인슈타인은 이를 무척 좋아했다. 골짜기 높은 다리 위에 서서 돌을 떨어뜨리려 한다고 상상해보자. 무슨 일이 일어날까? 사고실험의 장점은 실제로 거기에 가 있을 필요가 없다는 것이다. 또한 공중에서 그 돌을 멈추어본다든가, 짧은 시간 간격을 두고 슬로모션으로 돌이 떨어지는 것을 바라보는 것과 같은 불가능한 일도 할 수 있다.

뉴턴의 중력법칙에 따르면 돌은 아래로 떨어질 것이다. 당연한 일이다. 지구는 돌을 끌어당길 것이고, 돌은 우리 손에 든 스톱워치가 똑딱거리는 동안 점점 더 빠른 속도로 떨어질 것이다. 사고실험의 또 다른 장점은 공기저항처럼 복잡한 요소들을 무시할 수 있다는 점이다.

돌을 떨어뜨린 후 스톱워치가 정확히 3초를 지나는 그 순간에 돌이 떨어지는 속도는 어떻게 될까? 이것은 어떻게 계산할 수 있을까? 평균속도를 재는 것은 어렵지

1820년대
코시 Cauchy, 미적분이론을 엄격한 방식으로 공식화하다.

1854년
리만, 리만적분을 도입하다.

1902년
르벡 Lebesque, 르벡적분의 이론을 제시하다.

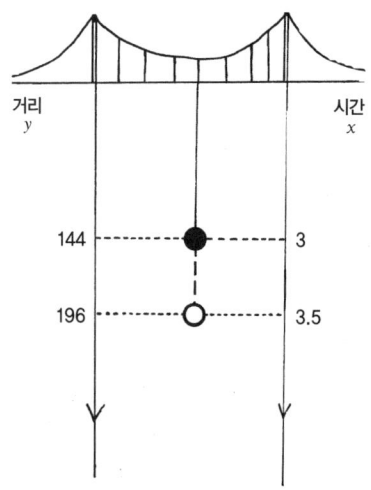

않지만, 문제는 순간속도를 측정해야 한다는 것이다. 하지만 사고실험을 하고 있는 만큼, 돌을 공중에 잠깐 멈추었다가 몇 분의 1초 정도 짧은 거리를 움직이게 해봐도 상관이 없지 않겠는가? 여기서 추가로 움직인 거리를 추가로 든 시간으로 나누면 그 짧은 시간 동안의 평균속도를 구할 수 있다. 이 시간을 점점 더 짧게 잡으면 그 평균속도는 우리가 돌을 멈추었던 순간의 순간속도에 점점 가까워질 것이다. 이런 극한 과정이 미적분학의 기본 아이디어다.

추가로 든 시간을 0으로 놓고 싶은 유혹이 생길 수도 있겠다. 하지만 그렇게 하고 사고실험을 해보면, 돌은 조금도 움직이지 못할 것이다. 전혀 움직이지 않았고, 움직이는 데 든 시간도 없다! 따라서 이때의 평균속도는 0/0이 나온다. 아일랜드의 철학자 버클리Berkeley 주교가 이 값을 '죽은 양들의 유령Ghosts of departed quantities'으로 묘사한 것은 유명하다. 이 수식의 값은 결정할 수 없으며, 사실 이 수식은 무의미한 것이다. 이런 식으로 접근하면 수의 수렁 속으로 빠져들고 만다.

여기서 앞으로 나가기 위해서는 몇 개의 기호가 필요하다. 갈릴레오는 떨어진 거리 y와 거기까지 도달하는 데 걸린 시간 x 사이의 관계를 나타내는 정확한 공식을 만들어냈다.

$$y = 16 \times x^2$$

여기서 16이 등장한 이유는 측정단위가 피트와 초이기 때문이다. 돌이 3초 동안 얼마나 떨어졌는지 알고 싶으면 x에 3을 대입하여 계산해보면 된다. 그러면 $y = 16 \times 3^2 = 144$피트가 나온다. 하지만 $x = 3$일 때 돌의 속도는 어떻게 계산할 수 있을까?

여기에 0.5초를 더 집어넣어서 돌이 3초에서 3.5초 사이에 얼마나 떨어졌는지 살펴보자. 3.5초가 되는 순간 돌은 $y = 16 \times 3.5^2 = 196$피트를 떨어졌다. 따라서 3초와 3.5초 사이에 돌은 $196 - 144 = 52$피트 떨어졌다. 속도는 거리 나누기 시간이므로 이 시간 동안의 평균속도는 $52/0.5 =$ 초당 104피트이다. 이 값은 $x = 3$일 때의 순간속도에 가깝지만, 0.5초는 충분하리만큼 짧은 시간은 아니라고 말할 수 있다. 시간을 더 짧게, 예를 들어 시간차를 0.05초로 하여 같은 과정을 반복해보자. 그렇게 하면 떨어진 거리는 $148.84 - 144 = 4.84$피트이고, 평균속도는 $4.84/0.05 =$ 초당 96.8피트가 나온다. 이 값은 3초 후($x = 3$일 때) 돌의 순간속도에 훨씬 더 가깝다.

이제 이 문제에 정면으로 맞서서 돌이 x초와 그보다 조금 뒤인 $x + h$초 사이에 움직인 평균속도를 계산하는 문제를 해결해야 한다. 기호를 이리저리 뒤섞어 정리해보면 그 평균속도는 다음과 같다.

$$16 \times (2x) + 16 \times h$$

시간차를 0.5초에서 0.05초로 줄였던 것처럼 h를 점점 작게 잡아보면, 첫째 항은 h가 들어있지 않기 때문에 영향을 받지 않는 반면, 두 번째 항은 점점 작아지는 것을 알 수 있다. 따라서 다음의 결론이 나온다.

$$v = 16 \times (2x)$$

여기서 v는 x초였을 때 돌의 순간속도를 말한다. 예를 들어 1초 후($x = 1$일 때) 돌의 순간속도는 $16 \times (2 \times 1) =$ 초당 32피트이고, 3초 후에는 $16 \times (2 \times 3) =$ 초당 96피트가 나온다.

갈릴레오의 거리 구하는 공식 $y = 16 \times x^2$과 속도를 구하는 공식 $v = 16 \times (2x)$

u	du/dx
x^2	$2x$
x^3	$3x^2$
x^4	$4x^3$
x^5	$5x^4$
...	...
x^n	nx^{n-1}

를 비교해보면, 본질적인 차이는 x^2이 $2x$로 바뀐 것에 있다. 이것은 미분을 해서 나온 결과로, u = x^2에서 도함수 u = $2x$가 나온다. 뉴턴은 이를 흐르는 양이라는 관점에서 바라보았기 때문에 u = $2x$를 유율流率, Fluxion이라 부르고, 변수 x는 유량流量, Fluent이라고 불렀다. 요즘에는 u = x^2이라고 쓰고, 그 도함수는 du/dx = $2x$라고 쓰는 경우가 많다. 라이프니츠가 도입했던 이 표기법이 계속 사용되는 것을 보면, 라이프니츠의 'd 표기법'이 뉴턴의 '점 표기법'을 누르고 승리를 거머쥐었음이 상징적으로 나타나고 있다.

떨어지는 돌을 예로 들었지만 u로 표현되는 다른 수식으로도 도함수를 계산할 수 있으며, 이것은 다른 상황에서도 쓸모가 있다. 여기에는 패턴이 있다. 도함수는 기존의 지수를 앞으로 내려 곱하고, 원래의 지수 값에서 1을 빼서 새로운 지수를 만들면 나온다.

면적 측정을 통해 본 적분

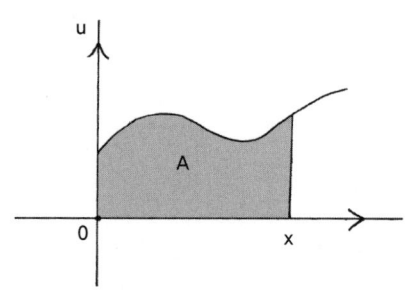

적분을 처음 적용한 분야는 영역의 면적 측정이었다. 곡선 하방의 면적은 그 면적을 폭이 dx인 직사각형 막대기들로 쪼개는 방식으로 구할 수 있다. 각각의 직사각형 막대기의 면적을 구해서 모두 합하면 총 면적이 나온다. 합계를 의미하는 표기법 S를 도입한 사람은 라이프니츠로, S를 길게 늘인 형태인 ∫라는 기호를 사용했다. 각각의 직사각형 막대기의 면적은 udx이고, 0에서 x에 이르는 곡선 하방의 면적 A는 다음과 같이 나타낼 수 있다.

$$A = \int_0^x u\,dx$$

우리가 다루고 있는 곡선을 $u = x^2$이라고 하면, 그 곡선 밑으로 좁은 직사각형 막대기들을 그린 후 그 면적들을 모두 더하는 방식으로 근사치를 구할 수 있다. 그리고 이 직사각형 막대기의 폭 dx에 극한을 적용하면 이 근사치는 정확한 면적 값이 된다. 이렇게 해서 면적을 구하면 다음과 같다.

$$A = \frac{x^3}{3}$$

다른 곡선에 대해서도 이러한 방식으로 적분을 구할 수 있다. 도함수를 구할 때와 마찬가지로 x의 거듭제곱의 적분에도 일정한 패턴이 있다. 기존의 지수에 1을 더한 값으로 나누고, 원래의 지수에 1을 더해서 새로운 지수를 만들면 된다.

u	$\int_0^x u dx$
x^2	$x^3/3$
x^3	$x^4/4$
x^4	$x^5/5$
x^5	$x^6/6$
...	...
x^n	$\frac{x^{n+1}}{(n+1)}$

매혹적인 결과

$A = \frac{x^3}{3}$을 미분하면 사실 원래의 $u = x^2$이 나온다. 그리고 도함수 $\frac{du}{dx} = 2x$를 적분해도 원래의 $u = x^2$이 나온다. 미분은 적분의 반대이며 이러한 사실은 '미적분의 기본정리'로 알려져 있다. 이것은 수학에서 가장 중요한 정리 중 하나다.

미적분이 없었다면 궤도를 도는 인공위성도 없었을 것이고, 경제학 이론도 없었을 것이며, 통계학도 지금과는 아주 다른 학문이 되었을 것이다. 변화와 관련된 곳이라면 어디든 미적분을 만날 수 있다.

작도

원과 면적이 같은 정사각형 만들기?

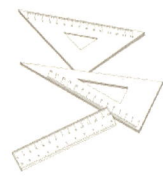

부정명제 증명은 어려운 경우가 많지만, 수학의 가장 위대한 업적들을 보면 그 일을 해낸 것들이 분명히 있다. 부정명제를 증명하는 것은 무언가를 하는 것이 불가능함을 증명하는 것이다. 원과 면적이 같은 정사각형을 작도하는 것은 불가능하다. 하지만 이것을 어떻게 증명할 수 있는 걸까?

고대 그리스인들에게는 네 가지 큰 작도 문제가 있었다.

- 일반각의 삼등분을 작도하기(한 각을 세 개의 똑같은 작은 각으로 나누는 것)
- 주어진 정육면체보다 부피가 두 배로 큰 정육면체 작도하기
- 특정 원과 면적이 같은 정사각형 작도하기
- 다각형 작도하기(변의 길이와 각의 크기가 같은 정다각형의 작도)

그들은 이 과제를 풀기 위해 다음의 필수 도구만을 사용했다.

- 직선을 그리기 위한 곧은 자(이것으로 길이를 재서는 안 된다)
- 원을 그리기 위한 컴퍼스

로프나 산소호흡기, 휴대전화, 기타 장비 등이 없이 등산하는 것을 좋아하는 사

timeline

기원전 450년
아낙사고라스 Anaxagoras, 감옥에서 원의 크기와 같은 정사각형을 작도하려고 시도하다.

서기 1672년
모어, 유클리드의 작도법이 모두 컴퍼스만으로 가능함을 증명하다.

람이라면 분명 이런 문제를 푸는 데 매력을 느낄 것이다. 현대적인 측정장비도 없는 상태에서 이 문제의 해답을 증명하는 데 필요한 수학기법은 대단히 복잡했다. 이 고색창연하고 고전적인 작도 문제들은 19세기 들어 현대적 분석기법과 추상대수학의 기법을 사용하고 나서야 풀리게 되었다.

각을 삼등분하기

한 각을 크기가 같은 두 개의 작은 각으로 나누는 방법, 즉 이등분하는 방법은 다음과 같다. 우선 컴퍼스를 점 O에 대고 임의의 반지름을 잡아 원을 그려 선분 OA와 OB를 만든다. 다시 컴퍼스를 점 A에 대고 원을 일부 그리고 점 B에서 똑같이 반복한다. 이렇게 그린 두 원이 만나는 점을 P라고 하고, 점 O와 점 P를 잇는 직선을 그린다. 삼각형 AOP와 BOP는 모양이 똑같기 때문에 ∠AOP와 ∠BOP도 같다. 따라서 직선 OP는 각을 크기가 같은 두 개의 각으로 나누는 이등분선이다. 이와 비슷한 방법으로 임의의 각을 삼등분할 수도 있을까? 이것이 각의 삼등분 문제다.

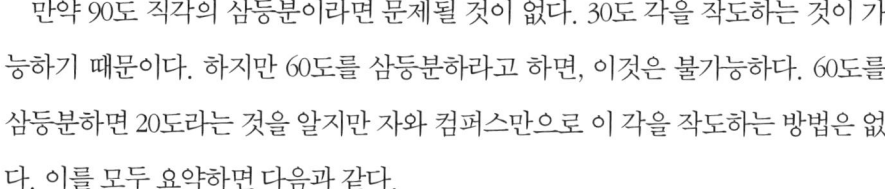

각의 이등분

만약 90도 직각의 삼등분이라면 문제될 것이 없다. 30도 각을 작도하는 것이 가능하기 때문이다. 하지만 60도를 삼등분하라고 하면, 이것은 불가능하다. 60도를 삼등분하면 20도라는 것을 알지만 자와 컴퍼스만으로 이 각을 작도하는 방법은 없다. 이를 모두 요약하면 다음과 같다.

- '모든' 각도는 '항상' 이등분이 가능하다
- '어떤' 각도는 '항상' 삼등분이 가능하다
- 그런데 '어떤' 각도는 '어떤 경우에도' 삼등분이 불가능하다

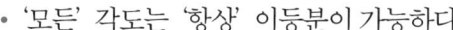

1801년

가우스가 펴낸 「산술 연구Discourses on Arithmetic」에서 자와 컴퍼스를 가지고 정17각형을 작도하는 방법이 나오다.

1837년

완첼Wantzel, 부피가 두 배인 정육면체의 작도와 각의 삼등분 작도가 자와 컴퍼스만으로는 불가능함을 증명하다.

1882년

린데만, 주어진 원과 면적이 같은 정사각형의 작도가 불가능함을 증명하다.

'델로스의 문제'라고도 알려진, 부피가 두 배인 정육면체를 만드는 것도 이와 비슷한 문제다. 이야기는 이렇다. 그리스 델로스의 원주민들은 그들을 괴롭히는 전염병 때문에 신탁을 구했다. 그러자 그들은 기존의 것보다 부피가 두 배인 새로운 제단을 만들라는 답을 받았다.

델로스의 제단이 모든 변의 길이가 똑같은 3차원 정육면체로 시작했다고 상상해 보자. 그리고 그 변의 길이를 a라고 하자. 그들은 변의 길이가 b인 또 다른 정육면체를 만들어야 하는데 그 부피는 두 배가 되어야 한다. 이 두 정육면체의 부피는 각각 a^3, b^3이고, 이들 간의 관계는 $b^3 = 2a^3$, 달리 표현하면, $b = \sqrt[3]{2} \times a$이다. 여기서 $\sqrt[3]{2}$는 세제곱해서 2가 나오는 수(세제곱근)이다. 만약 원래의 정육면체 길이를 $a = 1$이라고 하면, 델로스의 원주민들은 선 위에 길이가 $\sqrt[3]{2}$인 점을 표시해야 한다. 불행하게도, 자와 컴퍼스만으로는 아무리 재주를 부려봐도 이 점을 작도할 수가 없다.

squaring the circle, 가능할까?

주어진 원과 면적이 같은 정사각형을 작도하는 것은 조금 다른 문제로, 작도 문제 중에서도 가장 유명한 문제이다.

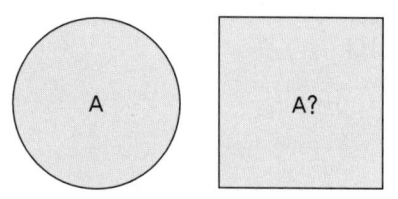

원과 면적이 같은 정사각형 작도하기

이 문제는 'squaring the circle'이라고 표현하는데, 영어권에서는 불가능을 의미하는 표현으로 흔히 사용된다. 대수방정식 $x^2 - 2 = 0$은 $x = \sqrt{2}$, $x = -\sqrt{2}$라는 구체적인 해를 가지고 있다. 이 수들은 무리수(분수로 나타낼 수 없는 수)이다. 원과 면적이 같은 정사각형을 작도하는 것이 불가능함을 보이기 위해서는 π가 그 어떤 대수방정식의 해도 될 수 없음을 증명하면 된다. 이렇게 대수방정식의 해가 될 수 없는 특성을 가지는 수를 초월수라고 부른다. 이런 이름을 붙인 이유는 이 수들은

√2 같은 무리수보다 단계가 더 높은 무리수이기 때문이다.

수학자들은 일반적으로 π를 초월수라고 생각하긴 했지만, 이 '시대의 수수께끼'를 증명해내는 일은 결코 쉽지 않았다. 그러다가 결국 린데만이 샤를 에르미트가 개척해낸 방법을 변형함으로써 이를 증명하는 데 성공했다. 에르미트는 앞서 이 방법을 이용하여 이보다는 덜 중요한 문제였던 자연대수 e의 초월수 증명 문제를 해결했었다('자연대수' 참고).

린데만이 이런 결과를 내놓자 사람들은 이와 관련하여 줄기차게 쏟아져 나오던 논문들이 이제 한풀 꺾이리라 예상했다. 하지만 현실은 전혀 그렇지 않았다. 이 증명의 논리를 받아들이기를 거부하는 사람들과 이 증명을 접하지 못한 사람들은 여전히 이 문제에 매달리기를 쉬지 않았다.

컴퍼스와 자를 이용하여

유클리드는 정다각형을 작도하는 문제를 제출했다. 정다각형이란 정사각형이나 정오각형처럼 대칭이면서 여러 면을 가진 도형을 말한다. 이런 도형에서는 모든 변의 길이가 같고 인접변이 만나서 생기는 각도도 모두 같다. 『원론』 4권에서 유클리드는 3, 4, 5, 6변을 갖는 다각형을 자와 컴퍼스만을 가지고 어떻게 작도할 수 있는지 보여주었다.

3개의 변을 갖는 다각형은 보통 등변삼각형(정삼각형)이라고 부르며 작도가 특히 쉽다. 원하는 삼각형의 길이가 얼마든 간에 점 A를 표시하고, 그로부터 원하는 길이만큼 떨어져 점 B를 표시한다. 컴퍼스 한 쪽을 점 A에 대고, AB를 반지름으로 하는 원을 일부 그린다. 다시 점 B에 컴퍼스 한 쪽을 대고, 같은 반지름으로 똑같은 원을 그

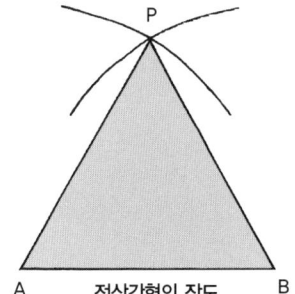

정삼각형의 작도

린다. 이 두 원이 만나는 점을 P라고 하자. 그러면 AP = AB이고, BP = AB이므로 삼각형 APB의 모든 변은 길이가 똑같아진다. AB, AP, BP를 자를 이용해 서로 이으면 실제 삼각형이 그려진다.

혹시 '굳이 자를 이용해야만 하는가'라고 생각하진 않았는가? 그런 생각을 한 사람이 옛날에도 있었다. 바로 게오르그 모어^{Dane Georg Mohr}가 그랬다. 정삼각형은 점 P를 찾아냈기 때문에 작도가 가능했다. 사실 이것은 컴퍼스만으로도 충분하다. 자는 각 점들을 물리적으로 연결하는 데만 사용되었기 때문이다. 모어는 자와 컴퍼스를 이용해서 만들 수 있는 모든 도형은 컴퍼스만으로도 만들어낼 수 있음을 증명해 보였다. 이탈리아 수학자 로렌초 마스케로니^{Lorenzo Mascheroni}도 125년 후에 똑같은 결과를 증명해 보였다. 다만 남다른 특징이 있다면, 그가 나폴레옹에게 헌정하며 1797년에 펴낸 책 『컴퍼스의 기하학^{Geometria del Compasso}』이 시로 쓰였다는 점이다.

일반적인 문제로 확장해서 생각해보면, 소수 p의 숫자만큼 면을 갖는 정다각형은 특히나 중요하다. 이미 앞서서 정삼각형은 작도해보았고, 유클리드는 정오각형도 작도해보았지만, 정칠각형은 작도하지 못했다. 17세의 나이로 이 문제를 연구하던 카를 프리드리히 가우스^{Carl Friedrich Gauss}는 그 작도가 불가능함을 증명했다. 그는 7, 11, 13개의 변을 갖는 정다각형의 작도는 불가능함을 추론해냈다.

하지만 가우스는 긍정의 명제도 증명했다. 정17면체의 작도가 가능하다는 결론을 이끌어낸 것이다. 사실 가우스는 여기서 한 발 더 나아가 소수 p가 다음의 형태를 띠면, 그리고 오직 그때에만 작도가 가능함을 증명해냈다.

$$p = 2^{2^n} + 1$$

이런 형태의 수를 페르마수라고 부른다. n = 0, 1, 2, 3, 4를 넣어서 계산해보면 소수 p는 3, 5, 17, 257 그리고 65,537임을 알 수 있고, 이것은 작도가 가능한 정p각형에 대응한다.

$n = 5$를 대입해보면, 페르마 수 p는 $2^{32} + 1 = 4,294,967,297$이다. 페르마는 이 페르마 수들이 모두 소수라고 추측했지만, 불행하게도 이 수는 소수가 아니다. $4,294,967,297 = 641 \times 6,700,417$이기 때문이다. n에 6이나 7을 대입해보면 아주 거대한 페르마 수가 나오지만, n이 5였을 때와 마찬가지로 두 수 모두 소수가 아니다.

또 다른 페르마의 소수가 존재할까? 일반적으로 그렇지 않다는 생각이 우세하지만 확실하게는 아무도 모른다.

왕자의 탄생

카를 프리드리히 가우스는 정17면체의 작도가 가능하다는 결과를 내놓은 후에 스스로 깊은 감명을 받아서 원래 계획했던 언어학 공부를 접고 수학자가 되었다. 그 이후의 시간들은 말 그대로 역사가 되었고, 그는 '수학의 왕자'로 세상에 이름을 떨쳤다. 독일 괴팅엔에 있는 그의 기념비 받침대는 정17각형으로 만들어졌다. 그의 천재성을 너무도 잘 드러내주는 헌정물이다.

삼각형 대단히 실용적인 수학 도형

삼각형에 대한 가장 제일 뻔한 사실은 그것이 변과 각이 세 개씩 있는 도형(삼-각-형)이라는 점이다. 삼각법은 각의 크기나 변의 길이, 아니면 삼각형의 면적 등 '삼각형을 측정'하기 위해 사용하는 이론이다. 삼각형은 가장 단순한 형태의 도형 중 하나임에도 불구하고 끊임없이 흥미를 불러일으킨다.

삼각형을 둘러싼 증명들

모든 삼각형의 내각의 합이 180도라는 것은 깔끔하게 증명할 수 있다. 일단, 임의의 삼각형에서 꼭짓점 A를 통과하고 밑변 BC에 평행한 직선 MAN을 그릴 수 있다.

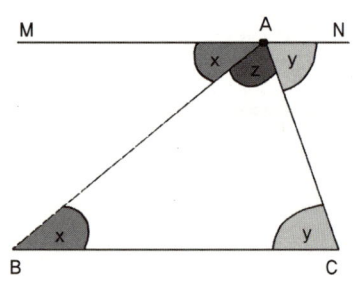

∠ABC를 x라 하면 이것은 ∠BAM과 엇각이고 MN과 BC가 평행하므로 x와 ∠BAM은 크기가 같다. 마찬가지로 반대편 엇각 두 개도 서로 같으므로, 이것을 y라 하자. 점 A의 각도는 180도(360도의 절반)이고 이것은 삼각형 내각의 합인 $x + y + z$와 같다. 증명 끝. 물론 이 삼각형은 이 책의 종이처럼 편평한 표면에 그려진 것으로 가정한다. 공 위에 그린 둥근 삼각형의 내각의 합은 180도도 아니고 좀 다른 이야기다.

유클리드는 삼각형에 대한 정리를 많이 증명했는데, 언제나 철저하게 연역적인 방법을 사용하여 증명하였다. 예를 들어 '삼각형에서 어느 두 변의 길이를 합친 값은 언제나 다른 한 변의 길이보다 크다'는 것을 증명했다. 요즘에는 이것을 '삼각 부등식 Triangle inequality'이라고 부르는데, 이것은 이론수학에서 무척 중요한 위치를

timeline

기원전 1850년
바빌로니아인, '피타고라스의 정리'를 알다.

서기 1335년
월링포드의 리차드, 삼각법에 대해 획기적인 논문을 쓰다.

차지한다. 대단히 현실적인 삶의 철학을 가지고 있었던 쾌락주의자들은 이것은 당나귀가 봐도 뻔한 내용이기 때문에 굳이 증명할 필요가 없다고 주장했다. 그들이 주장하기를, 건초더미를 한쪽 꼭짓점에 놓고 다른 쪽 꼭짓점에 배고픈 당나귀를 데려다 놓으면, 그 당나귀가 미치지 않고서야 나머지 한 꼭짓점을 돌아서 건초더미로 가겠느냐고 했다.

피타고라스의 정리

삼각형에 관한 가장 위대한 정리는 피타고라스의 정리이고, 이것은 현대수학에서도 주연배우 자리를 맡고 있다. 그런데 이것을 정말 피타고라스가 처음 발견했는지에 의심스런 생각을 갖는 사람도 없지 않다. 피타고라스의 정리 중 가장 유명한 것은 $a^2 + b^2 = c^2$이라는 대수학과 관련한 진술인데, 사실 유클리드는 실제 사각형 형태로 이를 나타내었다. 예를 들면 다음과 같다. '직각삼각형의 빗변에 맞닿은 정사각형의 면적은 직각삼각형의 직각을 이루는 양변에 맞닿은 정사각형들의 면적과 같다.'

유클리드의 증명은 『원론』 1권 47번 정리에 나와 있다. 오랜 세월 동안 학생들은 이 증명을 꼭 암기해야만 했다. 이것을 증명하는 방법은 수백 가지나 된다. 사람들은 기원전 300년 이후 나온 유클리드의 증명보다 12세기 바스카라Bhaskara의 증명을 더 선호한다.

이 증명에는 말이 필요 없다. 그림을 보면 한 변의 길이가 $a + b$인 정사각형은 두 가지 다른 방식으로 쪼개질 수 있다. 양쪽 정사각형에서 어둡게 칠해진 네 개의 삼각형은 양쪽에

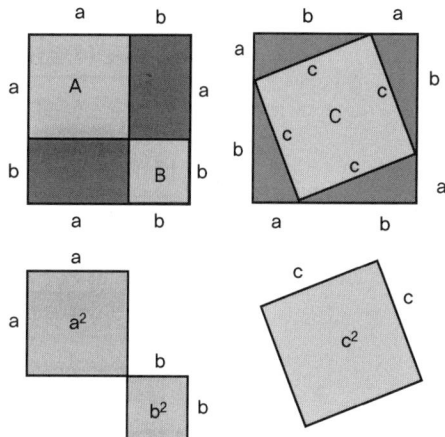

1571년
프랑수아 비에트François Viete, 삼각법과 삼각함수표에 대한 책을 펴내다.

1822년
카를 포이어바흐Karl Feuerbach, 삼각형의 구점원에 대해 기술하다.

1873년
브로카드Brocard, 삼각형에 대해 철저히 연구한 내용을 발표하다.

공통으로 있으므로 그것을 모두 제거해도 남아있는 면적의 크기는 양쪽이 동일하다. 남아있는 도형의 면적을 보면 익숙한 수식이 나온다.

$$a^2 + b^2 = c^2$$

오일러의 선

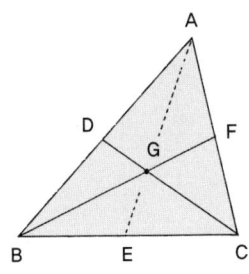

삼각형에 대해서는 수백 가지 명제를 내놓을 수 있다. 우선, 각 변의 중점에 대해 생각해보자. 임의의 삼각형 ABC에서 각 변의 중점 D, E, F를 정할 수 있다. 점 B와 F를 연결하고, C와 D를 연결하여 만나는 점을 G라고 하자. 이제 A와 E를 연결한다. 이렇게 이은 선도 점 G를 통과할까? 생각할 필요도 없이 당연히 그런 것이 아니냐고 하고 싶지만, 그림만 봐서는 확실치가 않다. 사실 이 선은 G를 통과하고, G는 삼각형의 '도심'이라고 한다. 이것은 삼각형의 무게중심이다.

삼각형과 관련된 '중심'의 종류는 수백 가지에 이른다. 한 가지 예를 더 들면, 점 H는 세 수선(꼭짓점에서 대변에 직각이 되게 그은 선, 아래 그림에서 점선)이 만나는 점이다. 이 점을 '수심'라고 한다. '외심'으로 불리는 점 O도 있다. 이 점은 각 변의 점 D, E, F에서 나온 수직이등분선이 만나는 점이다(그림에는 표시되지 않음). 이 점은 점 A, B, C와 만나는 원의 중심이다.

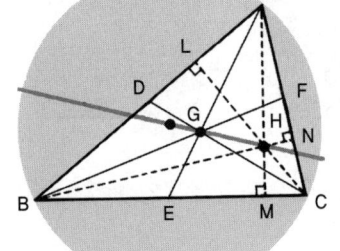

오일러의 선

하지만 여기서 끝이 아니다. 임의의 삼각형 ABC의 중심인 G(무게중심), H(수심), O(외심) 그 자체는 오일러의 선이라고 부르는 한 직선을 따라 놓인다. 정삼각형에서는 이 세 점이 모두 한 점에서 일치하기 때문에, 그 점은 정삼각형의 진정한 중심이라 할 수 있다.

나폴레옹 정리

임의의 삼각형 ABC에 대하여 각 변 위에 그 변의 길이로 만들어지는 정삼각형을 그리고, 그 정삼각형들의 중심들을 서로 연결하면 새로운 삼각형 DEF를 만들 수 있다. 나폴레옹 정리에 따르면 모든 삼각형 ABC에 대하여, 이 삼각형 DEF는 정삼각형이다.

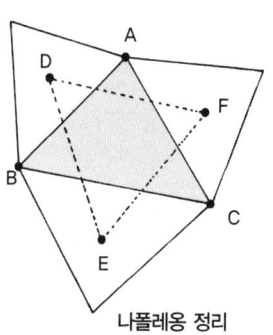

나폴레옹 정리

나폴레옹 정리는 나폴레옹이 죽고 몇 년 뒤인 1825년, 한 영국 잡지에 얼굴을 내밀었다. 학생시절의 뛰어났던 수학 실력은 나폴레옹이 포병학교에 입학하는 데 큰 도움이 되었고, 나중에 황제가 되었을 때에는 파리의 걸출한 수학자들과 어울릴 수도 있게 하였다. 불행하게도 더 깊이 있는 다른 증거를 찾지 못해서, 다른 많은 수학적 업적이 그랬던 것처럼 '나폴레옹 정리'에도 그것의 발견이나 증명에 별 상관이 없는 사람의 이름이 붙고 말았다. 사실 이 정리는 종종 재발견되어 확장되고 있는 정리 중 하나다.

삼각형의 형태를 결정짓는 최소한의 필수 요소는 한 변의 길이와 두 각의 크기다. 삼각법을 이용하면 나머지는 모두 구할 수 있다.

지도를 그리기 위해 토지를 측량할 때는 지구가 편평하다는 가정 하에 그 위에 그리는 삼각형도 편평하다고 생각해버리는 것이 편하다. 우선 길이를 알고 있는 밑변 BC에서 시작해서 떨어져 있는 점 A를 골라 삼각점 Triangular point 으로 삼고, 데오도라이트 Theodolite(각을 측량할 때 사용하는 기구)로 ∠ABC와 ∠ACB를 측정한다. 삼각법을 이용하면 삼각형 ABC에 대한 모든 값을 알 수 있다. 그리고 자리를 옮겨서 AB나 AC를 새로운 밑변으로 삼고 새로운 삼각점을 잡아 과정을 되풀이한다. 이런 식으로 하면 삼각형이 망처럼 연결된 형태의 네트워크를 만들 수 있다. 이 방법을 사용하면 습지나 수렁, 표사漂砂, 강 같은 장애물들이 있는 험난한 지역의 지도도 만들 수 있다.

이 방법은 1800년대에 시작해서 40년 동안 지속된 인도의 대삼각측량 사업의 기초로 사용되었다. 이 사업의 목표는 남쪽으로 코모린곶(인도 최남단 타밀나두주에 있는 곶)에서부터 약 2,400킬로미터 북쪽의 히말라야 산맥에 이르는 자오선을 따라 지형을 측량해서 지도를 제작하는 것이었다. 각도를 최대한으로 정확하게 측정하기 위해서 조지 에베레스트George Everest 경은 런던에서 거대한 데오도라이트 두 개를 제작해오게 했다. 두 개를 합치면 무게가 1톤이 넘었기 때문에 이것을 운반하는 데만 해도 일꾼이 12명이나 필요했지만, 정확한 각도를 얻는 것이 무엇보다도 중요한 일이었다. 측정에서 가장 중요한 부분은 정확성이고 이것은 가장 강조되는 부분이기도 했다. 그래서 무척 대단한 방법을 사용했을 것 같지만, 사실 이 측정의 주인공은 보잘것없는 삼각형이었다. 빅토리아 여왕 시대였던 만큼 GPS를 사용할 수는 없었지만, 계산만큼은 컴퓨터를 대신해서 사람이 할 수 있었다. 일단 삼각형의 모든 변의 길이를 계산하고 나면, 면적을 계산하는 것은 간단했다. 여기서도 삼각형을 단위로 사용한다. 삼각형의 면적 A를 구하는 공식은 몇 가지가 있지만, 가장 놀라운 것은 헤론Heron of Alexandria의 공식이다.

$$A = \sqrt{s \times (s-a) \times (s-b) \times (s-c)}$$

이 공식은 어떤 삼각형에도 적용할 수 있으며, 각도는 알 필요가 없다. s는 변의 길이가 a, b, c인 삼각형의 둘레 길이의 절반을 나타낸다. 예를 들어 삼각형의 변의 길이가 13, 14, 15라면, 둘레의 길이는 13 + 14 + 15 = 42이고, s = 21이다. 계산을 해보면 A= $\sqrt{21 \times 8 \times 7 \times 6}$ = $\sqrt{7,056}$ = 84가 나온다. 간단한 도형 장난감을 갖고 노는 아이에게나, 매일매일 이론수학에서 삼각부등식과 씨름하는 연구자에게나

삼각형으로 건축하기

삼각형은 측량에서 필수적인 역할을 한 것과 마찬가지로 건축에서도 없어서는 안 될 존재다. 삼각형은 매우 견고한 특성을 가지기 때문이다. 형태를 잡을 때 정사각형이나 직사각형을 뺄 수는 있어도, 삼각형을 뺄 수는 없다. 건축에 사용하는 트러스는 삼각형을 서로 묶어 이은 것이고, 지붕의 구조에서 볼 수 있다. 다리의 건축에서도 혁신이 일어났다.

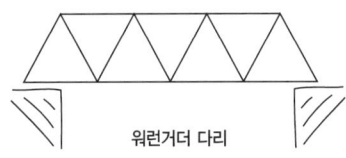
워런거더 다리

워런트러스Warren truss는 가벼운 무게로도 무거운 하중을 견딜 수 있다. 1848년에 제임스 워런James Warren이 이것을 특허로 냈고, 2년 후에 런던브리지역에서 이 방식을 최초로 사용한 다리가 만들어졌다. 두 변의 길이만 같은 이등변삼각형 구조를 이용하는 것보다 정삼각형 구조를 이용하는 설계가 더 안정적인 것으로 밝혀졌다.

삼각형은 대단히 친숙한 존재다. 삼각법은 삼각형에 대한 계산의 기초이다. 따라서 사인, 코사인, 탄젠트 함수는 삼각형을 기술하는 데 사용되는 도구이며, 실용적으로 응용할 때 정확한 계산을 가능하게 해준다. 지금까지도 삼각형은 많은 관심을 한몸에 받았지만, 세 개의 선이 만나 만들어지는 이 간단한 도형에 아직도 발견할 것이 남아있다는 사실은 참으로 놀라운 일이다.

22 곡선
수학자들에게 곡선의 의미는?

곡선을 그리기는 쉽다. 예술가들은 늘 하는 일이고, 건축가들은 초승달 모양의 곡선으로 건물들을 배열해놓기도 한다. 투수는 곡선으로 휘어져 들어가는 커브를 던지고, 축구선수가 슛을 넣을 때도 공은 곡선을 따라 움직인다. 하지만 '곡선이란 무엇인가?' 라는 질문을 받으면 뭐라 꼬집어 말하기가 쉽지 않다.

수 세기에 걸쳐 수학자들은 여러 관점에서 곡선을 연구했다. 이 연구의 시작은 그리스 시대로 거슬러 올라가며, 그리스인들이 연구했던 곡선은 이제 '고전적' 곡선이라고 부른다.

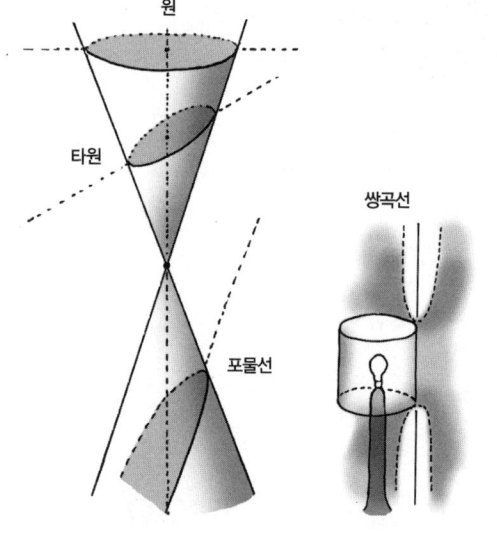

다양한 고전적 곡선

고전적 곡선의 세계에서 처음 등장하는 그룹은 '원뿔곡선'이다. 이 그룹에 속하는 곡선은 원, 타원, 포물선, 쌍곡선이다. 아이스크림콘 두 개를 하나는 아래로 뒤집어서 연결한 형태로 원뿔 두 개를 이어서 배열하는 것이 원뿔 곡선을 만드는 첫걸음이다. 그 다음에 평면을 가지고 이것을 관통해서 잘라내면 원뿔의 수직축과 평면이 이루는 각도에 따라서 원, 타원, 포물선, 쌍곡선이 만들어진다.

timeline

기원전 3세기
유클리드, 원뿔곡선을 정의하다.

기원전 250년
아르키메데스, 나선을 조사하다.

기원전 225년
아폴로니오스 Apollonius, 『원뿔곡선론 Conics』를 펴내다.

원뿔곡선은 원을 스크린 위에 투사한 것으로 생각할 수도 있다. 원통형 갓을 가진 스탠드 전구에서 나오는 불빛은 위아래로 뚫린 원형 테두리를 지나 투사된다. 이 불빛을 천정에 수직으로 비추면 원이 되고, 스탠드를 살짝 기울이면 타원이 된다. 반면에 스탠드를 벽 가까이 세워놓으면 위아래 두 부분으로 빛이 비쳐서 쌍곡선 모양이 나온다.

　원뿔곡선은 점이 평면 위를 움직이는 방식으로도 설명할 수 있다. 이것이 그리스인들이 좋아했던 '궤적'을 이용한 방법이며, 투사를 이용한 정의와는 달리 길이 개념이 들어간다. 점이 '한' 고정점으로부터 늘 똑같은 거리를 유지하면서 움직이면 원이 된다. 점이 두 고정된 점(초점)과의 거리 합이 똑같도록 움직이면 타원이 된다(만약 두 초점이 똑같은 점이면 타원은 원이 된다). 타원은 행성의 움직임을 설명하는 핵심이었다. 1609년 독일의 천문학자 요하네스 케플러는 행성들이 태양 주위를 원을 그리며 돈다는 오래된 생각을 거부하고, 타원 궤도를 그리며 돈다는 새로운 주장을 펼쳤다.

　한 고정점(초점 F)과 한 직선(준선^{準線})에 이르는 거리가 같은 점의 자취의 형태는 선뜻 머릿속에 그려지지 않는다. 이 경우에는 포물선이 나온다. 포물선은 유용한 특성이 많다. 광원을 초점인 F 자리에 놓으면 거기서 방출된 빛은 선분 PM에 평행하게 나간다. 반면에 위성에서 보낸 텔레비전 신호는 포물선 모양의 수신기에 와서 부딪힌 후 초점으로 모여서 텔레비전으로 보내진다.

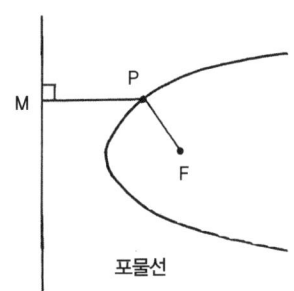

포물선

　만약 막대기 하나가 고정된 한 점을 중심으로 회전하면, 막대기 위에 있는 모든 점은 각각 원을 그리게 된다. 하지만 막대기가 돌고 있는 가운데, 막대기 위의 한 점이 막대기를 따라 점차 바깥쪽으로 움직이면 그 점은 나선을

서기 1704년
뉴턴, 3차 곡선을 분류하다.

서기 1890년
페아노, 속이 꽉 찬 정사각형이 곡선(공간충전 곡선)임을 증명하다.

서기 1920년대
멩거^{Menger}와 우리손^{Urysohn}, 곡선을 위상기하학의 일부로 정의하다.

그리게 된다. 피타고라스는 이 나선을 무척 좋아했고, 레오나르도 다빈치는 이 나선의 각기 다른 형태들을 연구하는 데만 10년의 삶을 바쳤으며, 데카르트는 이것을 주제로 한 논문을 쓰기도 했다. 로그나선 Logarithmic spiral은 중심과 나선 위 임의의 한 점을 이은 직선과 그 점과 만나는 접선이 이루는 각이 항상 일정하기 때문에 등각나선 Equiangular spiral이라고 부르기도 한다.

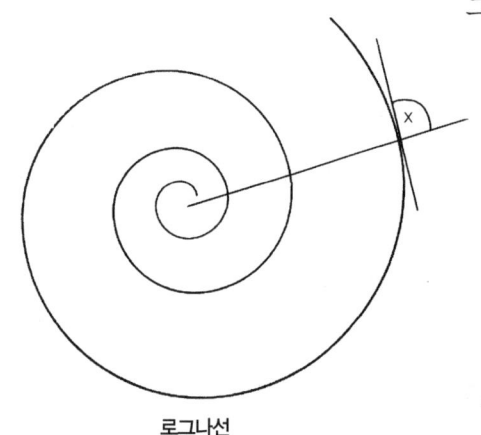
로그나선

스위스의 유명한 수학명가 출신의 야코프 베르누이는 로그나선에 너무 매료된 나머지 자신의 무덤에까지 그 나선을 새겨주기를 바랬다. '르네상스맨'이었던 에마누엘 스베덴보리 Emanuel Swedenborg는 나선을 가장 완벽한 형태라고 생각했다. 원통 주위로 감기는 형태의 3차원적인 나선 Helix도 있는데, 이런 나선을 두 개 합쳐놓은 이중나선이 DNA의 기본 구조를 이룬다.

이것 말고도 리마송 Limaçon(달팽이꼴 곡선), 렘니스케이트 Lemniscate, 다양한 달걀 형태 등 고전적 곡선은 많다. 심장형 心臟形, Cardioid이라는 이름은 형태가 심장처럼 생겨서 유래한 이름이다. 현수선 懸垂線, Cartenary curve은 18세기의 연구 대상이었으며, 두 점 사이에 걸려 늘어진 사슬이 만들어내는 곡선과 동일한 것으로 확인되었다. 포물선은 두 수직 철탑 사이에 걸려 있는 현수교에서 보이는 곡선이다.

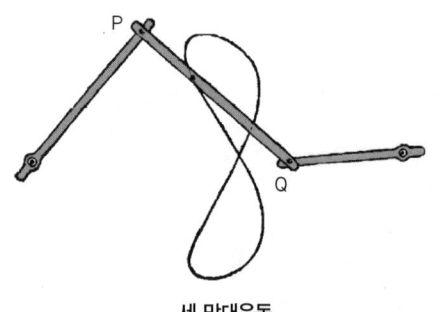
세 막대운동

19세기 곡선 연구에 나타난 양상 중 하나는 기계에 사용되는 막대가 그려내는 곡선에 대한 연구였다. 이런 형태의 질문은 스코틀랜드의 공학자 제임스 와트 James Watt에 의해 대략적으로 풀린 문제를 확장한 것이었다. 제임스 와트는 회전운동을 직선운동으로 바꾸어주는 연결봉을 설계했는데, 이는 증기시대에 있어 대단히 중요한 진보였다.

이런 기계장치들 중 가장 간단한 것은 세 막대운동으로, 막대 3개를 가동성 관절로 서로 연결하고, 대신 양쪽 끝은 고정시킨 것이다. 가운데서 연결해주는 막대인 선분 PQ가 이 상태에서 마음대로 움직이다 보면, 그 위에 있는 한 점의 궤적은 6차 곡선을 그리게 된다.

곡선에 대수방정식 도입하기

x, y, z 좌표와 데카르트 축의 개념을 도입해 기하학에 혁명을 불러일으킨 데카르트 덕분에 원뿔곡선을 대수방정식으로 취급해서 연구할 수 있게 되었다. 예를 들면 반지름이 1인 원은 $x^2 + y^2 = 1$이라는 이차방정식으로 표현할 수 있고, 모든 원뿔곡선은 이렇게 이차방정식으로 표현된다. 이렇게 해서 대수기하학이라는 새로운 기하학의 가지가 자라나게 되었다.

뉴턴의 중요한 연구 중 하나를 보면 삼차방정식으로 기술되는 곡선, 즉 3차 곡선을 분류하고 있다. 2차 곡선인 원뿔곡선은 4개의 기본 형태로 나뉘는 데 반해 여기서는 78가지 형태가 발견되었으며, 이는 다시 5개의 그룹으로 분류되었다. 4차 곡선에 가면 종류가 폭발적으로 증가해서, 지금까지도 완전한 분류는 엄두도 내지 못하고 있다.

대수방정식이 곡선 연구의 전부는 아니다. 현수선, 사이클로이드^{Cycloid}(굴러가는 바퀴 위에 있는 점이 그리는 곡선), 나선 등은 대수방정식으로 나타내는 것 자체가 쉽지 않다.

곡선이란, 정말 무엇인가?

수학자들은 곡선의 구체적 사례들이 아니라 곡선 그 자체에 대한 정의를 추구했다. 카미유 조르당 Camille Jordan 은 다양한 점의 집합으로 곡선을 정의하는 곡선이론을 제안했다. 예를 들어보자. $x = t^2, y = 2t$로 두면, 서로 다른 t값에 대하여 (x, y) 좌표로 표현할 수 있는 많은 점들을 얻을 수 있다. 예를 들어 t = 0일 때는 (0, 0), t = 1일 때는 (1, 2) 등이다. $x - y$ 축 위에서 이 점들을 찍고 그 점들을 서로 이으면 포물선이 그려진다. 조르당은 선으로 이을 수 있는 점들의 집합이라는 이 아이디어를 다듬었는데, 그에게는 이것이 곡선의 정의였다.

단일폐곡선(조르당곡선)

조르당곡선은 단일(자기 자신과 교차하여 만나지 않음)하고 폐쇄된(선에 시작과 끝이 없음) '단일폐곡선'이라는 점에서는 원과 같은 형태의 곡선이라 할지라도, 그 구체적 모양은 복잡하게 엉킬 수 있다. 그런 면에서 그 유명한 조르당의 정리를 살펴볼 필요가 있다. 이 정리에서는 단일폐곡선은 안과 밖을 가지고 있다고 말한다. 얼핏 보면 당연한 말 같지만, 사실 그렇게 간단하지는 않다.

1890년 이탈리아에서 주제페 페아노 Giuseppe Peano 는, 조르당의 정의에 따르면 안을 가득 채운 정사각형도 곡선이라는 사실을 증명함으로써 세간을 놀라게 하였다. 그는 정사각형 위의 모든 점을 지나가면서도, 동시에 조르당곡선의 정의를 충족시키는 점을 구상할 수 있었다. 이것은 공간충전곡선(페아노곡선이라고도 함)이라고 불리며, 조르당이 내린 곡선의 정의가 갖고 있는 허점을 노출시켰다. 분명 상식적으로 볼 때 정사각형은 곡선이 아니기 때문이다.

　공간충전곡선이나 다른 괴이한 사례들이 등장하면서 수학자들은 다시 칠판 앞으로 돌아가 곡선이론을 근본부터 살펴보기 시작했다. 곡선을 더 나은 방식으로 정의해야 할 필요성이 제기되었다. 그리고 20세기가 시작될 무렵, 이 과제는 위상기하학이라는 새로운 분야로 수학자들을 이끌었다.

위상기하학
도넛으로 커피잔 만들기

위상기하학은 기하학의 한 분야로, 면이나 일반적인 형태의 특성을 다루지만, 길이나 각도 같은 양적인 측면은 다루지 않는다. 위상기하학에서 가장 중요하게 다루는 부분은 한 모양을 다른 모양으로 바꾸어도 결코 변화하지 않는 특성이다. 위상기하학에서는 형태를 어느 방향으로든 잡아당기거나 밀어도 상관이 없다. 그리고 이런 이유로 위상기하학을 '고무판 기하학'이라고 부르기도 한다. 위상기하학자들은 도넛과 커피잔의 차이를 알아차리지 못하는 사람들이다!

도넛은 가운데에 구멍이 하나 있는 면이다. 커피잔도 마찬가지여서 도넛의 구멍이 여기서는 손잡이의 형태를 띤다. 아래 그림을 보면 어떻게 도넛이 커피잔으로 바뀌는지 알 수 있다.

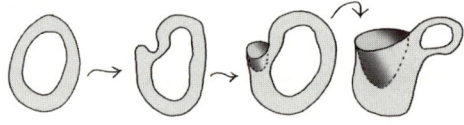

다면체의 세계

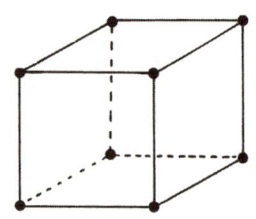

위상기하학자들이 연구하는 가장 기초적인 형태는 다면체이다. 예를 들면 6개의 정사각형 면과 8개의 꼭짓점(면이 서로 만나는 점)과 12개의 변으로 구성된 정육면체와 같은 것 말이다. 정육면체가 정다면체인 까닭은 다음과 같다.

timeline

기원전 3세기
유클리드, 정다면체는 5개가 존재한다는 사실을 증명하다.

기원전 250년경
아르키메데스, 깎인 다면체를 연구하다.

서기 1752년
오일러, 다면체의 꼭짓점, 모서리, 면의 개수에 대한 정리를 발표하다.

모든 면이 똑같이 일정한 형태를 갖는다
꼭짓점에서 만나는 모서리들 간의 각도가 모두 같다

위상기하학은 상대적으로 새로운 학문 분야이긴 하지만, 그 기원은 그리스 시대로 거슬러 올라갈 수 있고, 사실 유클리드『원론』의 절정은 정확히 5개의 정다면체가 존재한다는 것을 증명하는 부분이었다. 이것을 플라톤의 입체라고 부른다.

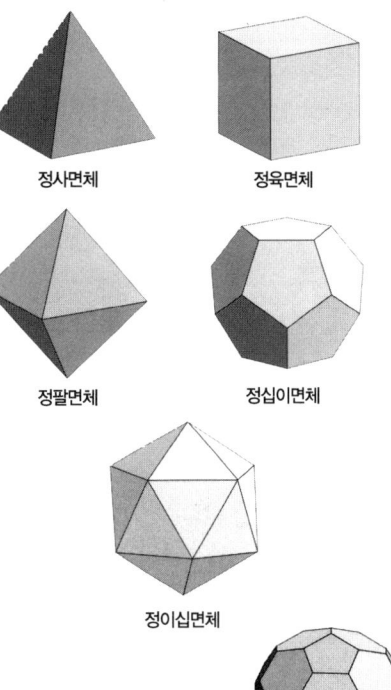

정사면체 정육면체
정팔면체 정십이면체
정이십면체
깎은 정이십면체

- 정사면체(정삼각형 4개)
- 정육면체(정사각형 6개)
- 정팔면체(정삼각형 8개)
- 정십이면체(정오각형 12개)
- 정이십면체(삼각형 20개)

모든 면의 형태가 같아야 한다는 조건을 빼면, 아르키메데스 다면체의 세계로 들어가게 된다. 이것은 준정다면체라고 한다. 플라톤의 입체에서 준정다면체의 한 예를 만들어낼 수 있다. 정이십면체의 뾰족한 부분을 조금씩 깎아내면 요즘 축구공의 디자인을 얻을 수 있다(깎은 정이십면체). 이렇게 하면 면이 32개가 되는데, 그중 12개는 오각형이고, 20개는 육각형이다. 그리고 모서리는 90개고 꼭짓점은 60개이다. 이것은 측지선 돔Geodesic dome을 만들어낸 리차드 벅민스터 풀러Richard Buckminster Fuller의 이름을 딴 벅민스터풀러린 분자Buckminsterfullerene molecules의 형태이기도 하다. 이 버키볼Bucky ball(풀러린을 구성하는 공 모양의 분자)의 형태는 C60이라는 탄

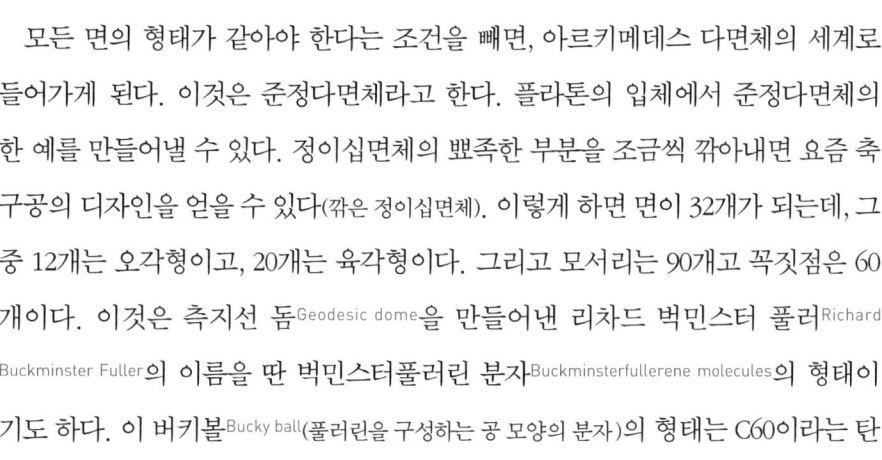

1858년
뫼비우스와 리스팅Listing, 뫼비우스의 띠를 소개하다.

1961년
스티븐 스메일Stephen Smale, 4차원보다 큰 차원에서 푸앵카레 추측을 증명하다.

1982년
마이클 프리드먼Michael Freedman, 4차원에서 푸앵카레 추측을 증명하다.

2002년
페렐만, 3차원에서 푸앵카레 추측을 증명하다.

소 분자에서 새로이 발견되었는데, 깎은 정이십면체의 꼭짓점마다 탄소 원자가 들어 있다.

정육면체가 터널을 갖는다면?

오일러의 정리에 따르면 다면체에서 꼭짓점의 수 V, 모서리의 수 E, 면의 수 F 사이의 상관관계는 다음의 공식으로 정해진다.

$$V - E + F = 2$$

예를 들면 정육면체에서는 V = 8, E = 12, F = 6이므로 V − E + F = 8 − 12 + 6 = 2이고, 벅민스터풀러린에서는 V − E + F = 60 − 90 + 32 = 2이다. 사실 이 정리는 다면체라는 개념 자체에 의문을 제기하고 있다.

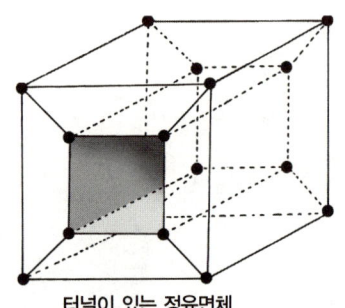

터널이 있는 정육면체

만약 정육면체가 그 중심을 관통하는 터널을 가지고 있다면 이것도 다면체라고 할 수 있을까? 이 형태에서는 V = 16, E = 32, F = 16이므로 V − E + F = 16 − 32 + 16 = 0이다. 오일러의 정리가 여기서는 통하지 않는다. 이 정리가 정확하다고 다시 주장하려면 다면체의 종류를 터널을 갖지 않는 것으로 한정해야 한다. 아니면 이런 특수한 상황을 포함하도록 일반화하는 방법이 있다.

구멍의 존재 여부에 따라

위상기하학자라면 도넛과 커피잔의 형태가 같다고 생각할 것이다. 그런데 도넛과 도무지 다를 수밖에 없는 형태는 어떤 것이 있을까? 한 가지 예로 들 수 있는 것은 고무공이다. 도넛의 모양을 아무리 비틀어도 공을 만들 수는 없다. 도넛은 구멍이 있지만, 공은 구멍이 없기 때문이다. 이것이야말로 두 면 사이의 근본적인 차이점이다. 따라서 면이 갖고 있는 구멍의 수로 면을 분류하는 것이 가능해진다.

구멍이 r개 있는 면을 가지고 면 위의 꼭짓점들을 잇는 변으로 구역을 나눠보자. 일단 이것을 하고 나면 꼭짓점, 변, 면의 개수를 셀 수 있다. 그러고 나면 어떻게 나누든 간에 면의 '오일러 표수'라고 부르는 오일러의 식 V – E + F는 언제나 같은 값을 갖게 된다.

$$V - E + F = 2 - 2r$$

일반적인 다면체처럼 면에 구멍이 없는 경우라면(r = 0) 이 공식은 V – E + F = 2로 줄여서 쓸 수 있다. 터널이 있는 정육면체처럼 구멍이 하나인 경우라면(r = 1) 공식은 V – E + F = 0이 된다.

이게 안쪽이야, 바깥쪽이야?

보통 면은 안과 밖을 구분할 수 있다. 공의 바깥쪽과 안쪽은 다르며, 한 쪽에서 다른 한 쪽으로 넘어가려면 공에 구멍을 내는 수밖에 없다. 위상기하학에서는 면을 잡아 늘릴 수는 있어도 구멍을 내는 것은 허용하지 않는다. 종이도 안쪽과 바깥쪽을 갖는 면의 예다. 안쪽과 바깥쪽은 종이의 가장자리에서만 만난다.

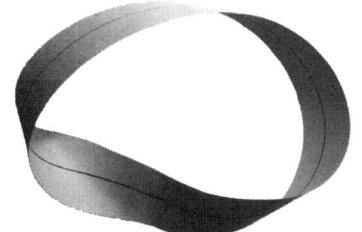

뫼비우스의 띠

안쪽이나 바깥쪽 중 어느 한 쪽만 있는 면이 있다고 하면 황당무계한 소리로 들릴 것이다. 하지만 19세기에 독일의 수학자이자 천문학자였던 어거스트 뫼비우스August Möbius는 안과 밖이 하나인 유명한 면을

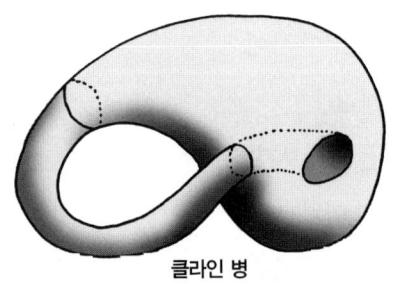

클라인 병

발견해냈다. 가늘고 긴 종잇조각을 한 번 꼬아서 그 양끝을 붙이면 이런 면을 만들 수 있다. 이렇게 하면 가장자리는 있으나 안과 밖이 하나밖에 없는 '뫼비우스의 띠Möbius strip'가 만들어진다. 연필을 가지고 면의 가운데로 줄을 그어 나가면 오래지 않아 처음 시작한 점으로 되돌아오게 된다!

심지어는 가장자리도 없고, 안과 밖도 하나밖에 없는 면을 만들 수도 있다. 이것은 독일의 수학자 펠릭스 클라인Felix Klein의 이름을 따서 '클라인 병Klein bottle'이라고 부른다. 이 병에서 특히 인상적인 점은 이 병이 자기 자신과 교차하지 않는다는 점이다. 하지만 이 클라인 병의 모형을 자기 자신과 교차하지 않게 3차원으로 구축하는 것은 불가능하다. 이 병의 특성은 이런 교차가 일어나지 않는 4차원에서만 타당하기 때문이다.

위에 소개한 두 개의 면은 위상기하학자들이 '다양체'라고 부르는 것의 예다. 다양체란 부분적으로 보면 유클리드 평면처럼 보이지만, 전체적으로 보면 유클리드 평면이 아닌 기하학적인 면을 말한다. 클라인 병은 가장자리가 없기 때문에 닫힌 2차원 다양체라고 부른다.

푸앵카레의 추측

앙리 푸앵카레Henri Poincaré의 이름을 딴, 그 유명한 푸앵카레의 추측은 위상기하학에서 백 년이 넘도록 풀리지 않는 미해결 문제였다. 푸앵카레의 추측은 대수학과 위상기하학 사이의 관계에 초점을 맞추고 있다.

이 추측에서 최근까지도 풀리지 않고 남아있던 부분은 닫힌 3차원 다양체에 관한 것이었다. 이것은 대단히 복잡한 문제이다. 클라인 병의 형태가 한 차원 더해서 펼쳐진다고 상상해보라. 푸앵카레는 3차원 구의 대수학적인 특징을 모두 갖고 있는 닫힌 3차원 다양체는 사실상 구일 수밖에 없다고 추측했다. 이것은 마치 거대한 공을 따라 걸으면서 수집한 모든 단서들은 그 공이 구임을 말해주고 있지만, 정작 한눈에 전체를 본 적은 없기 때문에 이 공이 정말 구인지 궁금해 하고 있는 상황과 비슷하다.

아무도 3차원 다양체에 대한 푸앵카레의 추측을 증명하지 못했었다. 이 추측은 참일까, 거짓일까? 다른 차원에 대해서는 모두 증명이 끝났지만 3차원 문제만큼은 도통 풀리질 않았다. 잘못된 증명이 난무하다가, 2002년 상트페테르부르크에 있는 스테크로프 연구소의 그리고리 페렐만Grigori Perelman이 드디어 이 문제를 증명한 것으로 인정받게 되었다. 수학의 다른 큰 난제들이 그랬던 것처럼, 푸앵카레의 추측에 대한 해법도 인접 학문 분야가 아니라, 열의 확산이라는 직접적인 관련이 없는 것처럼 보이는 분야의 기술에서 나오게 되었다.

차원
다차원 세상에 사는 다차원의 인간

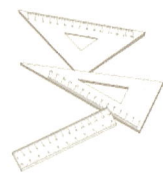

레오나르도 다빈치는 자신의 공책에 이렇게 적었다. '그림의 과학은 점에서 시작해서, 그다음으로 선, 세 번째로 면, 네 번째로 면으로 둘러싸인 몸통이 나온다.' 다빈치의 계층구조에서 점은 0차원이고, 선은 1차원, 면은 2차원, 공간은 3차원이다. 이보다 뻔한 얘기가 어디 있겠는가? 그리스의 기하학자 유클리드는 이런 식으로 점, 선, 면, 입체의 기하학을 전파했다. 레오나르도 다빈치는 유클리드의 개념을 따르고 있었던 것이다.

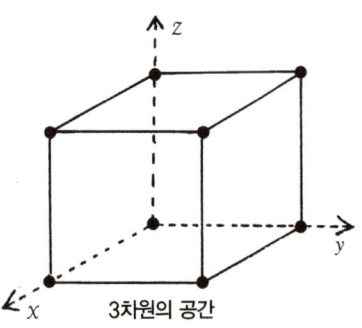

3차원의 공간

물리적 공간이 3차원이라는 생각은 수천 년 동안 이어져 왔다. 왼쪽 그림을 보면 물리적 공간 속에서 우리는 x축을 따라서 이 페이지에서 떨어져 나와 움직일 수도 있고, y축을 따라서 종이를 가로질러 수평으로 움직이거나, z축을 따라서 위로 움직일 수도 있으며, 혹은 이 운동들을 조합한 방식으로 움직일 수도 있다. 원점(세 축이 만나는 곳)과의 관계에 따라서 모든 점은 x, y, z값으로 지정되는 공간적 좌표를 가지고, (x, y, z)라는 형식을 빌어 적는다.

정육면체는 분명 이런 3차원이고, 입체의 특성을 가지는 다른 모든 것도 마찬가지다. 학교에서는 보통 2차원의 평면기하학을 배운 다음에야 3차원의 입체기하학으로 넘어간다. 그리고 거기서 더 나가지 않고 멈춘다.

19세기가 시작될 무렵, 수학자들은 재미삼아 4차원에 대한 연구를 시작했고, 심지어는 그보다 높은 n차원의 수학에도 도전해보았다. 많은 철학자와 수학자들은 더 높은 차원의 존재 여부에 대해서 의문을 갖기 시작했다.

timeline

기원전 3세기
유클리드, 세상을 3차원으로 기술하다.

서기 1877년
칸토어, 차원이론에서 논란의 여지가 많은 발견을 하고는 스스로 놀라다.

더 높은 물리적 차원

과거의 많은 일류 수학자들은 4차원을 상상하는 자체가 불가능한 일이라고 생각했다. 그들은 4차원이 실제로 존재하는지에 의문을 품었고, 이것을 어떤 방법으로 설명하느냐 하는 문제가 또 하나의 도전이 되었다.

4차원이 왜 가능한지를 이야기할 때는 흔히 2차원으로 물러나서 설명했다. 1884년에 영국의 신학자이자 학교 교장이었던 에드윈 애벗Edwin Abbott은 2차원 평면에서 살고 있는 가상의 인물들인 '평면인간Flatlander'에 대한 책을 펴냈고, 그 책은 상당한 인기를 끌었다. 그들은 평면의 세상에 존재하는 삼각형, 정사각형, 원 등을 볼 수 없었다. 왜냐하면 3차원 공간으로 빠져나가 그것을 내려다볼 수 없었기 때문이다. 그들의 시야는 심각할 정도로 제한되어 있었다. 우리가 4차원을 생각하는 데 어려움을 겪는 것처럼 그들은 3차원을 생각하는 데 애를 먹었다. 그런데 애벗의 책을 읽고 나면 어쩌면 4차원이 있을지도 모르겠다는 생각을 갖게 된다.

아인슈타인의 등장으로 4차원 공간의 실제 존재 여부를 시급하게 생각해보아야 할 필요성이 생겼다. 4차원 기하학은 더욱 그럴듯해 보였고, 심지어는 이해도 가능할 것 같았다. 아인슈타인의 모델에서 추가된 차원은 시간이었기 때문이다. 뉴턴과 달리 아인슈타인은 시간이 공간과 함께 4차원의 시공 연속체에 함께 묶여 있다고 생각했다. 아인슈타인은 우리가 (x, y, z, t)라는 네 좌표를 갖는 4차원의 세계에 살고 있다고 단언했다. 여기서 t는 시간을 지칭한다.

요즘 아인슈타인의 4차원 세계는 상당히 잘 다듬어져 있고, 사실로 받아들여지고 있다. 좀더 최근에 나온 물리적 실재의 모형은 '끈'에 바탕을 두고 있다. 이 이론에서는 전자처럼 익숙한 아원자입자들을 극도로 작은 끈이 진동하면서 발현된 것으로 본다. 끈이론String theory은 4차원 시공 연속체를 더 높은 차원으로 대체할 것

1909년
브로우베르의 연구를 통해 차원에 대한 우리의 개념이 바뀌다.

1919년
하우스도르프Hausdorff, 프랙탈 차원인 '하우스도르프 차원'의 개념을 도입하다.

1970년
끈이론이 우주를 10이나 11, 혹은 26차원을 가진 것으로 이해하다.

을 제안한다. 최근의 연구에 의하면 끈이론이 성립하기 위한 시공 연속체의 차원은 추가적인 가정이나 관점의 차이에 따라서 10차원, 11차원, 혹은 26차원까지 높아져야 한다.

입자들을 고속으로 충돌시키기 위해 설계된, 스위스 제네바 근처의 CERN(유럽 핵 공동연구소)에 있는 2,000톤의 거대한 자석이 이 문제를 푸는 데 도움을 줄지도 모른다. 이 장치는 원래 물질의 구조를 밝히기 위해 만든 것이지만, 차원에 대한 더 나은 이론으로 우리를 안내해 문제에 대한 해답을 줄 수 있을지도 모른다. 현재로서는 우리가 11차원의 우주에 살고 있다는 의견이 우세하다.

다차원의 초공간

물리적인 고차원과는 달리 수학 공간에서는 3차원을 넘어가는 것에 아무런 문제가 없다. 수학 공간은 몇 차원이 되어도 상관이 없다. 19세기 초반부터 수학자들은 습관적으로 n이라는 변수를 사용했다. 전기를 수학적으로 연구한 노팅엄 출신의 제분업자 조지 그린George Green과 순수수학자 A.L 코시A.L. Cauchy, 아서 케일리Arthur Cayley, 헤르만 그라스만 등은 모두 자신의 수학을 n차원의 초공간Hyperspace 으로 기술했다.

n차원이라는 개념에 깔려 있는 아이디어는 단지 3차원 좌표인 (x, y, z) 좌표 변수의 개수를 특별히 지칭하지 않고 확장하자는 것에 불과하다. 2차원에서 원의 방정식은 $x^2 + y^2 = 1$이고, 3차원에서 구의 방정식은 $x^2 + y^2 + z^2 = 1$이다. 따라서 4차원의 초공간에서는 구의 방정식이 $x^2 + y^2 + z^2 + w^2 = 1$이라고 하지 못할 이유가 없다.

3차원 공간에서의 입방체(입방체는 영어로 'cube'이고, 3차원에서의 입방체는 정육면체이다. 3차원에만 국한하면 입방체는 정육면체라고 할 수 있으나, 이 입방체를 4차원 이상으로 확장하면 정육면체라 표현할 수 없으므로, 4차원에서는 정육면체 대신 입방체라는 용어를 사용하도록 하겠다)는 정육면체이고, 이 정육면체의 8개 꼭짓점은 (x, y, z) 형식의 좌표를 가지고, x, y, z의 값은 각각 0이나 1이다. 정육면체에는 면이 6개 있고, 각각의 면은 정사각형이며, 꼭짓점은 $2 \times 2 \times 2 = 8$개이다.

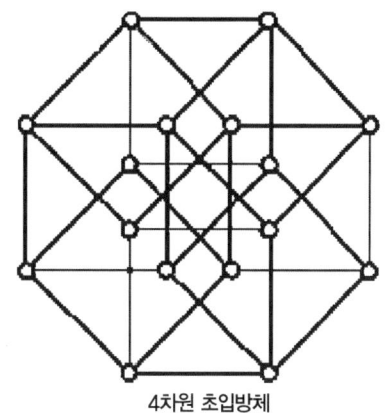

4차원 초입방체

정육면체를 4차원으로 확장하면 어떻게 될까? 이 4차원 초입방체의 좌표는 (x, y, z, w)의 형식을 띨 것이고, x, y, z, w 각각의 값은 0이거나 1이 될 것이다. 따라서 3차원 정육면체를 4차원 초입방체로 확장하면 4차원 초입방체에는 $2 \times 2 \times 2 \times 2 = 16$개의 꼭짓점이 있고, 면은 8개이며, 각각의 면은 정육면체이다. 이런 4차원 정육면체를 실제로 볼 수는 없지만, 종이 위에 상상도를 그려볼 수는 있다. 이 그림은 수학자들의 상상 속에 존재하는 4차원 초입방체를 투사해서 그린 것이다. 4차원 초입방체를 구성하는 면인 정육면체들을 어렵사리 알아볼 수 있다.

순수수학에서는 다차원의 수학 공간이 흔히 생겨난다. 이상적인 관념의 세계에서는 그것을 존재하는 것으로 가정하고 있지만, 실제로 그 존재를 주장하는 것은 아니다. 예를 들어 군의 분류 문제에서 보면('군론' 참고), '괴물군$^{\text{Monster group}}$'은 196,883차원의 수학 공간에서 대칭성을 측정하는 방식이다. 일반적인 3차원 공간을 보는 것과 똑같은 방식으로는 이런 공간을 이해할 수 없지만, 현대대수학을 이용하면 정확한 방식으로 상상하고 다룰 수 있다.

수학자들이 말하는 차원과 물리학자들이 차원해석$^{\text{Dimensional analysis}}$이라고 할 때의 차원은 완전히 별개의 것이다. 물리학의 공통 단위들은 질량 M^{Mass}, 길이 L^{Length},

시간 T^{Time} 등의 기본량으로 분석할 수 있다. 물리학 방정식이 있을 때, 그 방정식의 좌변과 우변은 차원이 같아야 한다. 따라서 차원해석을 이용하면 방정식이 잘못된 것인지 아닌지 확인할 수 있다.

예를 들어 방정식이 '힘 = 속도'와 같은 형태가 되어서는 곤란하다. 차원해석을 해보면 속도는 '미터/초'이므로, 속도의 차원은 길이 나누기 시간, 혹은 L/T라 할 수 있고, LT^{-1}이라고 적는다. 힘은 질량 곱하기 가속도이고, 가속도는 '미터/초/초'이므로 이를 모두 종합하면 힘의 차원은 MLT^{-2}이 되어 힘과 속도는 차원이 다르다는 것을 알 수 있다.

끝나지 않은 차원의 의미

차원이론$^{Dimension\ theory}$은 일반위상기하학의 한 분야다. 다른 개념의 차원도 추상공간에서 독립적으로 정의를 내릴 수 있다. 여기서 중요한 부분은 그들이 서로 어떻게 관련되어 있는지를 보여주는 것이다. 앙리 르베그$^{Henri\ Lebesgue}$, 브로우베르, 카를 멩거$^{Karl\ Menger}$, 폴 우리손$^{Paul\ Urysohn}$, 리오폴드 비에토리스$^{Leopold\ Vietoris}$(2002년 110살의 나이로 사망했으며, 최근까지만 해도 호주에서 최고령의 인물이었다) 등 수학의 각 분야에서 선도적 위치에 있는 많은 사람들이 차원의 의미를 깊이 탐구했다.

이 분야에서 가장 중요한 책은 『차원이론$^{Dimension\ Theory}$』이다. 1948년에 비톨트 후레비츠$^{Witold\ Hurewicz}$와 헨리 월만$^{Henry\ Wallman}$이 펴낸 이 책은 현재까지도 차원의 의미를 새롭게 이해할 수 있게 한 분수령으로 여겨지고 있다.

다양한 형태의 차원

그리스인들이 3차원을 도입한 이후로 사람들은 차원의 개념을 비평적으로 분석하면서 확장해왔다.

물리학자들은 4차원의 시공간과 10, 11, 26차원을 요구하는 최근의 끈이론('차원' 참고)을 바탕으로 이론을 정립해온 반면, 수학 공간에서는 n차원이 거의 아무런 어려움도 없이 도입되었다. 프랙탈 형태의 출현과 더불어 프랙탈차원 Fractional dimensions 으로도 진출하게 되었고, 몇몇 다른 차원의 측정방법도 연구하고 있다. 힐베르트는 무한차원 수학 공간 infinite-dimensional mathematical space 을 도입했으며, 이것은 이제 순수수학의 기본 골격이 되었다. 차원은 유클리드 기하학의 1, 2, 3 차원 말고도 무궁무진하다.

좌표화된 인간

인간 그 자체도 다차원적인 존재다. 인간은 3차원보다 훨씬 많은 '좌표'를 가지고 있다. 우리는 (a, b, c, d, e, f, g, h)라는 좌표로 나이, 신장, 체중, 성별, 발 크기, 혈액형, 평균 시력, 국적 등을 나타낼 수 있다. 이 좌표에는 기하학적인 점 대신에 사람이 들어간다. 우리를 이 8차원의 공간에 국한해서 표현한다면, 박순홍 씨의 좌표는 (39세, 183cm, 95kg, 남성, 285mm, O형, 1.0, 한국)이 되고, 앨리스 양의 좌표는 (22세, 157cm, 48kg, 여성, 235mm, B형, 0.4, 미국)이 된다.

25 프랙탈
무궁무진한 잠재력을 가지다

1980년 3월, 뉴욕 요크타운 하이츠의 IBM 연구센터에 있는 최신 메인프레임 컴퓨터는 낡은 구닥다리 프린터로 명령을 쏟아내고 있었다. 이 프린터는 컴퓨터가 시키는 대로 충실하게 하얀 종이 위에 점들을 찍어댔다. 마침내 프린터의 덜거덕거리는 소리가 멈추었을 때, 그 결과물은 한 줌의 먼지를 종이 위에 문질러놓은 것 같았다. 베노이트 만델브로트Benoît Mandelbrot는 자신의 눈을 믿을 수 없어 수차례 눈을 비볐다. 이것이 중요하다는 것은 알겠다. 하지만 대체 무엇이기에 그렇단 말인가? 이미지는 인화액 속의 흑백사진처럼 만델브로트 앞에 서서히 드러났다. 이것이 프랙탈 세계를 상징하는 대표주자, 만델브로트집합과의 첫 만남이었다.

이것은 정말 탁월한 실험수학Experimental mathematics이다. 수학자들도 물리학자나 화학자들이 그랬던 것처럼 자기만의 실험을 통해 주제에 접근할 수 있도록 해주었기 때문이다. 이제 수학자들도 실험을 할 수 있게 되었고, 말 그대로 미래의 전망이 새롭게 펼쳐지게 된 것이었다. 이것은 '정의, 정리, 증명'이라는 무미건조한 세계로부터의 탈출을 의미했다. 비록 이것도 결국 엄격한 논리적 논증 과정을 거쳐야 할 처지이긴 했지만 말이다.

이 실험적 접근법의 단점은 이론적 기반을 다지기도 전에 시각적 이미지가 앞서 나온다는 점이다. 실험주의자들은 지도도 없이 항해를 하는 셈이었다. 만델브로트가 '프랙탈'이라는 용어를 만들기는 했지만, 그것이 대체 무엇이란 말인가? 수학의 일반적인 방법을 이용해서 이것을 정확하게 정의내릴 수 있을까? 처음에 만델브로트는 이런 정의를 내리고 싶어 하지 않았다. 명확하게 정의를 내리려고 하다보면 부적절한 정의를 내리거나 어떤 한계 속에 가두어버릴 위험이 있고, 그 과

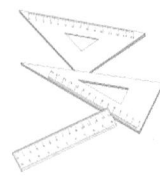

timeline   서기 1879년
케일리, 현대 프랙탈의 전신을 연구하다.

1904년
코흐, 코흐곡선을 만들어내다.

정에서 경험만이 갖고 있는 마력을 망가뜨릴 수도 있다고 생각했기 때문이다. 그는 프랙탈이라는 개념은 좋은 포도주와도 같아서 병에 옮겨 담기 전에 참나무통에서 충분히 숙성시킬 필요가 있다고 생각했다.

만델브로트집합

만델브로트와 그의 동료들은 특별나게 심오한 수학자들은 아니었다. 그들은 가장 간단한 형태의 공식을 가지고 놀았다. 그들의 기본적인 생각은 한 공식을 여러 번 되풀이해서 반복 적용하는 것이었다. 만델브로트집합의 공식은 $x^2 + c$라는 간단한 것이었다.

제일 먼저 할 일은 c의 값을 정하는 것이다. $c = 0.5$라고 해보자. $x = 0$에서 시작해 이 값을 $x^2 + 0.5$라는 공식에 대입해본다. 처음 계산한 값은 0.5이다. 이 값을 다시 x값으로 이용해서 $x^2 + 0.5$에 대입해서 두 번째 계산치를 얻어보면 $(0.5)^2 + 0.5 = 0.75$가 나온다. 이렇게 계속해서 세 번째 단계로 들어가면 $(0.75)^2 + 0.5 = 1.0625$가 나온다. 이런 계산은 탁상용 전자계산기만 있어도 얼마든지 가능하다. 이 과정을 반복하다 보면 계산치가 계속 커지는 것을 알 수 있다.

이번에는 c값을 달리 해보자. $c = -0.5$로 놓는다. 위에서와 마찬가지로 $x = 0$에서 시작해서 $x^2 - 0.5$에 대입해보면 -0.5가 나온다. 계속 진행하면 다음에는 -0.25가 나오지만, 이번에는 계산치가 점점 커지는 것이 아니라 어느 정도 진동을 하다가 $-0.3660\cdots$에 가까운 값으로 수렴한다.

따라서 $c = 0.5$를 선택하면 $x = 0$에서 출발한 수열은 무한으로 발산하지만, $c = -0.5$를 선택하면 $x = 0$에서 출발한 수열은 -0.3660에 가까운 값으로 수렴한다는 것을 알 수 있다. 만델브로트집합은 $x = 0$에서 시작한 수열이 무한으로 달아나지

1918년
하우스도르프, 프랙탈 차원의 개념을 도입하다.

1919년
쥴리아와 파투, 복소평면에서 프랙탈 구조를 연구하다.

1975년
만델브로트, 프랙탈이라는 용어를 도입하다.

않게 해주는 모든 c값을 원소로 하는 집합이다.

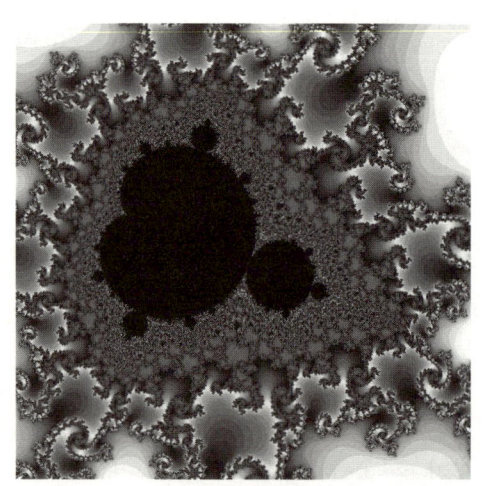
만델브로트 집합

여기서 끝이 아니다. 지금까지 우리는 1차원의 실수만을 고려했기 때문이다. 1차원상의 만델브로트집합에서는 볼거리가 별로 없다. $z^2 + c$라는 똑같은 공식을 고려하되, 이번에는 z와 c를 2차원 복소수로 놓는다('허수' 참고). 이렇게 하면 2차원의 만델브로트집합을 얻을 수 있다.

만델브로트집합의 c값에 대한 z의 수열은 몇 개의 점들 사이에서 마치 춤을 추듯 이상한 움직임을 보이긴 하지만, 결국 무한으로 발산하지는 않는다. 만델브로트집합 속에서 우리는 프랙탈의 또 다른 핵심적 특성을 볼 수 있다. 바로 자기유사성이다. 집합을 아무리 확대해서 들여다본다고 해도 몇 배로 확대한 것인지 확실히 알기는 어렵다. 아무리 확대해봐도 그 안에서 더 많은 만델브로트집합을 만나게 되기 때문이다.

만델브로트 이전엔 어땠을까?

수학에서 대부분의 것들이 그렇듯, 완전히 새로운 발견이 나타나는 일은 무척 드물다. 역사를 들여다보면서 만델브로트는, 앙리 푸앵카레나 아서 케일리 같은 수학자들이 자기보다 백 년 정도 먼저 어렴풋하게나마 이런 생각을 했었다는 사실을 알게 되었다. 불행하게도 그들에게는 이 문제를 더 깊이 파고들게 해줄 컴퓨터가 없었다.

프랙탈이론의 첫 파도가 지나는 동안 발견된 형태 중에는 꼬불꼬불한 곡선과, 이전에는 걷잡을 수 없는 곡선의 예라고 하여 사람들이 무시했던 '괴물곡선'도 있

었다. 이것은 너무나도 괴상했기 때문에 수학자들은 그것을 창고 깊은 곳에 넣어
둔 채 신경을 거의 쓰지 않았다. 당시의 사람들은 미분학으로 다룰 수 있는, 좀더
정상적이고 '부드러운' 곡선을 원했다. 프랙탈의 인기와 함께, 제1차 세계대전 이
후 몇 년간 복소평면에서 프랙탈과 비슷한 구조를 연구했던 가스통 쥘리아^{Gatston Julia}, 피에르 파투^{Pierre Fatou}의 연구가 다시금 빛을 보게 되었다. 물론 그들의 곡선들
은 프랙탈이라고 불리지도 않았고, 그들은 이 형태를 볼 수 있는 기술적
장비도 갖고 있지 않았다.

다른 유명한 프랙탈도형

유명한 코흐곡선^{Koch curve}은 스웨덴의 수학자 닐스 파비안 헬게 폰 코
흐^{Niels Fabian Helge von Koch}의 이름을 딴 것이다. 눈송이곡선은 사실상 최
초의 프랙탈곡선이다. 이것은 삼각형의 변을 기본요소로 삼아서, 길
이가 같도록 세 부분으로 나누고, 그 가운데에 삼각형을 추가함으로
써 만들 수 있다.

코흐곡선의 신기한 특성은 다음과 같다. 일정한 원의 범위를 벗어
나지 않기 때문에 면적이 유한한데도 단계를 계속 거칠 때마다 길이
가 늘어난다. 따라서 이 곡선은 유한한 영역을
감싸고 있으면서도 그 둘레 길이가 '무한한' 곡
선이다!

또 하나의 유명한 프랙탈은 폴란드 수학자 바
츨라프 시어핀스키^{Wacław Sierpinski}의 이름을 땄다.
정삼각형에서 삼각형들을 빼는 과정을 계속해

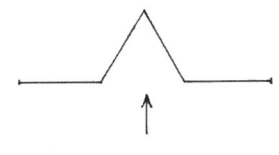
코흐의 눈송이곡선을 만드는 기본 요소

코흐의 눈송이곡선

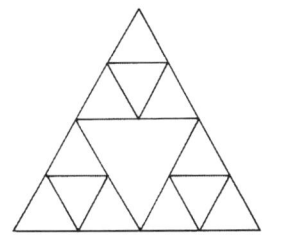

시어핀스키 삼각형

나가면 시어핀스키 삼각형이 만들어진다.

프랙탈차원이란?

펠릭스 하우스도르프Felix Hausdorff는 혁신적인 방식으로 차원을 바라보았다. 이것은 비례와 관계가 있다. 선을 3배로 확대하면 그 이전보다 3배 더 길어진다. 3은 3^1이므로 이 선은 1차원이다. 만약 속이 꽉 찬 정사각형을 3배로 확대하면, 그 면적은 그 전보다 9배, 혹은 3^2배 커진다. 따라서 정사각형은 2차원이다. 만약 정육면체를 3배로 확대하면 그 부피는 27배, 혹은 3^3배만큼 커지므로 정육면체는 3차원이다. 이런 하우스도르프차원의 값은 선, 정사각형, 정육면체 모두에서 우리가 예상했던 값들과 들어맞는다.

코흐곡선의 기본단위를 3배 확대하면 그 전보다 4배만큼 길어진다. 앞에서 기술했던 방식을 따라가보면, 여기서 하우스도르프차원 값 D는 $4 = 3^D$을 만족시키는 값이다. 이것을 계산해보면 다음의 값이 나온다.

$$D = \frac{\log 4}{\log 3}$$

따라서 코흐곡선의 하우스도르프차원 D는 대략 1.262 정도가 나온다. 프랙탈도형을 다룰 때는 하우스도르프차원이 일반적인 차원보다 크게 나오는 경우가 많다. 코흐곡선의 경우에도 선의 원래 차원인 1차원보다 큰 차원이 나왔다.

하우스도르프차원은 만델브로트가 내린 프랙탈의 정의를 알려준다. 그것은 바로 D의 값이 정수가 아닌 점들의 집합이다. 프랙탈차원은 프랙탈도형의 핵심 특성이 되었다.

무궁무진한 프랙탈의 능력

프랙탈의 응용 잠재력은 대단히 폭넓다. 프랙탈은 식물의 성장이나 구름의 형성 같은 자연적 대상들의 모델을 만드는 수학적 매체로 사용할 수도 있다.

프랙탈은 이미 산호나 해면 같은 해양생물의 성장에도 적용된 바 있다. 현대 도시의 확장도 프랙탈 성장과 유사성이 있음이 증명되었다. 의학 분야에서는 뇌 활동의 모델을 만들어내는 데 응용되기도 했다. 그리고 주식 시장이나 외환거래 시장의 프랙탈 관련 특성도 연구되고 있다. 만델브로트의 연구는 새로운 세계를 열었으며 아직도 발견해야 할 내용이 상당히 많이 남아 있다.

카오스 예측 불가능한 복잡한 세상

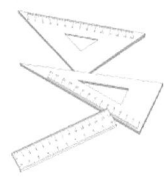

카오스이론은 혼돈의 이론이다. 어떻게 혼돈에 이론이 있을 수 있다는 걸까? 그것을 설명할 이론이 없기 때문에 혼돈이라는 것 아닐까? 이야기는 1812년으로 거슬러 올라간다. 나폴레옹이 모스크바로 진군하고 있는 동안, 그와 같은 나라 사람인 피에르 라플라스 Marquis Pierre-Simon de Laplace는 결정론적 우주에 대한 소론을 책으로 출판했다. 어느 특정 순간에 우주 안에 있는 모든 사물의 위치와 속도, 그리고 그것에 작용하는 힘을 알 수 있다면, 모든 미래에 대해 이들 값을 정확히 계산할 수 있다는 것이다. 다시 말해, 우주와 그 안에 들어 있는 모든 사물의 미래가 완전히 결정되어 있다는 것을 말한다. 하지만 카오스이론은 이 우주가 그보다는 훨씬 복잡하다는 것을 보여준다.

실제 세계에서는 모든 위치, 속도, 힘을 정확하게 아는 것이 불가능하다. 그러나 라플라스의 신념은 어느 한순간에 그 근사치를 알 수 있다면, 우리가 예측하는 우주의 미래도 결국 실제와 크게 다르지 않을 것이라는 믿음을 낳게 되었다. 이치에 맞는 생각이다. 단거리 육상선수가 0.1초 출발이 늦어졌다고 하면, 결승선을 통과할 때도 평소보다 0.1초 늦어질 것이 당연하기 때문이다. 결국 초기 조건에서의 아주 작은 차이는 그 후의 결과에서도 아주 작은 차이를 유발할 것이라는 믿음이 생겨났다. 그런데 카오스이론이 이런 생각을 뒤집어버렸다!

나비의 날갯짓도 무시할 수는 없다

나비효과는 초기 조건이 조금만 달라져도 기존 예측과 대단히 다른 결과가 나타날 수 있음을 보여준다. 유럽의 날씨가 아주 화창할 것이라고 예보했다 해도, 나비

timeline

서기 1812년
라플라스, 결정론적 우주에 대한 소론을 쓰다.

1889년
푸앵카레, 스웨덴 오스카 왕에게서 상을 받기도 했던 자신의 삼체문제 연구에서 카오스를 만나다.

한 마리가 남미에서 날개를 퍼덕거리면 지구 반대편인 유럽에 폭풍우를 몰고 올 수도 있다. 나비의 퍼덕거림은 기압을 아주 살짝 바꾸어놓게 되는데, 이 때문에 날씨 패턴이 처음에 예보했던 것과 완전히 달라질 수 있기 때문이다.

아주 간단한 기계적 실험으로 이 아이디어를 표현할 수 있다. 핀보드 상자 꼭대기에 있는 구멍으로 공을 떨어뜨리면 공은 만나는 핀에 의해 이쪽, 아니면 저쪽 방향으로 튕겨나가면서 바닥 칸으로 떨어질 것이다. 그렇다면 그와 똑같은 공을 똑같은 위치, 똑같은 속도로 다시 떨어뜨리는 것을 시도해볼 수 있다. 이것을 대단히 '정확하게' 할 수만 있다면 라플라스의 생각처럼 그 공이 그리는 궤적도 처음과 똑같은 형태가 나올 것이다. 처음 떨어뜨렸던 공이 오른쪽에서 세 번째 칸에 떨어졌다면, 이번에 떨어뜨리는 공도 마찬가지로 같은 위치에 떨어질 것이다.

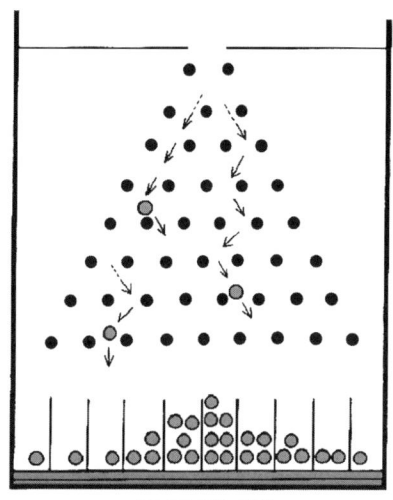

핀보드 상자 실험

하지만 그 공을 정확히 똑같은 위치, 똑같은 속도와 힘으로 떨어뜨리는 것은 당연히 불가능하다. 실제로는 측정조차 불가능할 정도일지언정 아주 미세한 차이라도 생기기 마련이다. 하지만 그 미세한 차이로 인해 공은 아주 다른 경로를 따라 바닥으로 떨어질 것이고, 결국 다른 칸으로 들어갈 가능성이 크다.

불규칙한 운동의 원인

자유진자는 가장 간단하게 분석할 수 있는 역학계 중 하나이다. 진자는 앞뒤로 흔들리면서 차츰 에너지를 잃는다. 수직선

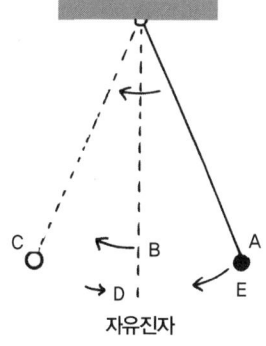

자유진자

1961년
로렌츠, 나비효과를 목격하다.

1971년
로버트 메이Robert May, 인구 모델에서 카오스를 연구하다.

2004년
영화 〈나비효과〉로 카오스이론이 대중문화 속으로 파고들다.

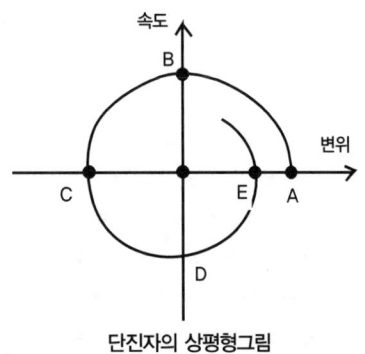

단진자의 상평형그림

에서 멀어지는 변위(위치 변화)와 각속도(회전속도)가 차츰 줄어들어 결국 추는 진동을 멈추게 된다.

추의 움직임을 상평형그림$^{\text{Phase diagram}}$에 그려볼 수 있다. 수평축은 각변위$^{\text{Angular displacement}}$를 나타내고, 수직축은 속도를 나타낸다. 추를 처음 놓는 지점은 양의 수평축 위의 점 A로 잡는다. 점 A에서 변위는 최대가 되고, 속도는 0이 된다. 추가 수직선을 지나는 순간(변위가 0이 되는 순간) 속도는 최대가 되고, 상평형그림에서는 점 B에 위치한다. 점 C에 도달하면 추는 반대편으로 제일 멀리 벗어나서, 변위 값은 음수가 되고 속도는 0이 된다. 추는 다시 D를 통과해서 되돌아오고 점 E에서 한 진동을 마무리한다. 상평형그림에서 보면 이것은 360도로 원을 그리며 돈다. 하지만 진동의 폭이 차츰 줄어들기 때문에 점 E는 점 A보다 안쪽에 자리 잡는다. 추의 진동이 점차 작아짐에 따라 이 위상그림$^{\text{Phase portrait}}$은 나선을 그리며 원점을 향해 움직이고 결국 진자는 멈추게 된다.

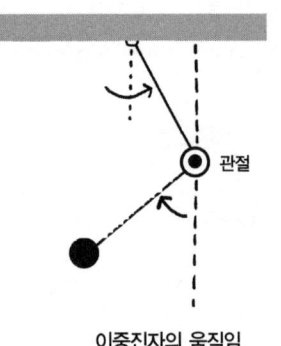

이중진자의 움직임

관절로 연결된 두 개의 막대 끝에 추가 연결되어 있는 이중진자의 경우에는 사정이 다르다. 변위가 작을 때는 이중진자의 움직임도 단진자의 움직임과 비슷하다. 그러나 변위가 커지면 추는 진동하다가 회전하기도 하며 불규칙하게 움직이고 중간 관절을 중심으로 생기는 변위는 무작위해 보인다. 운동에 힘을 보태주지 않으면 이 추도 결국에는 멈추게 되지만 이 행동을 기술하는 곡선은 단진자에서 보였던 질서정연한 나선과는 거리가 아주 멀다.

혼돈의 구역 속으로

카오스의 특성은 결정론적인 계^{System}가 무작위적인 행동을 하는 것으로 보인다는 점이다. 예를 들어보자. 이번에 들 예는 반복 공식 a × p × (1 − p)로, 여기서 p는 인구 비율을 의미하며 0과 1 사이의 값을 갖는다. p값이 0과 1 사이에 머물기 위해서는 a의 값이 0과 4 사이에 있어야 한다.

a = 2일 때의 인구 모델을 구축해보자. 시간이 0(time = 0)일 때, p의 초기값을 0.3으로 잡으면 time = 1일 때의 인구는 p = 0.3을 a × p × (1−p)에 대입한 값인 0.42가 된다. 전자계산기를 이용하여 이번에는 p = 0.42를 대입해보자. 그 값은 0.4872가 나온다. 이런 식으로 진행하면 인구가 어떻게 변화하는지 알아낼 수 있다. 이 경우 인구는 p = 0.5라는 수로 빠르게 안정된다. a값이 3보다 작은 경우에는 언제나 이렇게 안정된 값으로 수렴한다.

이제 허용 가능한 가장 큰 값에 가까운 수치인 3.9를 a값으로 선택해보자. 그리고 인구의 초기값을 마찬가지로 p = 0.3으로 놓고 똑같은 과정을 진행해 보자. 그러면 인구는 하나의 수로 정착하지 못하고 제멋대로 오르락내리락거리는 것을 볼 수 있다. 이것은 a의 값이 '혼돈의 구역'에 들어 있기 때문이다. a값이 3.57보다 크면 혼돈의 구역에 들어간다. 더욱이 인구의 초기값을 0.3에 가까운 p = 0.29로 잡으면, 인구 변화 패턴은 처음 몇

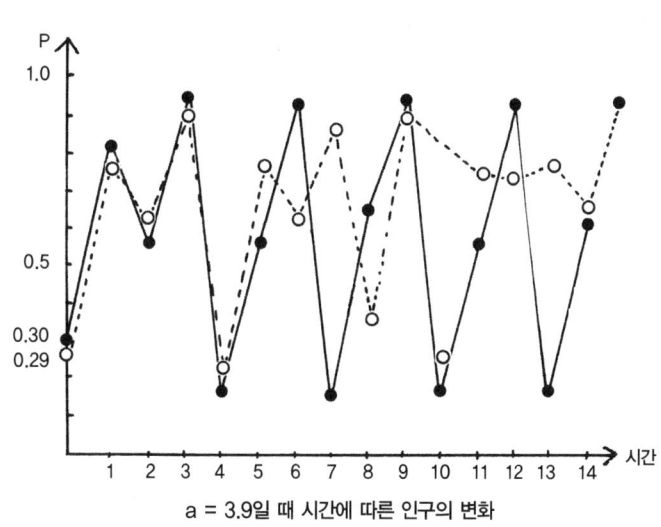

a = 3.9일 때 시간에 따른 인구의 변화

단계까지는 0.3일 때의 패턴을 비슷하게 따르다가 점차 완전히 다른 형태로 벗어나게 된다. 이것이 바로 1961년에 에드워드 로렌츠Edward Lorenz가 겪었던 일이다.

일기를 정확히 예측할 수 있을까?

아무리 강력한 컴퓨터를 이용해도 정확한 일기예보는 고작 며칠을 넘기기 힘들다는 것을 우리는 잘 안다. 그리고 겨우 며칠 앞을 내다본 일기예보도 빗나가기 일쑤여서 실망스러울 때가 많다. 그 이유는 일기를 지배하는 방정식이 비선형이기 때문이다. 비선형 방정식은 여러 가지 변수를 포함하고 있을 뿐만 아니라, 그 변수들 간에도 서로 곱하기가 이루어진다.

일기예보 수학의 기반이 되는 이론은 1821년 프랑스의 공학자 클로드 나비에Claude Navier와 1845년 영국의 수리물리학자 조지 스토크스George Gabriel Stokes에 의해 독립적으로 연구되었다. 그 결과로 탄생한 나비에-스토크스 방정식(점성을 가진 유체에 대한 일반적인 운동방정식)에 과학자들은 아주 관심이 많았다. 매사추세츠 케임브리지의 클레이 수학연구소Clay Mathematics Institute에서는 이 방정식의 비밀을 푸는 수학이론을 만드는 것에 백만 달러의 상금을 걸었다. 이 방정식을 유체흐름 문제에 적용한 결과, 고르게 움직이는 대기권 상층에 대해 많은 것이 밝혀지게 되었다. 하지만 지표면 근처에서의 공기흐름은 난류를 비롯한 혼돈스러운 결과를 만들어내기 때문에 그에 따른 공기의 행동양식도 대부분 알아내기가 어렵다.

선형 방정식 체계에 대해서는 많은 것을 알고 있는 반면, 나비에-스토크스 방정식은 비선형 항을 포함하고 있기 때문에 풀기가 여간 어려운 것이 아니다. 사실상 이 방정식을 푸는 유일한 방법은 수치를 대입해서 강력한 컴퓨터로 직접 계산해보는 수밖에 없다.

혼돈 속의 규칙적인 혼돈

동적 체계는 자신의 상평형그림에서 위상그림을 끌어당기는 '끌개Attractor'를 갖고 있는 것으로 생각할 수 있다. 단진자의 경우에는 추가 최종적으로 향하고 있는 한 점이 끌개이고, 그 한 점은 바로 원점 위에 놓여있다. 이중진자의 경우에는 좀더 복잡하지만, 심지어 여기에서도 위상그림은 어느 정도 규칙성을 보여주고 상평형그림 속 점의 집합을 향해 끌리게 될 것이다. 이런 체계의 경우에는 이 점들의 집합이 프랙탈('프랙탈' 참고)을 형성하기도 한다. 이것을 '이상한' 끌개라고 부르며, 명확한 수학적 구조를 가지게 될 것이다. 따라서 카오스라는 말처럼 모든 것이 꼭 뒤죽박죽인 것은 아니다. 새로운 카오스이론에 따르면 그것은 그다지 혼돈스럽지 않은, '규칙적인' 혼돈이다.

기상학에서 수학으로

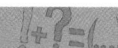

나비효과는 1961년경에 우연히 발견되었다. MIT의 기상학자 에드워드 로렌츠가 컴퓨터 작업 중에 커피를 한 잔 가지러 갔다 돌아와 보니 예상치 못한 일이 일어나 있었다. 그는 흥미로운 날씨 그래프가 있어서 그것을 다시 컴퓨터로 그려내려고 했던 것인데, 알아볼 수 없는 엉뚱한 그래프가 만들어져 있었던 것이다. 초기값을 똑같이 입력했으니까 그림도 똑같이 그려져 나와야 하는데 참으로 이상한 일이었다. 그는 고물 컴퓨터를 버리고 더 믿을만한 것으로 바꿔야 하나 하는 생각도 했다.

좀 생각을 해보니 그는 초기값을 입력한 방식에 조금 차이가 있었음을 알아냈다. 처음에 초기값을 입력할 때는 소수 여섯 자리까지 입력했으나, 다시 입력할 때는 귀찮아서 소수 세 자리까지만 입력했던 것이다. 이런 불일치를 설명하기 위해 그는 '나비효과'라는 용어를 만들어냈다. 이런 발견이 있은 후로 그의 관심은 자연히 수학으로 옮겨지게 되었다.

평행선 공준

이 극적인 이야기는 간단한 기하학 시나리오에서 출발한다. 직선 *l*과 그 위에 있지 않은 점 p를 상상해보자. 직선 *l*에 평행하면서 점 p를 통과하는 직선을 몇 개나 그릴 수 있을까? 양쪽으로 아무리 늘려도 절대로 직선 *l*과 만나지 않으면서 점 p를 통과하는 직선은 딱 하나밖에 없다는 것은 당연한 사실 아닌가? 이것은 너무도 자명해 보이고 흔히 알고 있는 상식과도 완전히 부합한다. 알렉산드리아의 유클리드는 기하학의 기본 토대인 『원론』에서 이것을 변형한 내용을 기본 공준 중 하나로 포함시켰다.

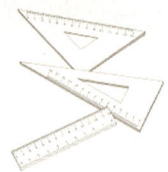

상식이라고 해서 언제나 믿을만한 것은 아니다. 여기서 우리는 유클리드의 가정이 수학적으로 의미가 있는 것인지 살펴보아야 한다.

유클리드의 『원론』

유클리드의 기하학은 기원전 3세기경에 쓰인 『원론』 13권에 나와 있다. 이 책은 역사상 가장 영향력 있는 수학교과서 중 하나로, 그리스의 수학자들은 이 책을 두고 기하학을 체계적으로 집대성한 최초의 책이라고 늘 일컬었다. 후대의 학자들은 당시에 남아있던 원고들을 보며 이 책을 연구하고 번역했으며, 어디를 가도 이 책은 기하학이란 어떠해야 하는가를 보여주는 귀감으로 칭송받으며 대대로 전수되었다.

『원론』은 학교에서도 사용하게 되었고, 이 '신성한 책'에서 내용을 선별해 읽는 방식으로 학생들에게 기하학을 가르쳤다. 하지만 이런 방법은 아주 어린 학생들에게는 적합하지 않은 것으로 드러났다. 시인 힐튼 A.C. Hilton 은 다음과 같이 빈정댔다. "사람들이 그걸 몽땅 외워서 적기는 했지만, 제대로 적지는 않았다 Though they wrote it all

timeline

기원전 3세기
유클리드, 『원론』에 평행선 공준을 포함시키다.

1829~1831년
로바쳅스키와 보야이, 쌍곡기하학에 대한 자신의 연구를 내놓다.

by rote, they did not write it right." 유클리드의 책은 어른을 위한 것일 뿐, 아이를 위한 것은 아니라고 말할 수도 있겠다. 영국의 학교에서는 교과과정의 한 과목으로서 이 책이 미치는 영향력이 19세기를 정점으로 내리막길을 걷게 되었다. 그러나 수학자들에게는 오늘날까지도 여전히 시금석으로 남아있다.

유클리드의 『원론』을 주목할 만하게 만드는 것은 바로 그 스타일이었다. 이 책의 업적은 명제를 차례차례 증명해나가는 과정으로 기하학을 표현했다는 점이다. 셜록 홈즈라면, 분명하게 기술된 공준에서 논리적으로 전개해나가는 그 추론 체계에 경의를 표하면서, 그것이 '감정에 좌우되지 않는 냉정한 체계'라는 데 공감하지 못하는 왓슨 박사에게 핀잔을 줬을지도 모를 일이다.

유클리드 기하학의 체계는 공준 Postulates에 기반하고 있으나, 이것만으로는 충분하지 않았다. 유클리드는 '정의'와 '공리 Common notion'를 추가했다. 정의에는 '점이란, 부분이 없는 것이다', '선이란, 폭이 없는 길이다'와 같은 선언이 들어간다. 공리에는 '전체는 부분보다 크다', '동일한 것과 같은 것은 서로 같다' 등의 내용이 들어간다. 19세기 말 전에는 여기에 유클리드가 무언가 암묵적인 가정을 깔아놓았다는 사실을 아무도 눈치채지 못했다.

> **유클리드의 공준**
>
> 수학의 한 가지 특징은 몇 개의 가정만으로 광범위한 이론을 만들어낼 수 있다는 점이다. 유클리드의 공준이 그 좋은 예로, 후에 나올 공리계를 위한 모델을 제시해주었다. 그가 내세운 다섯 가지 공준은 다음과 같다.
>
> 1. 임의의 한 점에서 다른 임의의 한 점으로 직선을 그릴 수 있다.
> 2. 길이가 유한한 선분을 무한히 확장하여 직선을 만들 수 있다.
> 3. 임의의 한 점을 중심으로 임의의 길이를 반지름으로 하는 원을 만들 수 있다.
> 4. 모든 직각은 서로 같다.
> 5. 한 직선이 두 직선과 만나서 생기는 같은 쪽 내각의 합이 두 직각의 합보다 작을 때, 두 직선은 그쪽에서 만난다.

제5공준, 결국 다시 제자리로

『원론』이 처음 등장한 이후로 이천 년이 넘는 세월 동안 논쟁을 불러일으킨 것

1854년
리만, 기하학의 토대에 대해 강의하다.

1872년
클라인, 군론을 통해 기하학을 통합하다.

1915년
아인슈타인, 리만기하학을 바탕으로 일반상대성이론을 내놓다.

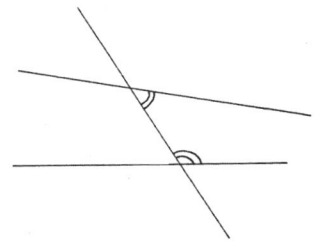

은 바로 유클리드의 제5공준이었다. 문장의 스타일만 봐도 제5공준은 너무도 장황하고 꼴사나워서 다른 공준들과 어울릴 만하지 않았다. 유클리드 자신도 이 공준을 맘에 들어 하지 않았지만, 명제를 증명하는 데에 필요했기 때문에 포함시킬 수밖에 없었다. 그는 다른 공준으로부터 이것을 증명하려고 애써봤지만 결국엔 실패하고 말았다.

그후로 수학자들은 이것을 증명하거나, 더 간단한 공준으로 대체하려고 노력했다. 1795년에 존 플레이페어 John Playfair 는 이것을 다른 형태의 진술로 대체하였고, 인기를 얻게 되었다. 그것은 다음과 같다. '직선 l과 그 직선을 지나지 않는 점 p가 있을 때 p를 지나면서 l과 평행한 직선은 유일하다.' 그와 비슷한 시기에 앙드리앵 마리 르장드르 Adrien-Marie Legendre 는 내각의 합이 180도인 삼각형의 존재를 주장했는데, 이것도 제5공준을 대체할 수 있는 것이었다. 제5공준의 이 새로운 형태들은 인위적이라는 거부감을 어느 정도 피할 수 있었다. 유클리드가 제시했던 거추장스러운 형태보다 훨씬 받아들이기가 쉬웠던 것이다.

어려운 일이긴 하나 제5공준에 대한 증명으로 이것을 공격하려는 시도도 많았다. 이 일에 매달리는 사람들에게 이는 대단히 매력적인 유혹이었다. 만약 이 증명을 찾아낼 수만 있다면, 이 공준은 하나의 정리가 되고 유클리드 기하학의 최전선에서 한 발 뒤로 물러나게 될 것이었다. 불행하게도 이 증명을 찾아내려는 모든 시도는 순환논법에 빠질 수밖에 없었다. 논증을 위해 도입한 가정들이 알고보면 증명하려는 그 명제의 다른 모습이었던 것이다.

대사건, 비유클리드 기하학

돌파구가 마련된 것은 가우스, 야노스 보야이 János Bolyai, 니콜라이 로바쳅스키

Nicolai Ivanovitch Lobachevsky의 연구 덕분이었다. 가우스는 자신의 연구를 공표하지 않았지만, 그가 1817년에 독자적으로 결론에 도달했던 것은 분명해 보인다. 보야이는 1831년에 연구를 발표했고 로바쳅스키는 그와는 독립적으로 1829년에 발표했다. 때문에 두 사람 간에는 누가 먼저 그것을 발견했는가를 두고 분쟁이 일어나기도 했다. 그들은 제5공준을 부정한 것을 나머지 네 공준과 함께 묶어도 모순 없는 체계가 가능하다는 것을 증명해냈다.

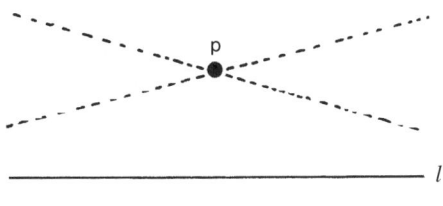

보야이와 로바쳅스키는 직선 *l*과 만나지 않으면서 점 p를 통과하는 직선을 하나보다 많이 허용함으로써 새로운 기하학을 구축했다. 어떻게 그럴 수가 있을까? 오른쪽 그림을 보면 점선은 분명 직선 *l*과 만나고 있다. 그런데 이것을 인정한다면 당신도 모르는 사이에 유클리드의 세계관으로 빠져들고 있는 것이다. 이 그림은 속임수에 불과하다. 보야이와 로바쳅스키가 제안하고 있는 것은 유클리드의 상식적인 기하학을 따르지 않는 새로운 종류의 기하학이기 때문이다. 사실, 그들이 내놓은 비유클리드 기하학은 지금은 의구면 Pseudosphere으로 알려진 곡면 위의 기하학이라 생각할 수 있다.

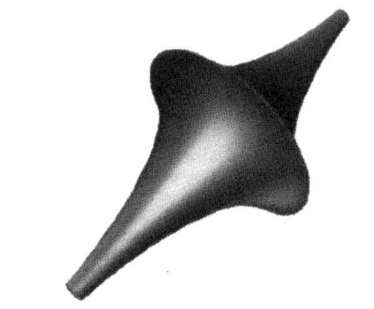

의구면 위의 두 점 사이를 잇는 최단경로는 유클리드 기하학에서의 직선과 똑같은 역할을 한다. 이 비유클리드 기하학에서 가장 신기한 점 중에 하나는 삼각형 내각의 합이 180도보다 작다는 것이다. 이런 기하학을 쌍곡기하학Hyperbolic geometry이라고 한다.

제5공준을 대체할 수 있는 또 다른 공준은 'p를 지나는 모든 직선이 직선 *l*과 만난다'는 것이다. 다른 말로 하면, 점 p를 지나면서 직선 *l*과 평행한 직선은 없다는 것이다. 이 기하학은 보야이와 로바쳅스키의 기하학과는 다르지만, 그럼에도 불구하고 분명 기하학이 맞다. 이 기하학의 한 모델로 들 수 있는 것은 구면기하학이다. 여기서는 대원Great circles(구의 둘레 길이와 같은 길이를 갖는 원)이 유클리드 기하학의 직선과 같은 역할을 한다. 이 비유클리드 기하학에서는 삼각형의 내각의 합이 180도보다 크다. 이것은 타원기하학Elliptic geometry이라고 부르며, 1850년대에 이를 연구했던 독일의 수학자 베른하르트 리만Bernhard Riemann과도 관련이 있다.

단 하나의 진정한 기하학으로 여겨졌던 유클리드의 기하학(임마누엘 칸트는 이것을 '인류의 머릿속에 각인된' 기하학이라고 했다)은 그 위치가 흔들리고 말았다. 쌍곡기하학과 타원기하학 사이에 샌드위치처럼 끼어있는 유클리드의 기하학은 이제 수많은 체계 중 하나에 지나지 않게 되었다. 이 서로 다른 버전들은 1872년에 펠릭스 클라인에 의해 하나로 통합되었다. 비유클리드 기하학의 도래는 수학계에서는 경천동지驚天動地의 대사건이었으며, 아인슈타인의 일반상대성이론('상대성이론' 참고)을 위한 기하학적 발판을 만들어주었다. 일반상대성이론은 새로운 종류의 기하학이 필요했는데, 그것은 휘어진 시공간의 기하학, 즉 리만기하학이었다. 사물이 아래로 떨어지는 이유를 설명하는 것은 이제 더 이상 뉴턴의 만유인력이 아니라 비유클리드 기하학이라 하겠다. 공간 속에 지구나 태양처럼 질량을 가진 물체가 놓이면 시공간은 그것을 휘게 만든다. 얇은 고무판 위에 구슬을 하나 올려놓으면 조금밖에 들어가지 않겠지만, 볼링공을 올려놓으면 고무판은 엄청나게 늘어나 처지게 될 것이다.

리만기하학으로 이 곡률을 계산해보면 질량이 있는 물체에 의해 빛이 어떻게 휘어질지를 예측할 수 있다. 시간을 독립적인 요소로 바라보는 평범한 유클리드 공간으로는 일반상대성이론을 설명하지 못한다. 그에 대한 한 가지 이유는 유클리드의 공간은 편평하여 곡률이 없기 때문이다. 책상 위에 놓인 종이 한 장을 생각해보자. 이 종이 위의 모든 점에서 곡률은 0이라고 할 수 있다. 리만기하학의 시공간에서는, 주름진 천의 곡률이 각 점마다 달라지는 것처럼 곡률이 끊임없이 변화한다는 개념이 밑바탕에 자리 잡고 있다. 이것은 마치 마음대로 휠 수 있는 거울을 바라보는 것과 비슷하다. 어떤 이미지를 보게 될지는 거울의 어느 부분을 보느냐에 달려 있다.

가우스가 1850년대에 젊은 리만을 보고 큰 감명을 받았던 것은 무리가 아니었다. 가우스는 당시 리만의 통찰로 인하여 공간의 '기본 원리' 자체에 혁명이 찾아오리라고 말하기까지 했다.

28 이산기하학 점, 선, 격자에 대한 이야기

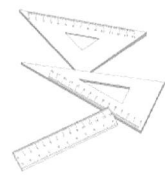

기하학은 가장 오래된 기술 중 하나다. 영어로 기하학을 뜻하는 'Geometry'를 말 그대로 이해하면 '지면^{Geo}'을 '측정^{Metry}'하는 기술을 의미한다. 일반적인 기하학에서는 연속적인 선과 입체를 연구한다. 이 선과 입체는 연속적으로 이웃해 있는 점들로 구성된 것이라 생각할 수 있다. 이산수학은 연속적으로 이어지는 실수가 아닌 정수를 다룬다. 이산기하학은 유한한 개수의 점과 선, 혹은 점으로 이루어진 격자를 포함할 수 있다. 연속성이 고립성으로 대체되는 것이다.

격자란 보통 좌표가 정수인 점들의 집합을 말한다. 이 기하학은 흥미로운 문제들을 제기하며 부호이론이나 과학실험의 설계 등 서로 상관이 없는 다른 영역들에 다양하게 적용된다.

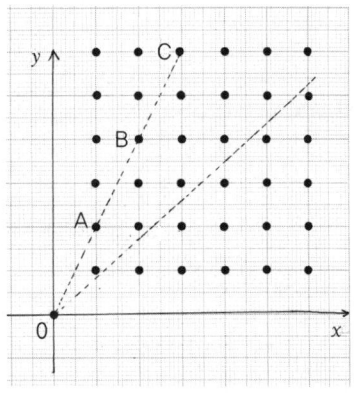

xy 축의 격자점들

빛을 쏘는 등대를 한번 살펴보자. 그 빛은 원점 O에서 뻗어나가고, 수평선과 수직선 사이를 훑으며 지나간다고 하자. 그러면 어느 빛줄기가 어느 격자점을 비추게 될까?(이 격자점들은 항구에 줄을 맞춰 정박하고 있는 배로 생각할 수 있다.)

원점을 지나는 빛줄기의 방정식은 $y = mx$이다. 이것은 원점을 지나고 기울기가 m인 직선의 방정식이다. 만약 빛줄기의 방정식이 $y = 2x$라면, 이 빛은 좌표가 $x = 1$이고 $y = 2$인 점을 비추게 될 것이다. 이 값은 방정식을 만족시키기 때문이다. 만약 빛줄기가 $x = a$이고 $y = b$인 격자점을 지난다면 기울기 m은 분수 $\frac{b}{a}$가 된다. 따라서 m이 유리수인 진짜 분수가 아니라면(예를 들어 $\sqrt{2}$ 같은 무리수라면) 빛줄기는 어떤 격자점도 비추지 않을 것

timeline

서기 1639년
파스칼, 겨우 16세의 나이로 파스칼의 정리를 발견하다.

1806년
브리앙숑, 파스칼의 정리의 쌍대정리를 발견하다.

이다.

$y = 2x$ 의 빛줄기는 좌표가 $x = 1, y = 2$인 점 A를 비추지만, 좌표가 $x = 2, y = 4$인 점 B를 비롯해서 점 A 뒤에 가려져 있는 다른 모든 점($x = 3, y = 6$인 점 C, $x = 4, y = 8$인 점 D 등)들은 비추지 못할 것이다. 원점에 선 채로 거기서 보이는 점들과 가려져 보이지 않는 점들을 확인하는 것으로 상상해볼 수도 있다.

원점에서 보이고 좌표가 $x = a, y = b$인 점의 좌표 값은 서로 소임을 증명할 수 있다. $x = 2, y = 3$인 점처럼 x, y의 최대공약수가 1인 점들이 이런 점에 해당한다. 이 점 뒤에 가리는 점들은 그 보이는 점의 좌표 값의 배수가 될 것이다. $x = 4, y = 6$, 혹은 $x = 6, y = 9$처럼 말이다.

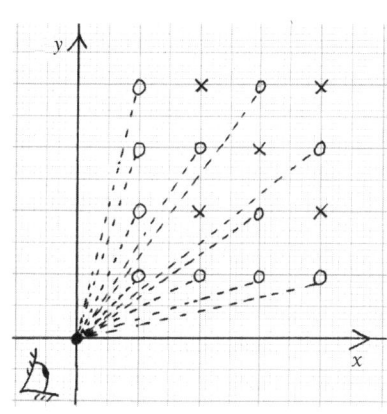

원점에서 보이는 점 O와 보이지 않는 점 ×

매혹적인 픽의 정리

오스트리아의 수학자 게오르크 픽^{Georg Pick}은 두 가지 일로 유명해졌다. 한 가지는 그가 아인슈타인의 친한 친구였고, 1911년에 젊은 과학자였던 아인슈타인을 프라하의 독일대학 교로 데려오는 데 일조했다는 사실이었다. 다른 한 가지는 1899년 망상기하학^{Reticular geometry}에 대한 짧은 논문을 낸 것이었다. 폭넓은 주제를 다룬 평생의 연구 끝에 그는 매혹적인 '픽의 정리'를 남겨 사람들의 기억에 남게 되었다. 이것은 정말 멋진 정리다!

픽의 정리를 이용하면 정수의 좌표를 가진 점들을 서로 이

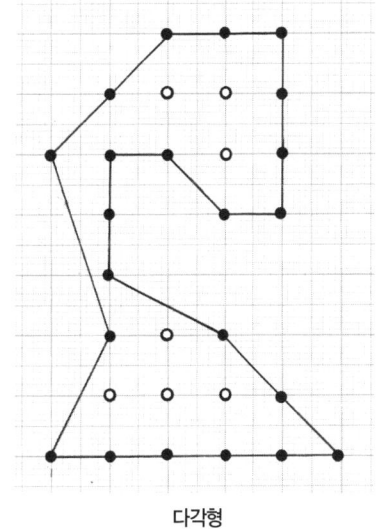

다각형

1846년
커크만, 슈타이너 세 짝 체계의 발견을 예상하다.

1892년
파노, 사영기하학의 가장 단순한 예인 파노평면을 발견하다.

1899년
픽, 다각형의 면적에 대한 픽의 정리를 발표하다.

어서 만들어진 다각형의 면적을 구할 수 있다. 이것은 핀볼의 수학이다.

다각형의 면적을 구하려면 경계선 위에 놓여있는 점 ●의 개수와 경계선 안에 있는 점 ○의 개수를 세어야 한다. 앞의 그림에서 보면 경계선 위에 놓여 있는 점은 b = 22개이고, 경계선 안에 있는 점은 c = 7개이다. 이것만 있으면 픽의 정리를 이용할 수 있다.

$$면적 = \frac{b}{2} + c - 1$$

이 공식을 이용해 이 다각형의 면적을 구해보면 $\frac{22}{2} + 7 - 1 = 17$, 즉 17제곱단위임을 알 수 있다. 이와 같은 방식으로 간단히 면적을 구할 수 있다. 픽의 정리는 경계선이 서로 교차하지 않는다는 조건만 만족하면, 좌표가 정수인 이산점 Discrete point 을 이어서 만든 다각형에는 어느 것이든지 적용 가능하다.

놀라운 파노평면

파노평면의 기하학은 픽의 정리와 거의 비슷한 시기에 발견되었으나, 이것은 무언가를 측정하는 일과는 전혀 관련이 없는 기하학이다. 유한기하학 연구의 선구자였던 이탈리아의 수학자 지노 파노 Gino Fano의 이름을 딴 파노평면은 사영기하학 Projective geometry의 가장 간단한 예이다. 파노평면에는 점 7개와 선 7개밖에 없다.

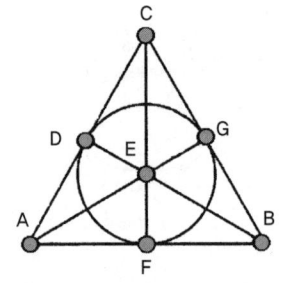

파노평면

점 7개에는 A, B, C, D, E, F, G라는 이름을 붙였다. 그런데 7개의 선 중 6개는 쉽게 가려낼 수 있지만, 7번째 선은 대체 어디에 있는 것일까? 이 기하학의 특성과 도형 구성 방식의 한계 때문에 7번째 선은 DFG, 즉 점 D, F, G를 지나는 원으로 다룰 수밖에 없다. 이산기하학에서는 선이 상식적인 의미의 직선일 필요가 없기 때문에 이것은 하등의 문제가 되지 않는다.

이 간단한 기하학은 많은 특성을 품고 있다. 예를 들면 다음과 같다.

- 모든 점의 쌍은 양 점을 동시에 지나는 한 선을 결정한다
- 모든 선의 쌍은 양 선 위에 동시에 놓인 한 점을 결정한다

이 두 특성은 이런 종류의 기하학에서 나타나는 놀라운 쌍대성Duality을 보여준다. 첫 번째 특성에서 '점'과 '선'을 뒤바꾸면 두 번째 특성이 되고, 마찬가지로 두 번째 특성을 똑같은 방식으로 뒤바꾸면 첫 번째 특성이 된다.

쌍대성이 있는 경우에는 참인 진술 어느 것에서든 두 단어를 뒤바꾼 뒤 그에 어울리게 말만 조금 다듬어주면 또 다른 참의 진술을 만들 수 있다. 사영기하학은 대단히 대칭적이다. 유클리드 기하학은 그렇지 않다. 유클리드 기하학에서는 결코 만나지 않는 평행선이 존재하며, 평행의 개념이 무엇인지 말하라고 하면 막히지 않고 이야기를 풀어나갈 수 있다. 하지만 사영기하학에서는 이것이 불가능하다. 사영기하학에서는 모든 선의 쌍은 한 점에서 만난다. 수학자들에게 있어 이것은 사영기하학이 유클리드 기하학을 포괄하는 더 일반적인 기하학임을 의미한다.

파노평면에서 선 하나와 그 위의 점들을 제거하면 우리는 다시 한번 평행선이 존재하는 비대칭 유클리드 기하학의 세계로 들어서게 된다. 둥근 선 DFG를 제거해서 유클리드식 도형을 그렸다고 가정해보자.

선 하나를 제거했으므로 이제 선은 AB, AC, AE, BC, BE, CE, 이렇게 6개다. 이제는 서로 '평행'인 선의 쌍이 존재한다. 예를 들면 AB와 CE,

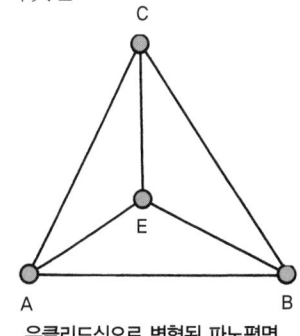

유클리드식으로 변형된 파노평면

AC와 BE, 그리고 BC와 AE 등이다. 선 AB와 CE처럼, 서로 공유하는 점이 없으면 만나지 않는다는 의미에서 평행이라고 한다.

파노평면은 수많은 아이디어 및 적용분야와 관련되어 있기 때문에 수학에서 상징적인 위치를 차지하고 있다. 파노평면은 토머스 커크먼^{Thomas Kirkman}의 여학생 문제('순열과 조합' 참고)를 해결하는 한 열쇠다. 파노평면은 '슈타이너 세 짝 체계^{Steiner triple system ; STS}'라는 변화무쌍한 예로도 등장한다. STS는 주어진 유한한 개수의 객체 n개를 한 블록에 3개씩 들어가도록 나누되, n개의 객체에서 꺼낸 모든 쌍이 각각 정확히 한 블록 안에만 들어가게 하는 방법이다. 7개의 객체 A, B, C, D, E, F, G가 주어졌을 때, STS 안에 들어가는 블록은 파노평면의 선에 해당한다.

서로 쌍대적인 두 정리

파스칼의 정리와 브리앙송의 정리는 연속기하학과 이산기하학 사이의 경계에 자리 잡고 있다. 이 둘은 서로 다르면서도 연관이 되어있다. 파스칼의 정리는 1639년 당시 16살에 불과했던 블레즈 파스칼이 발견했다. 원을 잡아서 늘린 타원형('곡선' 참고) 위에 점을 6개 표시하고, 그것을 A_1, B_1, C_1, 그리고 A_2, B_2, C_2라고 부르자. 선분 A_1B_2와 A_2B_1이 만나는 점을 P, A_1C_2가 A_2C_1과 만나는 점을 Q, B_1C_2가 B_2C_1과 만나는 점을 R이라고 하자. 파스칼의 정리에 따르면 점 P, Q, R은 한 직선 위에 놓인다.

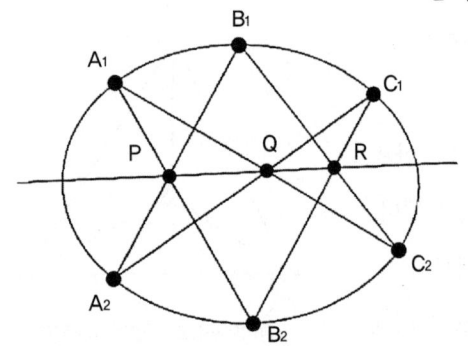

파스칼의 정리

파스칼의 정리는 점을 타원 위의 어느 곳에 잡아도 성립한다. 사실 타원형을 포물선, 원, 쌍곡선 같은 다른 원뿔곡선이나, 심지어는 한 쌍의 직선(이 경우에 만들어지는 형상은 '실뜨기 모양

Cat's cradle'이라고 부른다)으로 대체해도 이 정리는 여전히 성립한다.

브리앙송의 정리는 그보다 훨씬 뒤에, 프랑스의 수학자이자 화학자였던 샤를 쥘리앙 브리앙송Charles-Julien Brianchon이 발견하였다. 이제 타원에 접하는 6개의 접선을 그리고 그 선을 각각 a_1, b_1, c_1, 그리고 a_2, b_2, c_2라고 부르자. 그리고 그 다음에는 그 선들이 만나서 생기는 점들을 잇는 세 대각선 p, q, r을 정의할 수 있다. 여기서 p는 a_1과 b_2가 만나는 점과 a_2와 b_1이 만나는 점을 잇는 선이고, q는 a_1과 c_2가 만나는 점과 a_2와 c_1이 만나는 점을 잇는 선이며, r은 b_1과 c_2가 만나는 점과 b_2와 c_1이 만나는 점을 잇는 선이다. 브리앙송의 정리에 따르면 이 세 선 p, q, r은 한 점에서 만난다.

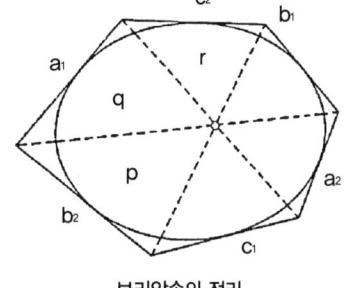

브리앙송의 정리

이 두 정리는 서로 쌍대적이며, 사영기하학의 정리가 쌍으로 나타나는 하나의 예이다.

그래프 종이와 펜만 있으면 예측 가능!

수학에서는 두 가지 종류의 그래프가 있다. 하나는 학교에서 변수 x와 y의 상관관계를 보여줄 때 그렸던 곡선이고, 다른 하나는 좀 더 근래에 나온 것으로, 여기서는 점들을 구불구불한 선으로 연결해서 표현한다.

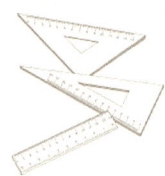

쾨니히스베르크(지금의 칼리닌그라드)는 프레겔 강을 가로지르는 일곱 개의 다리로 유명했던 동프로이센의 도시다. 저명한 철학자 임마누엘 칸트의 고향이기도 한 이 도시와 그 다리들은 유명한 수학자 레온하르트 오일러와도 관련이 있다.

18세기에 이 다리들과 관련된 재미있는 질문이 제기되었다. 각각의 다리들을 정확히 한 번씩만 가로질러 모두 건너갈 수 있을까? 처음 출발했던 장소로 돌아올 필요는 없지만 각각의 다리는 반드시 한 번씩만 건너야 한다.

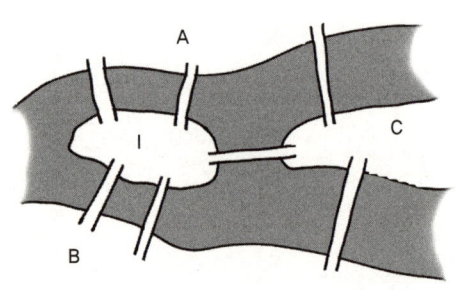

1735년에 오일러는 러시아 학사원에 자신의 해법을 제출했고, 이제는 이것을 현대 그래프이론의 효시로 여기고 있다. 이 다리 지형을 반쯤 추상화해서 그림으로 나타내고, 강 가운데 있는 섬은 I, 강둑은 각각 A, B, C로 나타내보자. 각각의 다리를 한 번씩만 건너도록 하는 일요일 한낮의 산책 코스를 잡을 수 있겠는가? 연필을 들어 직접 시도해보기 바란다. 여기서 가장

timeline

서기 1735년
오일러, 쾨니히스베르크의 다리 건너기 문제를 풀다.

1874년
칼 쇼를레머 Carl Schorlemmer, 화학과 '트리'를 연관시키다.

중요한 과정은 반쯤 추상화된 그림에서 탈피해 완전히 추상화된 도식으로 넘어가는 것이다. 이 과정에서 점과 선으로만 그린 그래프를 얻을 수 있다. 육지는 '점'으로 표현하고, 육지를 연결하는 다리는 '선'으로 표시한다. 선이 직선이 아니고 길이가 서로 다르다는 것은 신경 쓰지 않아도 되는 부분이다. 그것은 별로 중요하지 않다. 여기서는 연결관계만 중요하다.

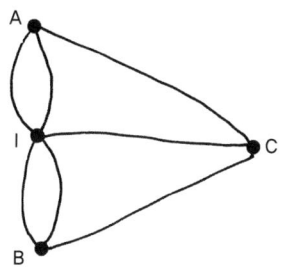

오일러는 처음 걷기 시작하는 곳과 마지막 도착하는 곳을 제외하면, 다리를 건너 육지에 닿을 때마다 전에 건너지 않은 다리를 건너 그곳을 떠날 수 있어야 한다는 것을 갈파했다.

이 생각을 추상적 그림으로 옮기면, 한 점에서 만나는 선이 반드시 쌍으로 존재해야 한다는 말이 된다. 다리를 한 번씩만 건너기 위해서는 걷기 시작하는 곳과 도착하는 곳을 상징하는 두 점을 제외하고는, 각각의 점에 연결된 선의 개수는 짝수가 되어야 한다.

한 점에서 만나는 선의 개수를 그 점의 '차수^{Degree}'라고 한다.

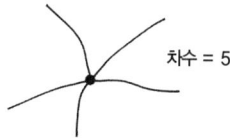

오일러의 정리를 정리하면 다음과 같다.

"최대 2개를 제외하고 나머지 모든 점들의 차수가 짝수이면 한 마을의 다리를 정확히 한 번씩 건널 수 있다."

1930년
쿠라토프스키, 평면그래프 정리를 증명하다.

1935년
게오르그 폴리아$^{George\ Pólya}$, 그래프를 대수학으로 보고 계산하는 방법을 발전시키다.

1999년
에릭 레인스$^{Eric\ Rains}$와 닐 슬로언$^{Neil\ Sloane}$, 트리 종류를 더 많이 세다.

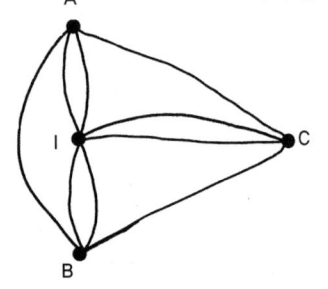

쾨니히스베르크의 다리를 나타내는 그래프를 보면, 모든 점의 차수가 홀수이다. 이것은 각각의 다리를 한 번씩만 건너서는 모든 다리를 건너는 것이 불가능함을 의미한다. 만약 다리의 구성이 바뀌면 그렇게 건너는 것이 가능해질 수 있다. 만약 섬 I와 강둑 C 사이에 다리를 새로 지으면 I와 C의 차수는 모두 짝수가 된다. 이것은 A에서 출발해 모든 다리를 한 번씩만 건넌 후 B에서 산책을 마칠 수 있다는 의미다. 만약 A와 B 사이에도 다리를 짓는다면(왼쪽 그림), 모든 점의 차수가 짝수가 되기 때문에 어디서 시작해도 처음 시작한 점에서 산책을 마무리할 수 있게 된다.

악수 정리란?

차수가 홀수인 점을 세 개 포함하고 있는 그래프를 그리려고 하면 문제가 생긴다. 한번 시도해보라. 이것이 불가능한 이유는 다음과 같다.

"어떤 그래프에서든 차수가 홀수인 점의 개수는 짝수여야 한다."

이것은 악수 정리Hand-shaking theorem로, 그래프이론에서 가장 기초적인 정리이다. 어떤 그래프든 간에 모든 선에는 시작과 끝이 있다. 다른 말로 하면, 악수를 하려면 반드시 두 사람이 있어야 한다는 것이다. 따라서 전체 그래프에 대한 모든 점의 차수를 더하면 짝수가 나와야 한다. 이때 그 값을 N이라 하자. 그리고 차수가 홀수인 점의 개수를 x라 하고, 차수가 짝수인 점의 개수는 y라 하자. 그리고 차수가 홀수인 모든 점의 차수를 더한 값을 N_x라 하고, 차수가 짝수인 모든 점의 차수를 더한 값을 N_y라 하면, N_y는 짝수가 된다. 따라서 $N_x + N_y = N$이고, $N_x = N - N_y$가 된다. N과 N_y가 모두 짝수이므로, N_x도 짝수이다. 하지만 홀수인 차수를 홀수인 개수만큼 더하면 홀수가 나올 것이므로, x 자체는 홀수가 될 수 없다. 따라서 x는 짝수여야만 한다.

비평면 그래프란?

공공설비 문제Utilities problem는 오래된 수수께끼이다. 세 가구에서 가스, 전기, 물, 이렇게 세 가지 공공서비스를 이용한다고 가정해보자. 각각의 집을 각각의 공공서비스와 연결하면 된다. 하지만 한 가지 단서가 있다. 연결하는 선이 서로 겹쳐서는 안 된다.

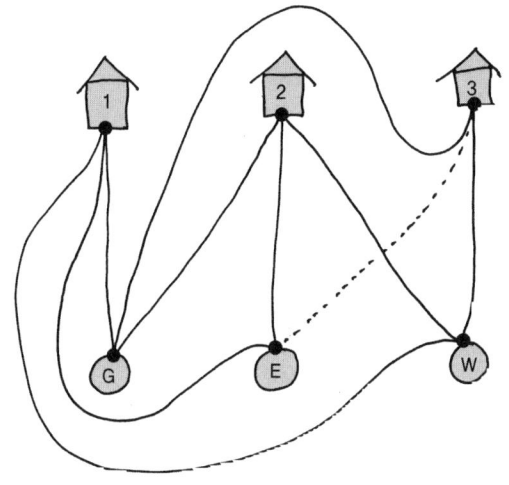

사실, 이것은 불가능한 일이다. 선 아홉 개로 세 점을 다른 세 점에 연결하는 것은 모든 방법을 다 동원해봐도 선을 겹치지 않고서는 불가능하다. 이런 그래프를 비평면 그래프라고 부른다. 이 공공설비 그래프는 다섯 점을 연결하는 모든 선으로 만들어진 그래프와 함께 그래프이론에서 특별한 위치를 차지하고 있다. 1930년 폴란드의 수학자 카지미에시 쿠라토프스키Kazimierz Kuratowski는, 어떤 그래프가 평면 그래프가 되기 위해서는 위의 두 그래프 중 어느 하나라도 그 부분 그래프로 들어가 있으면 안 된다는 놀라운 정리를 증명해냈다. 여기서 부분 그래프란 본 그래프 안에 들어 있는 그보다 작은 그래프를 말한다.

트리는 사이클이 없는 그래프

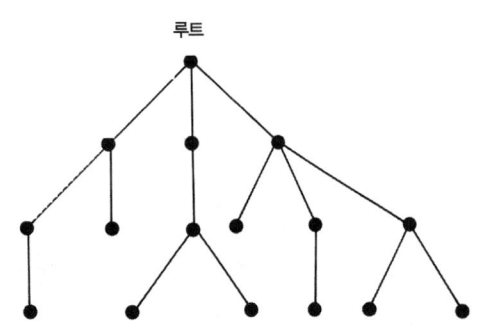

루트

'트리Tree'는 공공설비 그래프나 쾨니히스베르크 그래프와는 아주 다른 특별한 종류의 그래프이다. 쾨니히스베르크의 다리 문제에서는 한 점에서 출발해 다른 경로를 통해 그곳으로 돌아올 수 있는 기회가 있었다. 한 점에서 시작해 다시 그 점으로 돌아오는 경로를 사이클Cycle이라고 한다. 트리는 사이클이 없는 그래프이다.

트리 그래프의 친숙한 예는 컴퓨터에서 디렉토리를 정렬하는 방식에서 볼 수 있다. 컴퓨터의 디렉토리는 루트 디렉토리에서 그 아래 서브 디렉토리들로 계층구조를 따라 배열된다. 여기에는 사이클이 없기 때문에 루트 디렉토리를 다시 통하지 않으면 다른 가지로 건너뛰는 것이 불가능하다. 아마도 컴퓨터 이용자들에게는 익숙한 개념일 것이다.

트리의 종류 세기

주어진 개수의 점을 가지고 만들 수 있는 트리의 종류는 몇 가지나 될까? 19세기 영국의 수학자 아서 케일리는 트리의 종류를 세는 문제에 도전했다. 예를 들어 점 다섯 개로 만들 수 있는 트리의 종류는 정확히 세 가지가 있다.

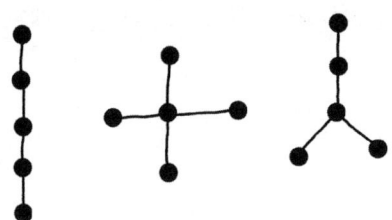

케일리는 점의 개수가 14개 미만인 경우에는 트리의 종류를 셀 수 있었지만, 그 이후로는 너무 복잡해서 컴퓨터 없이 인간의 힘으로 세는 것은 불가능했다. 그 이후로 지금까지 22개의 점으로 만들 수 있는 트리의 종류를 세는 것까지 진행되었다. 점이 22개만 되어도 수백만 가지의 트리가 만들어진다.

케일리의 연구는 그 당시에도 실용적으로 사용할 수 있었다. 트리 종류를 세는 일은 화학과 관련이 있었는데, 화학에서는 화합물 내에서 원자가 배열되는 방식에 따라 그 화합물의 특성이 결정된다. 화합물을 구성하는 원자의 수가 같다 해도 배열이 달라지면 화학적 특성도 달라지는 것이다. 케일리의 분석 방법을 통해, 이전에는 실험실 안에서만 발견할 수 있었던 화학물질의 존재를 그저 종이와 펜만으로도 예측하는 것이 가능하게 되었다.

4색 문제 세계지도 색칠하기

상상의 나래를 펼쳐보자. 소설 『크리스마스 캐럴』에서의 꼬마 티니 팀에게 누군가가 4색 크레용과 색칠놀이용 영국 지도를 크리스마스 선물로 주었다고 한다. 대체 누가 준 것일까? 가끔씩 작은 선물을 보내는 이웃집 지도 제작자였을지도 모르고, 이상한 수학자 오거스터스 드 모르간이었을지도 모르겠다. 그는 팀의 집 근처에 살았고, 팀의 아빠와 아는 사이였다. 스크루지 영감은 분명 아니었으리라.

팀의 가족은 드 모르간이 교수로 재직하고 있는 새로 문을 연 대학교 바로 북쪽의 캠든타운 베이햄스트리트의 칙칙한 연립주택에 살았다. 새해가 되자 그 선물을 준 사람이 분명하게 드러나게 되었다. 드 모르간 교수가 팀이 지도에 색칠을 다 했나 보려고 팀을 방문한 것이다.

드 모르간은 이것을 어떻게 해야 하는지 분명하게 알고 있었다. "국경이 맞닿아 있는 두 나라는 서로 다른 색으로 칠해야 한다." "하지만 색이 4가지밖에 없는 걸요." 별 생각 없이 팀이 말했다. 드 모르간은 살짝 웃어 보이고는 아이가 계속 그림을 그리게 놔두었다. 하지만 최근에 그의 학생 중 하나인 프레드릭 구스리Frederick Guthrie는 4색만 가지고 영국 지도를 성공적으로 색칠했다고 말했다. 이 문제는 드 모르간의 수학적 상상력을 자극했다.

어떤 지도든 4가지 색만으로 모든 구역을 구분 가능하게 칠하는 것이 가능할까? 지도제작자들이 수 세기 동안 그렇게 해왔다 하더라도, 이것을 엄밀하게 증명해낼 수 있는 걸까? 영국 지도만이 아니라 미국의 행정구역인 주State나 대한민국의 행정구역인 도道를 나타내는 지도 등 세계의 모든 지도, 심지어는 임의의 구역과 경계로 나뉜 인공적인 지도도 생각해볼 수 있다. 이 지도들을 3가지 색으로 칠하는 것

timeline

서기 1852년
드 모르간의 제자 구스리, 4색 문제를 그에게 제기하다.

1879년
켐프, 이 문제를 해결한 것으로 믿다.

1890년
히우드, 켐프의 증명에 오류가 있음을 밝히고, 5색 문제를 증명하다.

만큼은 분명 불가능한 일이다.

대한민국의 행정지도를 충청북도를 중심으로 한번 살펴보자. 파랑, 초록, 빨강, 3가지 색만 쓸 수 있다고 한다면, 일단 충청북도와 강원도를 먼저 색칠해보자. 어떤 색을 먼저 쓰건 상관없으므로 충청북도는 파랑, 강원도는 초록을 쓰기로 하자. 여기까지는 문제가 없다. 이렇게 되면 경상북도는 반드시 빨강이어야 하고, 차례로 전라북도는 초록, 충청남도는 빨강, 경기도는 초록이어야 한다. 하지만 그러면 경기도와 강원도가 모두 초록으로 색칠되어 구별이 불가능해진다. 하지만 노랑을 추가해서 4가지 색을 사용할 수 있다면 경기도를 노랑으로 칠해서 모든 부분을 만족시킬 수 있게 된다. 그렇다면 파랑, 초록, 빨강, 노랑, 이 4가지 색이면 어떤 지도를 그리든 충분할까? 이 질문은 바로, 4색 문제로 알려져 있다.

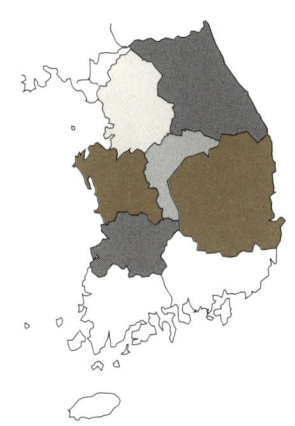

대한민국 행정지도 색칠하기

4색만으로 충분할까?

드 모르간이 중요한 문제로 인식한 후 20년도 채 지나지 않아, 이 문제는 유럽과 미국의 수학계에 널리 알려지게 되었다. 1860년대에 미국의 수학자 겸 철학자 찰스 퍼스Charles Sanders Peirce는 자신이 이것을 증명했다고 생각했지만, 그의 논증 내용은 현재 남아있지 않다.

이 문제는 빅토리아 시대의 과학자 프랜시스 골턴Francis Galton의 중재로 더욱 부각되었다. 그는 이 문제에 홍보적 가치가 있음을 갈파하고, 1878년에 케임브리지 대학의 저명한 수학자 아서 케일리에게 그에 대한 논문을 써볼 것을 권했다. 하지만 불행하게도 케일리는 증명에 실패했음을 인정해야만 했다. 그러나 한 가지 수

1976년
아펠과 하켄, 컴퓨터를 이용해 일반화된 증명을 하다.

1994년
컴퓨터를 이용한 증명이 더 단순해지긴 했지만, 여전히 컴퓨터 기반의 증명으로 남아있다.

확은 있었다. 이 문제를 증명하려면 한 점에서 정확히 세 나라가 만나는 큐빅지도 Cubic map 문제만 고려하면 된다는 것을 깨달은 것이다. 이러한 사실은 케일리의 제자였던 알프레드 브레이 켐프 Alfred Bray Kempe로 하여금 해답을 구하는 데에 박차를 가하게 했다. 그리고 1년 만에 켐프는 이 문제를 증명했음을 선언했고, 케일리는 진심으로 그 성공을 축하해주었다. 켐프의 증명은 곧 세상에 발표되었고, 그는 런던왕립학회 회원에 선출되기에 이르렀다.

그 다음에 무슨 일이 일어났나?

켐프의 증명은 대단히 길었고 기술적으로도 어려웠다. 그리고 이 증명에 대해 확신하지 못하는 사람도 더러 있기는 했지만, 이 증명은 일반적으로 인정을 받게 되었다. 그러다가 10년 후 더럼을 기반으로 활동하던 퍼시 히우드 Percy Heawood가 켐프의 논증과정 속에 들어있는 허점을 드러내는 지도의 예를 발견해내 사람들에게 놀라움을 안겨주었다. 정작 증명을 찾아내지는 못했으나, 히우드는 4색 문제가 여전히 미해결 문제라는 사실을 세상에 보였다. 이로써 이 문제는 다시 수학자들의 칠판 위에 오르게 되었고, 신진 학자들이 자기의 이름을 세상에 알릴 기회도 다시 열렸다. 켐프가 사용한 방법 중 일부를 사용해서 히우드는 5색 문제(어떤 지도도 5가지 색으로 칠할 수 있음)를 증명해 보였다. 만약 누군가가 4색으로 칠할 수 없는 지도를 찾아내기만 했더라면, 이것은 굉장한 결과가 되었을 것이다. 하지만 실상, 수학자들은 해답을 찾지 못해 곤경에 빠지고 말았다. 4색이 필요한가, 5색이 필요한가?

기본적인 형태의 4색 문제는 평면이나 구의 표면 위에 그려진 지도와 상관이 있었다. 그렇다면 도넛처럼 생긴 표면에 그리는 지도라면 어떨까? 사실 수학자들은 맛 때문이 아니라 그 모양 때문에 도넛에 더욱 흥미를 느낀다. 이런 표면에서 어떤

지도든 그려낼 수 있으려면 7색이
필요하고, 또 그것으로 충분하다는
것을 히우드가 증명했다. 심지어 그
는 구멍이 h개인 도넛의 표면에 대
한 결과도 증명해서, 그 어떤 지도도

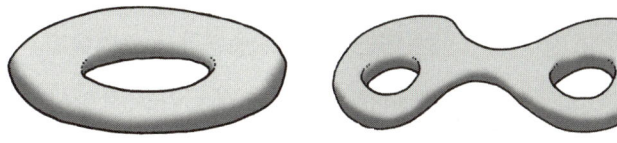

단순한 도넛 형태, 혹은 '토러스'　　구멍이 두 개 있는 토러스

예외 없이 다 색칠할 수 있는 색의 가짓수가 몇 개인지를 계산했다. 비록 이것이
거기에 필요한 색의 최소 가짓수임을 증명하지는 않았지만 말이다. 처음 몇몇 값
에 대한 결과 값을 표로 나타내면 다음과 같다.

구멍의 수, h	1	2	3	4	5	6	7	8
색의 충분한 가짓수, C	7	8	9	10	11	12	12	13

이것을 일반식으로 나타내면 $C = [\frac{1}{2}\{7+\sqrt{(1 + 48h)}\}]$이다. 여기서 꺾쇠괄호는 그
안에 있는 값에서 정수 부분만을 취함을 의미한다. 예를 들어 h = 8이면, C =
[13.3107…] = 13이다. 히우드의 공식은 구멍의 개수가 0보다 크다는 엄격한 조건
아래서 유도된 것이다. 따라서 h = 0은 이 공식에 적용할 수 없다. 하지만 h = 0을
공식에 대입해보면 C = 4라는 값이 나와서 이러한 방법이 성립하면 얼마나 좋을
까 하는 마음에 사람을 애타게 만든다.

문제는 해결되었나?

1852년 표면에 떠오른 이 문제는 50년이 지나도록 풀리지 않고 남아있었다. 이
문제는 20세기에 접어들어서도 전 세계에서 내로라하는 머리를 가진 수학자들을
당황하게 만들었다.

그래도 발전이 없지는 않아서, 한 수학자는 최고 27개의 국가를 한 지도에 그리는 데는 4색으로 충분함을 증명했고, 다른 한 사람은 이것을 개량해 31개 국가로, 또 다른 사람은 35개 국가로 확장시켰다. 하지만 이런 식으로 감질나게 넓혀간다고 해도 쉽사리 끝이 나지 않는다. 사실 켐프와 케일리의 초창기 논문에는 이 문제를 진전시킬 만한 더 나은 길이 이미 제시되어 있었다. 또한 수학자들은 4색으로 충분하다는 것을 밝히려면, 지도를 구성하는 특정한 방식들에 대해서만 확인하면 된다는 것을 발견해냈다. 하지만 문제는 그런 구성 방식이 너무 많다는 점이었다. 초창기에는 확인해야 할 구성 방식이 무려 수천 가지나 되었다. 이 확인을 일일이 다 손으로 하는 것은 불가능했지만, 이 문제에 오랫동안 매달렸던 독일의 수학자 볼프강 하켄Wolfgang Haken은 운 좋게도 미국의 수학자 겸 컴퓨터전문가 케네스 아펠Kenneth Appel의 도움을 받을 수 있었다. 그들은 독창적인 방법을 사용하여 검사해야 할 구성 방식의 수를 1,500개 이하로 줄였다. 1976년 6월말, 잠 못 이루던 많은 밤을 지내고 난 후에야 컴퓨터의 작업은 마무리되었고, 믿음직한 IBM 370 컴퓨터의 도움 아래 그들은 드디어 이 커다란 문제를 풀 수 있었다.

일리노이대학교 수학과는 새로운 승리의 나팔을 불 준비가 되어 있다. 그들은 '지금까지 발견된 가장 큰 소수의 세계기록'을 기념하는 우표를 '4색 문제 해결' 기념우표로 대체했다. 이 지역에서는 이것을 대단히 큰 자랑거리로 여겼다. 그런데 전 세계 수학계의 찬사는 대체 어디로 간 것일까? 어쨌거나 이것은 팀처럼 어린 아이도 이해할 수 있지만, 지난 한 세기 동안 가장 위대한 수학자들마저도 골탕 먹이고 머리를 쥐어뜯게 만들었던 유서 깊은 문제가 아니냔 말이다.

반응은 엇갈렸다. 일부는 마지못해 문제가 해결되었음을 인정했지만, 많은 사람은 회의적이었다. 문제는, 그것이 컴퓨터를 기반으로 하는 증명이기 때문에 수학적 증명의 전통적 형태를 벗어나 있다는 점이었다. 증명이 따라가기가 힘들 만큼 너무 길어질지언정, 증명에 컴퓨터를 이용하는 것은 너무 멀리 나간 것이 아니냐는 것이다. 이 증명은 '확인가능성'에 대한 논란을 일으켰다. 이것을 증명하는 데 사용된 수천 줄의 컴퓨터 프로그램은 누가 확인할 것인가? 컴퓨터 프로그램에 에러가 있을 가능성도 분명 있었다. 단 하나의 에러도 치명적이다.

거기서 끝이 아니었다. 여기에서 진정 결여되어 있는 부분은 '아하!' 하고 사람들을 깨닫게 만드는 요소였다. 대체 어느 누가 이 증명을 자세히 살펴보면서 문제가 정말 난해하다 인정하고는 포기하거나, 논증의 결정적 부분을 이해하고는 감탄사를 연발하는 순간을 맞을 수 있겠는가? 가장 맹렬하게 비난한 사람은 저명한 수학자 폴 할모스Paul Halmos였다. 그는 컴퓨터를 이용한 증명은 소문난 점쟁이의 점괘와 별 차이가 없다고 생각했다. 그럼에도 불구하고 많은 사람들은 이 성과를 인정하고 있다. 자신의 귀한 연구시간을 쪼개서 4색으로는 해결이 안 되고 5색이 필요한 반례를 찾으려고 시도하는 사람은 정말 용감무쌍한 사람이거나 심각한 바보일 것이다. 하켄과 아펠 이전에는 그런 사람들이 있었지만, 그들 이후로는 없다.

증명 그 후

1976년 이후로 증명을 위해 확인해야 하는 지도 구성 방식의 숫자가 절반으로 줄었고, 컴퓨터도 훨씬 강하고 빨라졌다. 이러한 상황에도 불구하고 수학계는 여전히 전통적인 방식을 따르는 더 짧은 증명이 나타나기를 기다리고 있다. 한편, 4색 문제는 그래프이론에서 중요한 문제들을 낳았고, 수학자들로 하여금 증명의 본질이 무엇인지를 다시 한번 생각하게 하는 부수적인 효과도 낳았다.

확률   도박에서 기원한 중요한 아이디어

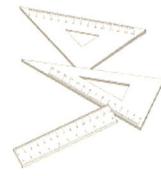

내일 눈이 올 가능성은 얼마나 될까? 첫차를 잡아탈 가능성은? 또, 로또에 당첨될 확률은 얼마나 되는 걸까? 가능성과 확률은 모두 일상생활에서 어떤 해답을 구할 때 흔히 쓰는 단어이다. 이들은 또한 확률의 수학적 이론과 관련된 용어로 쓰이기도 한다.

확률론은 중요하다. 이것은 불확실성과 관련이 있으며 위험도를 평가할 때 없어서는 안 되는 부분이다. 하지만 불확실성을 다루는 이론이 어떻게 수량화될 수 있을까? 어쨌거나 수학이란 정확성의 과학이 아니더냐 말이다.

사실 문제는 확률을 어떻게 수량화할 것인가 하는 것이다.

세상에서 가장 간단한 예인 동전 던지기를 생각해보자. 동전 앞면이 나올 확률은 얼마인가? 우리 입에서는 당장 $\frac{1}{2}$(때로는 0.5 또는 50퍼센트)이라는 대답이 튀어나올 것이다. 동전을 보면서 우리는 그 동전이 앞이나 뒤가 나올 확률이 똑같은, 공평한 동전이라고 생각한다. 따라서 앞면이 나올 확률은 $\frac{1}{2}$이라고 가정한다.

동전이나, 상자 속의 공 같은 '기계적인' 예에서 나타나는 상황은 비교적 직관적이다. 확률을 결정하는 이론적 방법은 크게 두 가지가 있다. 한 가지는 동전 양면의 대칭성에 주목하는 것이다. 다른 한 가지는 상대적인 빈도를 관찰하는 방법으로, 실험을 아주 여러 번 진행해서 앞면이 나오는 횟수를 세는 것이다. 하지만 대체 얼마만큼이 여러 번인가? 보통 뒷면과 비교해서 앞면이 나오는 횟수가 대략

timeline

서기 1650년대
파스칼과 하위헌스Huygens, 확률론의 기초를 닦다.

1785년
콩도르세Condorcet, 여론과 투표 시스템을 분석하는 데 확률을 적용하다.

50 대 50이 될 것이라 생각하기 쉽지만, 이런 비율은 실험을 계속 하다보면 바뀔 수도 있다.

하지만 내일 눈이 내릴 확률을 측정하는 문제에 부딪힌다면 어떨까? 여기서 나올 수 있는 경우의 수도 마찬가지로 두 가지다. 눈이 오거나, 오지 않거나. 하지만 동전 던지기처럼 양쪽 확률이 비슷한가 하는 문제는 도통 분명하지가 않다. 내일 눈이 내릴 확률을 평가하려면 당시의 기상조건과 기타 요소들을 고려해야 한다. 하지만 그렇게 해도 이 확률을 정확한 값으로 콕 집어내는 것은 불가능하다. 비록 정확한 수치를 내놓지는 못하지만, 그래도 눈 올 확률이 '낮다', '보통이다', '높다'는 식으로 '믿음의 정도'만 표현해도 일상생활에서는 꽤 쓸모가 있다. 그러나 수학에서는 확률을 0에서 1 사이의 수치로 측정한다. 일어나는 것이 불가능한 사건의 확률은 0이고, 일어날 것이 확실한 사건의 확률은 1이다. 0.1이라는 확률은 낮은 확률을 의미하고, 0.9는 대단히 높은 확률을 의미한다.

확률의 기원은 도박?

확률의 수학적 이론은 17세기에 수학자 블레즈 파스칼과 피에르 페르마, 그리고 전문도박사 앙트완 공보 Antoine Gombaud (슈발리에 드 메르 Chevalier de Méré라고도 불렸다), 이 세 사람이 도박에 관한 논의를 하는 과정에서 전면에 등장했다. 그들은 간단한 게임 속에서 대단히 헷갈리는 부분을 마주하게 되었다. 슈발리에 드 메르의 질문은 이랬다. 주사위 하나를 4번 던져서 '6'이 나올 가능성과, 주사위 두 개를 24번 던져서 두 개 모두 '6'이 나올 가능성 중 어느 것이 더 큰가? 당신이라면 어느 쪽에 판돈을 걸겠는가?

그 당시 사람들은 24번 던지는 쪽이 던지는 횟수가 많아 아무래도 유리할 것이

1812년
라플라스, 두 권으로 구성된 『확률의 분석이론 Analytical Theory of Probabilities』을 발표하다.

1912년
케인스 Keynes 『확률론 A Treatise on Probability』을 발표하다. 이는 그의 경제학과 통계학 이론에 영향을 미쳤다.

1933년
콜모고로프, 공리적 방법을 이용해 확률을 표현하다.

라고 생각했다. 하지만 확률을 분석해내자 이런 생각은 깨지고 말았다. 이 확률의 계산 방법은 다음과 같다.

주사위 하나 던지기 : 한 번 던져서 6이 나오지 않을 가능성은 $\frac{5}{6}$이므로, 4번 던져서 모두 6이 나오지 않을 가능성은 $(\frac{5}{6})^4$이다. 매번 던졌을 때 나오는 결과는 서로 영향을 미치지 않으므로, 각각의 사건들은 '독립적'이어서 이 확률은 곱하기가 가능하다. 결국 적어도 한 번 6이 나올 확률은 다음과 같다.

$$1 - (\frac{5}{6})^4 = 0.517746\cdots$$

주사위 두 개 던지기 : 한 번 던져서 두 주사위 모두 6이 나오지 않을 확률은 $\frac{35}{36}$이고, 24번 던졌을 때의 확률은 $(\frac{35}{36})^{24}$이다. 따라서 적어도 한 번 양쪽 주사위 모두 6이 나올 확률은 다음과 같다.

$$1 - (\frac{35}{36})^{24} = 0.491404\cdots$$

크랩게임의 확률

주사위 두 개가 등장했던 앞의 예가 카지노나 온라인에서 사람들이 많이 즐기는 크랩게임의 밑바탕이다. 구별이 되는 주사위 두 개(빨간색과 파란색)를 던져서 나올 수 있는 조합은 36가지이고, 이 결과를 (x, y) 좌표로 기록해 xy축 위의 점 36개로 표시할 수 있다. 이것을 '표본 공간'이라고 한다.

두 주사위의 숫자를 합친 값이 7이 되는 사건 A를 생각해보자. 합쳐서 7이 되는 조합은 모두 6가지가 있고, 이 사건은 다음과 같이 표현할 수 있다.

$$A = \{(1, 6), (2, 5), (3, 4), (4, 3), (5, 2), (6, 1)\}$$

도표로 나타내면 오른쪽 그림과 같다. A의 확률은 36분의 6이므로 Pr(A) = $\frac{6}{36}$ = $\frac{1}{6}$로 나타낼 수 있다. 두 주사위 숫자의 합이 11이 되는 경우를 사건 B라고 하면 B = {(5, 6), (6, 5)}이고, Pr(B) = $\frac{2}{36}$ = $\frac{1}{18}$이다.

테이블 위에서 주사위 두 개를 던지며 노는 크랩게임에서 당신은 첫 판에서 이길 수도 있고 질 수도 있지만, 어떤 점수가 나오면 돈을 모두 잃지 않은 채 두 번째 판으로 넘어갈 수 있다. 처음 던졌을 때 사건 A나 B가 일어나면 당신이 돈을 딴다. 이것을 '내추럴'이라고 한다. 내추럴이 일어날 확률은 각각의 확률을 더한 값이므로, $\frac{6}{36}$ + $\frac{2}{36}$ = $\frac{8}{36}$이다. 만약 처음 던졌을 때 2, 3, 12(이것은 '크랩'이라고 부른다)가 나오면 돈을 잃는다. 이렇게 했을 때 첫 판에서 질 확률은 $\frac{4}{36}$이다. 만약 두 주

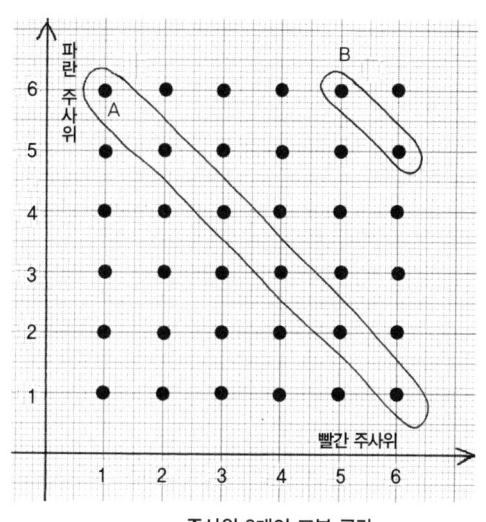

주사위 2개의 표본 공간

사위 숫자를 더한 값이 4, 5, 6, 8, 9, 10이 나오면 두 번째 판으로 넘어가는데, 이 확률은 $\frac{24}{36}$ = $\frac{2}{3}$이다.

카지노 세계에서는 확률을 배당률로 표시한다. 크랩게임에서는 36번 게임을 해서 첫 판에 이기는 횟수는 평균 8번이고 이기지 못하는 횟수는 28번이므로, 첫 판에서 이기는 데 걸었을 때의 배당률은 28 대 8, 즉 3.5 대 1이다.

원숭이가 햄릿을 쓸 확률은?

알프레드는 동네 동물원에 사는 원숭이다. 알프레드는 다 낡아빠진 타자기를 하나 가지고 있다. 이 타자기에는 알파벳 26키와 마침표, 쉼표, 물음표, 스페이스

의 4키를 더해서 총 30개의 키가 있다. 알프레드가 문학을 해보겠다는 생각에 들떠서 타자기 앞에 쪼그리고 앉아있었는데, 그가 타자하는 방식을 보니 좀 미심쩍다. 그냥 무작위로 눌러대고 있었던 것이다.

어떤 문장이든 이런 방식으로 타자되어 나올 가능성이 0인 것은 없다. 따라서 셰익스피어의 문학작품이 완벽하게 타자되어 나올 가능성이 아예 없는 것은 아니다. 이에 더해서 비록 적은 확률이긴 하지만, 알프레드가 이것을 프랑스어, 스페인어, 독일어로 번역한 문장을 타자해낼 가능성도 분명히 존재한다. 여기에 덤으로, 그가 계속 이어서 윌리엄 워즈워스$^{\text{William Wordsworth}}$의 시를 타자해낼 가능성도 생각해볼 수 있다. 이런 일이 일어날 가능성은 극히 적지만, 그렇다고 해도 확률이 0은 아니다. 이것이 핵심이다. 알프레드가 'To be or'로 시작하는 햄릿의 독백을 타자하는 데 시간이 얼마나 걸릴지 한번 살펴보자. 먼저, 공백을 포함해 8개의 글자를 담고 있는 8개의 칸을 생각해본다.

T	o		b	e		o	r

첫 칸에 올 수 있는 경우의 수는 30가지이고, 두 번째 칸 이후로도 모두 30가지이다. 따라서 8칸을 모두 채우는 경우의 수는 30 × 30 × 30 × 30 × 30 × 30 × 30 × 30이다. 따라서 알프레드가 'To be or' 만이라도 정확히 타자해 넣을 가능성은 $6.561 × 10^{11}$분의 1이다. 알프레드가 1초에 한 자씩 타자한다고 하면 'To be or'을 타자하는 데만 약 20,000년이 걸릴 것으로 예상할 수 있다. 이렇게만 된다면 원숭이가 'To be or'을 타자로 쳤다는 사실보다는, 그 놀라운 수명이 더 충격적인 일이 될 것이다. 셰익스피어의 작품을 모두 타자하는 데 얼마나 오랜 시간이 걸릴지에 대해서는 감히 생각하기조차 무섭다. 알프레드는 'xo,h?yt?' 같은 무의미한

글자의 조합을 아주 한참 동안 뱉어낼 것이다.

확률론 없인 못 살아

확률이론을 적용했을 때 생기는 결과에 대해서는 논란의 여지가 있을 수 있지만, 적어도 수학적인 토대만큼은 상당히 견고하다. 1933년 안드레이 니콜라에비치 콜모고로프Andrey Nikolaevich Kolmogorov는 공리적 기반 위에서 확률을 정의하는 데 역할을 했다. 이것은 이천 년 전에 기하학의 원리들을 정의했던 방식과 유사하다.

확률은 다음의 공리들로 정의된다.

- 발생 가능한 모든 사건의 확률을 모두 더한 값은 1이다
- 확률은 0 이상이다
- 동시에 일어날 수 없는 사건들에 대해서는 그 확률들을 더할 수 있다

이 공리들을 전문용어로 새로 다듬으면, 확률의 수학적 특성들을 연역해낼 수 있다. 확률의 개념은 폭넓은 적용이 가능하다. 현대생활의 상당부분은 확률론 없이는 불가능하다. 위험분석, 스포츠, 사회학, 심리학, 공학설계, 금융 등 목록을 들자면 끝이 없다. 17세기에 도박문제의 해결을 위해 시작된 이 아이디어가 이런 엄청난 학문 분야를 탄생시키리라고 누가 생각이나 했을까? 누군가 그런 생각을 할 확률은 또 얼마나 되었을까?

베이즈의 정리
주관적인 믿음을 수학적 확률로

토마스 베이즈Thomas Bayes 목사의 유년시절에 대해서는 별로 알려진 것이 없다. 1702년쯤 잉글랜드 남동쪽에서 태어나 비국교파 목사가 되었으나, 수학자로서도 명성을 날렸고, 1742년에는 런던왕립학회에 뽑히기도 했다. 베이즈의 유명한 책 『우연이라는 원칙 아래 문제를 해결하는 방법을 위한 소론Essay towards solving a problem in the doctrine of chances』은 그가 사망한 지 2년 후인 1763년에 출간되었다. 이 책에는 반대 경우의 확률인 역확률 Inverse probability을 구하는 공식이 나와 있다. 이것은 베이즈철학의 핵심인 조건부확률이라는 개념을 만들어내는 데 기여했다.

전통적 통계학을 따르는 '빈도론자'와 뜻을 달리했던 새로운 통계학의 추종자들은 토마스 베이즈의 이름을 따라 '베이즈학파Bayesian'라는 이름이 붙었다. 빈도론자들의 관점은, 확률은 명확한 수치 자료가 바탕이 되어야 한다는 것이다. 반면 베이즈학파의 관점은 그 유명한 베이즈의 공식과 주관적인 믿음의 정도를 수학적 확률로 다룰 수 있다는 원칙에 중심을 두고 있다.

홍역과 반점의 관계

자신감 넘치는 의사인 와이Why 박사가 홍역 환자들을 진단하는 일을 맡게 되었다고 상상해보자. 반점은 홍역을 의심할 수 있는 증상이지만, 진단이 그리 간단하지는 않다. 어떤 환자는 홍역에 걸려도 반점이 나타나지 않기도 하고, 어떤 환자는 홍역이 없는데도 반점이 나타나기도 한다. 홍역에 걸렸다는 조건이 주어졌을 때, 그 환자에게서 반점이 나타날 확률은 조건부확률이다. 베이즈학파 사람들은 '주

timeline

서기 1732년
베이즈, 확률에 대한 소론을 발표하다.

1937년
드 피네티De Finetti, 빈도주의의 대안으로 주관적 확률을 옹호하다.

어진 조건'을 뜻하는 의미로 공식에 수직선을 그었다.

prob(환자에게 반점이 생겼다 | 환자가 홍역에 걸렸다)

위와 같이 적으면, 홍역에 걸렸다는 조건 아래서 환자에게 반점이 생길 확률을 의미한다. prob(환자에게 반점이 생겼다 | 환자가 홍역에 걸렸다)의 값은 prob(환자가 홍역에 걸렸다 | 환자에게 반점이 생겼다)의 값과 같지는 않다. 이것은 서로에게 반대 경우의 확률이 된다. 베이즈의 공식은 다른 확률을 이용해 자신이 원하는 확률을 계산해내는 공식이다. 수학자들은 무언가를 상징하는 기호를 쓰는 것을 무척 좋아한다. 그러니 홍역에 걸리는 사건을 M이라 하고, 환자에게 반점이 생기는 사건을 S라 하자. 기호 $\tilde{S}$는 환자에게 반점이 생기지 않는 사건을 말하고, $\tilde{M}$은 홍역에 걸리지 않는 사건을 의미한다. 이것을 벤다이어그램으로 나타낼 수 있다.

이 그림을 통해 와이 박사는 홍역과 반점을 동시에 앓는 환자의 수는 x이고, 홍역을 앓는 환자의 수는 m이며, 전체 환자의 수는 N임을 알 수 있다. 이 그림에서는 홍역과 반점을 동시에 앓을 확률은 간단하게 $\frac{x}{N}$인 반면, 홍역을 앓고 있을 확률은 $\frac{m}{N}$임을 알 수 있다. 여기서 누군가가 홍역을 앓고 있을 때, 반점이 생길 조건부확률은 prob(S | M) = $\frac{x}{m}$이다. 이 모든 것을 종합하면, 와이 박사는 환자가 홍역과 반점을 동시에 앓을 확률을 다음과 같이 얻을 수 있다.

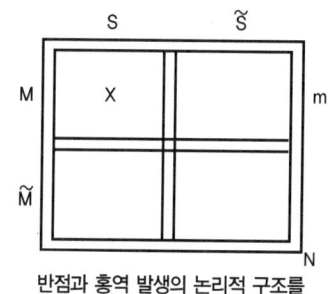

반점과 홍역 발생의 논리적 구조를 나타내는 벤다이어그램

$$\mathrm{prob}(M \& S) = \frac{x}{N} = \frac{x}{m} \times \frac{m}{N}$$

혹은 prob(M & S) = prob(S | M) × prob(M)

비슷한 방식으로, prob(M & S) = prob(M | S) × prob(S)

정확한 진단을 내릴 확률은?

$$prob(M|S) = \frac{prob(M)}{prob(S)} \times prob(S|M)$$

베이즈의 공식

위의 두 식에서 prob(M & S)를 표현하는 오른쪽 두 수식을 등식으로 연결하면 베이즈의 공식이 나온다. 이 공식은 조건부확률과 그 역 사이의 관계를 보여준다. 와이 박사는 환자가 홍역에 걸렸을 때 반점이 생길 확률인 prob(S | M)에 대해서는 잘 알고 있을 것이다. 와이 박사가 정말로 알고 싶은 것은 그 역의 조건부확률, 즉 환자에게서 반점이 보일 때 그 환자가 홍역에 걸렸을 확률이다. 이렇게 거꾸로 거슬러 알아내는 것을 역문제 Inverse problem라고 한다. 베이즈가 자신의 글에서 언급했던 문제는 바로 이런 종류의 것이었다. 이 확률을 계산하려면 수치를 대입해볼 필요가 있다. 여기서 대입해볼 수치는 가상의 수치들이지만, 중요한 것은 그 수치들이 어떻게 연결되는가 하는 부분이다. 홍역에 걸린 환자가 반점이 생길 확률 prob(S | M)은 높으므로 0.9라고 하고, 환자가 홍역에 걸리지 않았는데 반점이 타나날 확률 prob(S | M̃)은 0.15로 작다고 하자. 와이 박사는 이 두 가지 상황에서 나타나는 확률 값들을 이제 아주 잘 알고 있다. 그리고 전체 인구 중에 홍역을 앓는 사람들의 비율도 알고 있다. 이 값은 20퍼센트라고 하자. 이 값은 prob(M) = 0.2로 표현한다. 이렇게 되면 우리에게 필요한 유일한 정보는 prob(S), 즉 전체 인구 중에서 반점이 생긴 사람들의 비율이다. 이제 사람에게 반점이 생길 확률은, 홍역과 반점을 동시에 앓을 확률에 홍역이 없지만 반점이 생긴 사람의 확률을 더한 값이 된다. 이런 관계로부터 prob(S) = 0.9 × 0.2 + 0.15 × 0.8 = 0.3이라는 값이 나온다. 이 값을 베이즈의 공식

에 대입하면 다음과 같다.

$$\text{prob}(M \mid S) = \frac{0.2}{0.3} \times 0.9 = 0.6$$

여기서 얻을 수 있는 결론은, 와이 박사가 보는 모든 반점 환자를 홍역으로 판단하면 진단의 정확도는 60퍼센트라는 것이다. 이제 홍역 바이러스의 종류가 바뀌는 바람에 홍역 환자가 반점이 생길 확률 prob(S | M)은 0.9에서 0.95로 올라가고, 다른 원인으로 반점이 생겼을 확률 prob(S | M̃)은 0.15에서 0.1로 줄었다고 가정해보자. 이것이 박사의 홍역 진단율에 어떤 변화를 가져올까? 새로운 prob(M | S)의 값은 얼마인가? 새로운 정보에 따르면 prob(S) = 0.95 × 0.2 + 0.1 × 0.8 = 0.27이고, 베이즈의 공식에 대입하면 prob(M | S) = $\frac{0.2}{0.27}$ × 0.95 = 0.704가 나온다. 따라서 와이 박사는 반점 환자 중에 70퍼센트 가량을 홍역 환자라 진단내릴 수 있다. 만약 확률이 각각 0.99와 0.01로 바뀐다면 prob(M | S)는 0.961이 되므로, 박사가 반점을 통해 정확한 진단을 내릴 확률도 96퍼센트가 된다.

죄수가 유죄일 확률은?

확률을 정확하게 측정할 수 있는 영역에서 베이즈의 공식을 이용하는 것에는 전통적인 통계학자들도 별다른 시비를 걸지 않을 것이다. 논쟁이 일어나는 부분은 확률을 '믿음의 정도' 혹은 '주관적 확률'로 해석하는 부분이다.

법정에서는 피고인이 유죄인지 무죄인지를 '어느 쪽 확률이 우세한가'로 결정하기도 한다. 엄밀하게 말하면 이런 기준은 민사소송에만 적용되지만, 형사소송에서도 마찬가지로 적용된다고 가정을 해보자. 빈도론자 통계학자에게 죄수가 범죄를 저질렀을 확률을 이야기해보라고 한다면 그는 무척 난감해 할 것이다. 하지만 베이즈학파 사람들은 이와는 달리 어떤 어림짐작을 확률로 다루는 것에 거부감을 느끼지 않는다. 이것은 어떤 식으로 이루어질까? 확률적 우세를 따져서 죄의 유무를 판단하는 방식을 사용하려 한다면, 이제 확률을 어떻게 다룰 수 있는지 알아보아야 한다. 여기 가능한 하나의 시나리오가 있다.

한 배심원이 법정에서 한 사건에 대해 듣고는 피고인이 유죄일 가능성을 100분의 1이라고 판단했다. 그런데 배심원 협의실에서 심의 과정을 진행하다가 법정으로 다시 불려나가, 검사가 내놓은 다른 증거에 대해 듣게 되었다. 피고인의 집에서 무기가 발견되었다는 것이다. 검사 측에서는 피고인이 유죄일 때 집에서 무기를 발견할 확률은 0.95나 될 만큼 높은 반면, 무죄인 경우에 그럴 확률은 겨우 0.1에 불과하다고 주장한다. 따라서 피고인이 무죄일 때보다 유죄일 때 그 집에서 무기를 발견할 가능성이 훨씬 더 높다. 배심원들 앞에 놓인 문제는 이 새로운 정보를 바탕으로 피고인에 대한 자신의 의견을 어떻게 수정할 것인가 하는 것이다. 앞서 사용했던 표기법을 다시 이용하자면, G는 피고인이 유죄인 사건이고, E는 무기 발견이라는 새로운 증거를 확보한 사건이다. 처음에 배심원은 prob(G) = $\frac{1}{100}$ 혹은 0.01이라는 평가를 내렸었다. 이 확률은 사전확률$^{\text{Prior probability}}$이라고 한다. 재평가한 확률 prob(G | E)는 새로운 증거 E를 확보했을 때 재조정한 유죄의 확률이고, 이것은 사후확률$^{\text{Posterior probability}}$이라고 한다. 이를 베이즈의 공식으로 나타내면 다음과 같다.

$$\text{prob}(G \mid E) = \frac{\text{prob}(E \mid G)}{\text{prob}(E)} \times \text{prob}(G)$$

이것은 사전확률이 사후확률 prob(G | E)로 재조정되었음을 보여준다. 홍역을 다룬 사례에서 prob(S)를 계산했던 것과 마찬가지로 prob(E)를 계산하면서 전체에

대입해보면 다음의 결과가 나온다.

$$\text{prob}(G \mid E) = \frac{0.95}{0.95 \times 0.01 + 0.1 \times 0.99} \times 0.01 = 0.088$$

처음에는 유죄일 확률로 1퍼센트를 잡았던 것이 거의 9퍼센트로 치솟았기 때문에 배심원들이 난감해질 만도 하다. 만약 검사 측에서 피고인이 유죄일 경우 범죄와 연루된 무기를 발견할 확률은 0.99인 반면, 무죄일 경우 무기를 발견할 확률은 겨우 0.01에 불과하다고 주장했다면 어떨까? 베이즈의 공식을 다시 계산한 결과, 배심원은 1퍼센트로 보았던 유죄 가능성을 50퍼센트까지 올려야 한다.

이런 상황에 베이즈의 공식을 적용하는 것은 줄곧 비판의 대상이 되어왔다. 가장 핵심적인 비판은 어떻게 사전확률을 내놓을 것인가 하는 문제였다. 어쨌거나 좋게 말하면, 베이즈의 분석은 주관적으로 판단한 확률을 다룰 수 있는 방법을 제공하며, 증거가 나왔을 때 그것을 어떻게 재조정할 수 있는지를 알려준다. 베이즈의 분석은 과학, 일기예보, 범죄재판 등 다양한 영역에 적용할 수 있다. 이 방법을 옹호하는 사람들은 이것이 논리적으로 옳으며, 불확실한 면을 다룰 수 있는 실용적인 특성을 가지고 있다고 주장한다. 이러한 이유로 이것을 좋아하는 사람들이 많다.

33 생일 문제 <small>생일이 같을 확률은?</small>

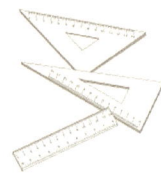

버스를 타고 출근하는 길에 같이 버스를 타고 있는 승객들의 수를 세고 있다고 상상해보자. 이 승객들은 서로 상관이 없는 사람들일 테니까 이 사람들의 생일도 무작위로 고르게 흩어져 있을 것이라 추측할 수 있다.

세어보니 버스 승객은 당신을 포함해서 23명밖에 없다. 많은 수는 아니지만, 이 정도면 두 사람의 생일이 겹칠 가능성이 50퍼센트 이상이라고 말하기에 충분하다. 믿기 어렵겠지만 이것은 틀림없는 사실이다. 심지어는 확률에 관한 베테랑 전문가였던 윌리엄 펠러 William Feller 조차 이것을 무척 놀라운 일이라고 생각했다.

이제 버스는 너무 좁으니까, 큰 방으로 옮겨서 이야기를 계속 진행해보자. 이 방 안에 얼마나 많은 사람이 모여야 두 사람의 생일이 분명히 겹친다고 확신할 수 있을까? 일반적으로 1년은 365일이니까(윤년은 무시하자) 방 안에 366명의 사람이 있다면 적어도 두 사람은 분명히 생일이 같을 것이라고 확신할 수 있다. 366명의 생일이 모두 다를 수는 없다.

이것이 '비둘기집 원리 Pigeonhole principle'이다. 이 원리에 따르면, 비둘기집이 n개가 있고 비둘기는 n + 1마리가 있다면 적어도 어느 한 집에는 비둘기가 한 마리 이상 들어있다.

만약 사람이 365명 있다면 각기 생일이 다 다를 수 있기 때문에 겹치는 생일이

timeline

서기 1654년
블레즈 파스칼, 확률론의 기반을 닦다.

1657년
크리스티안 하위헌스 Christiaan Huygens, 확률에 대한 문헌을 처음으로 펴내다.

1718년
아브라함 드무아브르 Abraham de Moivre, 『확률의 원칙 The Doctrine of Chances』을 출판하고, 1738년과 1756년에 각각 확장판을 펴내다.

있을지 확신할 수는 없다. 하지만 365명을 무작위로 뽑았다면 이는 무척 가능성이 낮은 일이니까 생일이 겹치는 두 사람이 없을 확률은 무시해도 좋을 정도로 낮다고 할 수 있다. 방 안에 사람이 50명만 있어도 어느 두 사람의 생일이 겹칠 확률은 96.5퍼센트나 된다.

사람이 더 줄어들면 두 사람의 생일이 겹칠 확률도 그만큼 줄어든다. 23명이 되면 확률은 $\frac{1}{2}$을 간신히 넘고, 22명이 되면 $\frac{1}{2}$에 살짝 미치지 못한다. 23이 임계값이다. 생일 역설이라고도 불리는 이 고전적 형태의 생일 문제를 풀어놓은 것을 보면 꽤 놀랍기는 하지만, 사실 이것은 역설이 아니다.

증명할 수 있을까?

어떻게 하면 이것이 역설이 아니라는 사실을 납득할 수 있을까? 무작위로 한 사람을 뽑아보자. 또 다른 한 사람을 뽑았을 때 생일이 겹칠 확률은 $\frac{1}{365}$이고, 이 두 사람의 생일이 겹치지 않을 확률은 1에서 이 값을 뺀 $\frac{364}{365}$이다. 또 한 사람을 뽑았을 때 앞선 두 사람과 생일이 겹칠 확률은 $\frac{2}{365}$이고, 마찬가지로 생일이 누구와도 겹치지 않을 확률은 1에서 이 값을 뺀 $\frac{363}{365}$이다.

이 세 사람의 생일이 겹치지 않을 확률은 이 두 확률을 곱한 값인 $\left(\frac{364}{365}\right) \times \left(\frac{363}{365}\right)$ = 0.9918이다.

4명, 5명, 6명, … 이렇게 계속 이어가다보면 생일 문제의 역설이 풀린다. 전자계산기를 이용하여 23명까지 진행해보면, 이 사람들 중에 생일이 겹치는 사람이 없을 확률은 0.4927이라는 값이 나온다. '생일이 겹치는 사람이 하나도 없다'의 부정은 '적어도 두 사람의 생일이 겹친다'이므로 이 확률은 1 − 0.4927 = 0.5073이 나오고, 이 값은 $\frac{1}{2}$을 간신히 넘긴다.

1920년대
보스, 아인슈타인의 빛이론을 점유 문제로 생각하다.

1939년
리하르트 폰 미제스 Richard von Mises, 생일 문제를 제기하다.

n = 22이면, 두 사람의 생일이 겹칠 확률은 $\frac{1}{2}$보다 작은 0.4757이 나온다. 생일 문제가 역설적으로 보이는 이유는 우리가 사용하는 말과 밀접한 관련이 있다. 생일 문제에 대한 풀이 결과를 보면, 두 사람의 생일이 겹친다고 말하고 있으나 그 두 사람이 어느 사람인지는 꼬집어 말하지 않는다. 누가 짝을 이루게 될지는 알지 못하는 것이다. 만약 생일이 3월 8일인 톰슨 씨가 방 안에 있다면 질문을 바꿔볼 수 있다.

톰슨 씨와 생일이 같은 사람은 몇이나 될까?

이 질문에 답하려면 계산을 달리 해야 한다. 톰슨 씨가 다른 한 사람과 생일이 겹치지 않을 확률은 $\frac{364}{365}$이므로, 그가 방 안에 있는 다른 n − 1명의 사람과 생일이 겹치지 않을 확률은 $(\frac{364}{365})^{n-1}$이다. 따라서 톰슨 씨가 다른 사람과 생일이 겹치지 않을 가능성은 1에서 이 값을 뺀 값이다.

n = 23으로 놓고 계산해보면 이 확률은 겨우 0.061151밖에 되지 않고, 따라서 다른 누군가의 생일이 톰슨 씨의 생일인 3월 8일과 겹칠 가능성은 겨우 6퍼센트 정도밖에 되지 않는다.

n값을 올리면 확률도 커진다. 하지만 이 확률이 $\frac{1}{2}$을 넘어가려면 n = 254(톰슨 씨도 포함)까지 올려야 한다. n = 254일 때 확률은 0.5005이다.

n = 253으로 놓으면 $\frac{1}{2}$보다 작은 0.4991이 나오기 때문에 254가 커트라인이다. 톰슨 씨의 생일과 다른 누군가의 생일이 겹칠 가능성이 $\frac{1}{2}$을 넘어가려면 방 안에 254명이 모여야 한다. 아마도 고전적 형태의 생일 문제에서 나온 놀라운 해답보다는 이것이 우리의 직관에 더 잘 부합할 것이다(n = $\frac{(365-1)}{2}$ = 182이면 톰슨 씨의 생일을 제외한 연중 모든 날짜 중 절반에 해당되니까 충분하다는 생각이 들 수도 있다. 하지만 182명 중에도 톰슨

씨와는 생일이 다르면서 서로 생일이 겹치는 사람이 있을 수 있기 때문에, 이 수보다는 커야 한다).

생일 문제의 다른 형태들

생일 문제는 여러 가지 방식으로 일반화되었다. 그 중 한 가지는 세 사람의 생일이 겹치는 경우다. 이 경우 세 사람의 생일이 겹칠 확률이 50퍼센트 이상이 되기 위해서는 88명이 필요하다. 네 사람, 다섯 사람의 생일이 겹치기 위해서는 그만큼 더 많은 사람이 모여야 한다. 예를 들어 1,000명이 모이면, 그 중 아홉 사람의 생일이 겹칠 확률은 50퍼센트를 넘는다.

여학생 　　　 남학생

생일이 인접한 경우에 대해서 살펴본 생일 문제도 있다. 이 문제에서는 생일이 다른 사람의 생일과 특정 날짜 안으로 인접해 있으면 짝을 이룬 것으로 생각한다. 예를 들어 두 사람의 생일이 겹치거나 하루 차이가 날 확률이 50퍼센트를 넘으려면 14명만 있으면 충분한 것으로 드러났다.

남학생, 여학생의 생일 문제는 생일 문제의 변형으로, 좀더 복잡한 수학이 필요하다. 한 반을 구성하는 남학생과 여학생의 수가 같을 때, 한 남학생과 한 여학생의 생일이 겹칠 가능성이 50퍼센트를 넘기 위해서는 반 학생 수가 얼마나 되어야 할까?

그 해답은 32명(여학생 16명, 남학생 16명)이다. 이 수치는 고전적 형태의 생일 문제에서 나오는 23명이라는 값과 견주어볼 수 있다.

질문을 살짝 바꾸면 새로운 결과를 얻을 수 있다(하지만 풀이는 쉽지 않다). 밥 딜런의 공연을 보기 위해 사람들이 길게 줄을 서고 있고, 줄을 선 사람들은 무작위라고 가정해보자. 우리가 관심을 갖는 부분은 생일이니까 쌍둥이나 세쌍둥이가 함께 줄을 설 가능성은 무시하기로 하자. 일단, 입장하는 팬들에게 생일을 물어본다.

여기서 수학적인 질문은 이것이다. 얼마나 많은 사람을 입장시켜야 연이어 들어온 두 사람의 생일이 겹치는 것을 볼 수 있을까? 또 다른 질문을 만들어보자. 얼마나 많은 사람을 입장시켜야 톰슨 씨의 생일인 3월 8일과 생일이 겹치는 사람을 만날 수 있을까?

생일 문제를 계산할 때는, 사람들의 생일 날짜가 고르게 분포되어 있으며 무작위로 한 사람을 뽑았을 때 그 생일이 1월 1일부터 12월 31일까지의 어느 날짜에 떨어질 확률이 모두 같을 것으로 가정한다. 실제로 조사해보면 이것은 정확한 얘기가 아니지만(여름에 태어나는 사람이 더 많다), 적용에 문제가 없을 만큼 충분히 근접한 결과가 나온다.

생일 문제는 점유 문제Occupancy problem의 한 예다. 점유 문제란 칸 속에 공을 집어넣는 문제를 말한다. 생일 문제에서 칸의 수는 365(이 수는 가능한 생일 날짜의 수와 같다)이고, 무작위로 칸에 들어가는 공은 사람이다. 생일 문제는 두 공이 한 칸에 들어갈 확률을 조사하는 것으로 단순화할 수 있다. 남학생, 여학생의 생일 문제는 공의 색깔이 두 가지인 경우다.

수학자들만 생일 문제에 관심을 갖는 것은 아니다. 사티엔드라 보스Satyendra Nath Bose는 광자를 바탕으로 빛을 설명하는 아인슈타인의 빛이론에 매력을 느꼈다. 그는 기존의 연구 방법에서 벗어나 물리적 구성을 점유 문제의 관점에서 고려하였다. 그에게 있어서 칸은 생일 문제에서처럼 날짜가 아니라 광자의 에너지준위Energy level였다. 그리고 그 칸에 들어가는 것은 사람이 아니라 수많은 광자들이었다. 점유 문제는 다른 과학 분야에도 많이 적용된다. 예를 들어 생물학에서는 전염병 확산의 모형을 점유 문제로 만들 수 있다. 이 경우에는 지리적 영역이 칸이 되고, 질병이 공이 된다. 여기서 풀어야 할 문제는 이 질병이 어떤 식으로 모이는지 알아내는 것이다.

이 세상은 놀라운 우연으로 가득 차 있지만, 오직 수학만이 그 확률을 계산할 수 있는 방법을 제공해준다. 그런 면에서 볼 때 고전적 형태의 생일 문제는 그저 빙산의 일각에 불과하다. 그 문을 열고 들어가면 그 아래로는 중요한 부분에 적용할 수 있는 진지한 수학 분야가 광활하게 펼쳐져 있을 것이다.

분포 '얼마나'에서 시작된 분석

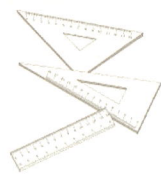

라디슬라우스 보르트키에비치^{Ladislaus J. Bortkiewicz}는 사망률표에 매료되었다. 그에게 이것은 암울한 주제가 아니라, 끊임없는 과학적 연구가 필요한 분야였다. 말에 채여 죽은 프로이센 기병의 수를 조사했던 것은 유명한 사례이다. 그 다음으로는 전기공학자였던 프랭크 벤포드^{Frank Benford}가 있다. 그는 다른 형태의 수학 자료를 가져다가 맨 앞자리의 숫자로 1, 2, ⋯ 등의 숫자가 얼마나 자주 나오는지 세어보았다. 그리고 하버드대학에서 독일어를 가르치던 조지 킹슬리 지프^{George Kingsley Zipf}가 있다. 그는 문헌학에 관심이 있어서 문장들 속에서 단어가 등장하는 횟수를 분석했다.

위에 든 사례들은 모두 사건이 일어날 확률을 측정하고 있다. x명의 기병이 1년 동안 말에 채여 죽게 될 확률은 얼마일까? 각각의 x값에 대해서 확률을 나열한 것을 확률분포^{Probability distribution}라고 한다. 이것들은 이산분포^{Discrete distribution}이기도 하다. x의 값은 고립된 값만을 가질 수 있기 때문이다. 여기서 우리가 관심을 두는 값들 사이에는 간격이 존재한다. 예를 들어 프로이센 기병 3명이나 4명이 말에 채여 죽었다고 할 수는 있지만, $3\frac{1}{2}$명이 죽었다고 할 수는 없는 노릇이다. 뒤에서 보겠지만, 벤포드분포^{Benford distribution}의 경우에서는 1, 2, 3, ⋯ 같은 숫자의 등장 횟수에 관심을 둔다. 그리고 지프분포^{Zipf distribution}에서는 단어를 많이 등장하는 순서대로 목록화하는데, 예를 들어 'it'이라는 단어를 목록의 8번째 자리에 놓을 수는 있지만, 8.23번째 자리에 놓을 수는 없다.

timeline

서기 1837년
푸아송, 자신의 이름을 딴 분포를 기술하다.

1881년
뉴컴, 현재 벤포드의 법칙으로 알려진 법칙을 발견하다.

1898년
보르트키에비치, 말에 차여 사망한 프로이센 기병의 수를 분석하다.

프로이센 병사의 삶과 죽음

보르트키에비치는 10개의 군단에 대한 20년간의 자료를 수집했고, 이렇게 해서 200군단-년(10개 군단 × 20년)의 자료가 축적되었다. 그는 사망자수(수학자들은 이것을 변수라고 부른다)를 살펴보았고, 그 수만큼 사망자가 발생한 군단-년의 수를 살펴보았다. 예를 들어 사망자가 발생하지 않은 군단-년은 109군단-년인 반면, 한 군단-년에는 4명의 사망자가 발생했다. 어느 군단 내에서 특정 해에 사망자가 4명이 있었다는 말이다.

사망자수의 분포는 어떻게 되는가? 현장에 나가 자료를 기록하면서 이런 정보를 수집하는 것도 통계학자의 업무 중 하나다. 보르트키에비치는 다음과 같은 자료를 얻었다.

사망자수	0	1	2	3	4
빈도	109	65	22	3	1

다행히도 말에 채여 죽는 것은 드문 사건이었다. 드문 사건이 얼마나 자주 일어나는지를 모델링하는 데 가장 적절한 이론적 기법은 푸아송분포 Poisson distribution 라는 것이다. 보르트키에비치가 이 기법을 사용했었다면 굳이 마구간을 찾는 수고를 들이지 않고도 결과를 예측할 수 있었을까? 푸아송분포에 따르면 사망자수(X라고 하자)가 x일 확률은 푸아송의 공식을 이용해 구할 수 있다. 이 공식에서 e는 앞에서 성장과 관련해 다루었던 특별한 수이고, 느낌표는 1과 그 수 사이의 모든 정수를 곱하는 팩토리얼을 의미한다('자연대수' 참고). λ라고 쓰는 그리스문자 람다는 평균 사망자수를 나타낸다. 200군단-년 동안의 이 평균 사망자수를 알아내야 하므로, 사망자 0명을 109군단-년에 곱하고(= 0), 사망자 1명을 65군단-년에 곱하고(= 65),

$$\frac{e^{-\lambda}\lambda^x}{x!}$$

푸아송의 공식

1938년
벤포드, 맨 앞자리 숫자의 분포에 대한 법칙을 재발견하다.

1950년
지프, 단어 사용을 어휘력과 관련시키는 공식을 유도하다.

2003년
푸아송분포를 사용해 북대서양의 수산자원을 분석하다.

사망자 2명을 22군단-년에 곱하고(= 44), 사망자 3명을 3군단-년에 곱하고(= 9), 사망자 4명을 1군단-년에 곱하고(= 4) 나서 이 값을 모두 더한 다음(= 122) 200으로 나눈다. 따라서 군단-년당 평균 사망자수는 $\frac{122}{200}$ = 0.61이 된다.

이론적 확률(p라고 하자)을 구하려면 r = 0, 1, 2, 3, 4라는 값을 푸아송의 공식에 대입하면 된다. 그 결과는 다음과 같다.

사망자수	0	1	2	3	4
확률	0.543	0.331	0.101	0.020	0.003
기대 빈도	108.6	66.2	20.2	4.0	0.6

이론적인 분포가 보르트키에비치가 수집한 실험적 자료와 잘 맞아들어가는 것으로 보인다.

전화번호의 맨 앞자리 수

전화번호부에서 전화번호 마지막 숫자를 분석해보면 0, 1, 2, …, 9가 고르게 분포할 것이라 예상할 수 있다. 이 숫자들은 무작위로 나타나기 때문에, 모든 숫자의 나타날 확률은 모두 같다. 1938년 전기공학자 프랭크 벤포드는 어떤 자료들의 경우에는 맨 앞자리에 등장하는 수가 이런 무작위적인 패턴을 따르지 않는다는 사실을 발견했다. 사실 그는 천문학자 사이먼 뉴컴Simon Newcomb이 1881년에 처음 발견한 법칙을 재발견한 것이다.

작은 실험을 해보았다. 신문에서 외환거래 자료들을 살펴보았는데, 거기에는 2.119 같은 환율이 나와 있었다. 이것은 1파운드를 사려면 미화 2.119달러가 필요하다는 뜻이다. 이와 비슷하게, 1파운드를 사려면 유로화로는 1.59유로가 필요하고, 홍콩달러로는 15,390홍콩달러가 필요하다. 자료들을 검토해서 맨 앞자리 수가 등장하는 횟수를 기록해보니 다음과 같은 표를 작성할 수 있었다.

맨 앞자리 숫자	1	2	3	4	5	6	7	8	9	합계
등장 횟수	18	10	3	1	3	5	7	2	1	50
퍼센트	36	20	6	2	6	10	14	4	2	100

이 결과는 벤포드의 법칙을 따른다. 벤포드의 법칙에 따르면 어떤 종류의 자료에 있어서 숫자 1이 맨 앞자리 숫자로 등장하는 비율은 약 30퍼센트, 2가 등장하는 비율은 약 18퍼센트 등과 같이 나타난다고 한다. 이것은 분명 전화번호 마지막 숫자에서 보이는 균등분포(Uniform distribution)와는 다르다.

많은 데이터들이 무슨 이유로 벤포드의 법칙을 따르는 것인지에 대한 답변은 명쾌하지 않다. 19세기에 사이먼 뉴컴이 수치표를 사용하다가 이 법칙을 발견했을 때만 해도, 그는 이 법칙이 이렇게 광범위하게 적용되리라고는 꿈에도 생각하지 못했을 것이다.

벤포드의 분포가 드러나는 경우를 들자면 스포츠경기 점수, 주식시장 자료, 집의 번지수, 나라별 인구, 강의 길이 등이 있다. 측정단위는 중요하지 않다. 강의 길이를 미터단위로 재든, 마일단위로 재든 상관이 없다는 얘기다. 벤포드의 법칙은 실용적으로 적용이 가능하다. 일단 회계 자료가 이 법칙을 따르는 것을 확인하고 나면, 거짓 정보를 가려내서 사기꾼을 찾아낼 수 있다.

가장 많이 쓰는 단어는 무엇일까?

지프는 이것저것 관심사가 많았는데, 그중에는 일일이 단어를 세는 별난 습관도 있었다. 영어에서 가장 많이 나오는 인기 단어 10개는 아래 표에 나온 짧은 단어들이다.

순위	1	2	3	4	5	6	7	8	9	10
단어	the	of	and	to	a	in	that	it	is	was

이것은 폭넓은 분야의 문헌에서 크게 표본을 추출하고 일일이 단어를 세서 찾아낸 것이다. 가장 흔히 등장하는 단어를 1등으로 놓고, 그 다음 것을 2등으로 놓는 식으로 진행했다. 다양한 문헌을 분석해보면 인기 순위에 조금씩 차이는 있을 수 있지만, 크게 다르지는 않을 것이다.

1등이 'the'이고, 2등이 'of'인 것은 무척 당연한 결과로 보인다. 이 목록은 이후로도 계속 이어지는데, 몇 개 예를 들자면 500등은 'among'이고 1,000등은 'neck'이다. 여기서는 10등까지만 고려하겠다. 아무 문헌이나 집어 들고 이 단어들을 세 보면 아마 비슷한 순위가 나올 것이다. 놀라운 것은 순위가 문장에서 실제로 등장하는 그 단어의 횟수와도 관련이 있다는 점이다. 'the'는 'of'보다 2배 더 많이 등장하고, 'and'보다는 3배 더 많이 등장한다. 유명한 공식을 이용해 실제 등장 횟수를 계산할 수 있다. 이것은 실험적 법칙이고 지프가 자료를 조사해서 발견한 것이다. 지프의 법칙 이론에 따르면 순위가 r등인 단어의 발생 비율은 다음과 같다.

$$\frac{k}{r} \times 100$$

여기서 k는 저자의 어휘력 크기에 위해서만 결정되는 값이다. 만약 어떤 저자가 (약 백만 단어 정도로 추산되고 있는) 영어의 모든 단어를 구사할 수 있다면, 이때 k의 값은 약 0.0694가 나온다. 그렇다면 지프의 법칙 공식에서 단어 'the'는 문헌에 나온 모든 단어들 중에서 6.94% 정도를 차지하게 될 것이다. 마찬가지로 'of'는 이것의 절반인 3.47% 정도를 차지할 것이다. 이렇게 어휘력이 풍부한 저자가 3,000단어짜리 수필을 쓴다면, 거기에는 'the'가 208번, 'of'가 104번 정도 등장할 것이다.

저자가 약 20,000단어밖에 구사하지 못한다면 k의 값은 0.0954로 치솟는다. 따라서 이 사람이 3,000단어짜리 수필을 쓰면 'the'는 286번, 'of'는 143번 정도 등장할 것이다. 어휘력이 부족할수록 'the'가 자주 등장한다.

인간을 분석하는 다양한 도구

푸아송의 법칙이든, 벤포드의 법칙이든, 지프의 법칙이든, 이 분포들은 모두 예측을 가능하게 해준다. 완전히 정확하게 예측하는 것은 불가능하지만, 확률이 어떻게 분포하는지만 알아도 그냥 어림짐작하는 것보다는 훨씬 낫다. 이 3가지 말고도 이항분포 Binomial distribution, 음이항분포 Negative binomial distribution, 초기하분포 Hypergeometric distribution 등 많은 분포가 있다. 통계학자들은 다양한 인간 활동을 분석할 수 있는 효과적인 도구들을 많이 마련해놓았다.

정규곡선 어디서나 볼 수 있는 종 모양 곡선

정규곡선은 통계학에서 중추적인 역할을 한다. 직선을 빼고 수학을 얘기할 수 없는 것처럼, 정규곡선을 빼고는 통계학을 얘기할 수 없다는 말도 있다. 이것은 분명 중요한 수학적 특성이다. 하지만 가공하지 않은 있는 그대로의 자료들을 분석해보면, 정규곡선을 정확히 따르는 것은 좀처럼 찾아보기가 힘들다.

정규곡선은 종 모양의 곡선을 만들어내는 특수한 수학공식으로 규정된다. 이 곡선은 가운데 부분이 혹처럼 솟아 있고, 그 양쪽으로 서서히 내려가는 모양을 하고 있다. 정규곡선은 특성보다는 이론적인 측면에서 그 중요성이 강조된다. 그리고 그런 점에서 이것은 유래가 길다. 종교적 박해를 피해 영국으로 몸을 피한 프랑스의 위그노 교도, 아브라함 드무아브르는 자신이 내놓은 확률의 분석과 연계해서 1733년 정규곡선을 소개했다. 라플라스는 이것에 대한 연구 결과를 발표했고, 가우스는 이것을 천문학에 이용했다. 천문학에서는 정규곡선을 가우스의 오차법칙 Gaussian law of error 으로 부르기도 한다.

아돌프 케틀레 Adolphe Quetelet 는 1835년에 발표한 자신의 사회학 연구에 정규곡선을 사용했다. 여기서 그는 정규곡선을 이용해 임의의 어떤 사람이 '보통사람'과 얼마나 차이가 나는지를 측정했다. 다른 실험에서 그는 프랑스 징집병들의 키와 스코틀랜드 병사들의 가슴둘레를 측정했고, 이 측정치들이 정규곡선을 따를 것이라고 생각했다. 당시에는 대부분의 현상들이 정규곡선을 따른다는 의미에서 '정

timeline

서기 1733년
드무아브르, 정규곡선이 이항분포의 근사치임을 연구한 내용을 발표하다.

1820년
가우스, 천문학에서 가우스의 오차법칙으로 정규분포를 이용하다.

규적'일 것이라는 믿음이 강했다.

얼마나 먼 곳에서 출근했나요?

칵테일파티에 참석한 크리스티나에게 파티를 주최한 세바스찬이 멀리서 왔느냐는 질문을 했다고 가정해보자. 나중에 그녀는 이 질문이 칵테일파티에서 아주 유용하게 쓸 수 있는 질문임을 깨닫게 되었다. 말을 붙이고 싶을 때 편하게 묻고 대답할 수 있는 질문이기 때문이다. 질문을 던지는 게 힘든 일도 아니고, 대화가 막혔을 때 다시 말문을 여는 구실도 될 수 있겠다 싶었다.

다음날, 살짝 숙취를 느끼며 사무실로 향하는 길에 크리스티나는 자기 직장 동료들이 얼마나 먼 곳에서 출퇴근을 하고 있는지 궁금해졌다. 구내매점에서 얘기를 나누어보니 일부는 회사 근처에 살고, 일부는 50마일이나 떨어진 곳에서 사는 등 거리가 무척 다양했다. 그녀는 자신이 대기업의 인사부 과장인 점을 이용해서 매년 나누어주는 직원 설문지 끝에 질문 하나를 덧붙였다. '오늘은 얼마나 먼 곳에서 출근하셨습니까?' 크리스티나는 직원들의 평균 출퇴근 거리를 알고 싶었다. 설문 결과를 히스토그램으로 그려보니 분포 양상에 특별한 패턴은 보이지 않았지만, 적어도 평균 출퇴근 거리는 알 수 있었다.

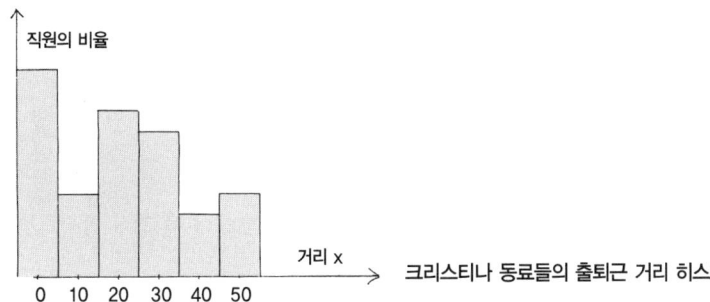

크리스티나 동료들의 출퇴근 거리 히스토그램

1835년
케틀레, 보통사람과의 차이를 측정하기 위해 정규곡선을 이용하다.

1870년대
정규분포라는 이름이 붙다.

1901년
알렉산드르 리아푸노프 Aleksandr Lyapunov, 특성함수들 Characteristic function 을 이용하여 중심극한정리를 엄밀하게 증명하다.

평균 출퇴근 거리는 20킬로미터인 것으로 드러났다. 수학자들은 이것을 그리스문자 μ ('뮤')로 표시한다. 따라서 여기서는 $\mu = 20$이다. 모집단에서 나타나는 다양성은 그리스문자 σ ('시그마')로 표시한다. 이것은 표준편차라고 부르기도 한다. 표준편차가 작으면 자료값들이 조밀하게 몰려 있어서 값들 사이에 차이가 크지 않지만, 표준편차가 크면 자료값들이 다양한 수치로 넓게 퍼져 있다는 것이다. 통계학을 전공한 시장분석가의 말을 들어보니 표본만 조사해보았어도 20에 가까운 값을 얻을 수 있었을 거라고 한다. 모든 직원들에게 일일이 다 물어볼 필요가 없었던 것이다. 표본만으로 이런 추정이 가능한 것은 중심극한정리$^{\text{Central Limit Theorem}}$ 덕분이다.

회사의 전체 인력 중에서 무작위로 표본집단을 추출해보자. 표본집단의 크기는 클수록 좋지만 30명 정도만 추출해도 쓸 만한 결과를 얻을 수 있다. 무작위로 이 표본을 추출하다보면 거기에는 가까운 데 사는 사람도 들어가고 먼 데 사는 사람도 들어갈 것이다. 표본집단에서 평균 출퇴근 거리를 계산해보면 먼 거리는 가까운 거리에 의해 상쇄되어서 결국 평균에 도달하게 될 것이다. 수학자들은 표본집단의 평균을 $\bar{x}$라고 적고, 'x바(x bar)'라고 읽는다. 크리스티나의 경우를 보면 $\bar{x}$의 값은 모집단의 평균인 20에 가까울 가능성이 대단히 크다. 표본집단의 평균이 전체 평균보다 아주 낮거나 높을 가능성이 아주 없는 것은 아니지만, 그 가능성이 크지는 않다.

정규곡선이 통계학자들에게 중요해진 이유 중 하나가 바로 중심극한정리이다. 중심극한정리에 의하면 x의 분포가 어떻든 간에 표본집단의 평균 $\bar{x}$의 실제 분포는 정규곡선과 거의 같다. 이것이 무슨 뜻일까? 크리스티나의 경우에서 보면, x는 직원들의 출퇴근 거리를 나타내고 $\bar{x}$는 표본집단의 평균을 나타낸다. 크리스티나가 히스토그램으로 그린 x의 분포를 보면 전혀 종 모양의 곡선을 닮지 않았다. 하지만 x̄의 분포는 μ=20을 중심으로 종 모양을 그린다.

이것이 우리가 표본집단의 평균 x̄를 모집단의 평균 μ의 추정치로 사용할 수 있는 이유다. 표본집단 평균 x̄의 다양성은 보너스다. 만약 x값들의 다양성이 표준편차 σ라면, x̄의 다양성은 $\frac{\sigma}{\sqrt{n}}$이고, 여기서 n은 우리가 뽑은 표본집단의 크기가 된다. 표본집단의 크기가 커질수록 정규곡선의 폭은 좁아지고, μ의 추정치는 더 정확해질 것이다.

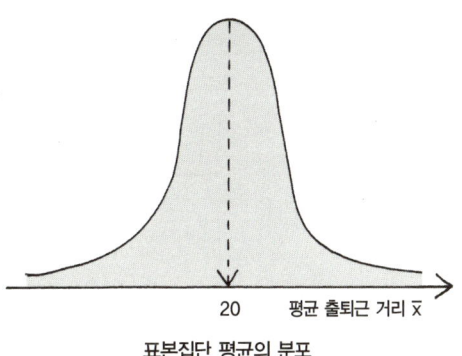

표본집단 평균의 분포

동전을 던져보자

간단한 실험을 하나 해보자. 동전을 네 번 던져보도록 하겠다. 앞면이 나올 가능성은 매번 던질 때마다 $p = \frac{1}{2}$이다. 앞면은 H, 뒷면은 T로 표시하기로 하고, 네 번 던져서 나온 결과를 순서대로 기록할 수 있다. 여기서 나올 수 있는 결과는 모두 16가지이다. 예를 들어 THHH가 나왔다면 앞면이 세 번 나온 것이다. 사실 앞면이 세 번 나올 수 있는 경우의 수는 모두 4가지다(앞의 예 말고도 HTHH, HHTH, HHHT가 있다). 따라서 앞면이 세 번 나올 확률은 $\frac{4}{16}$ = 0.25다.

던지기 횟수가 적을 때는 확률을 손쉽게 계산해서 표에 적을 수 있고, 확률분포가 어떻게 되는지도 계산할 수 있다. 파스칼의 삼각형('파스칼의 삼각형' 참고)에서 조합의 수를 찾아볼 수 있다.

앞면의 횟수	0	1	2	3	4
조합의 수	1	4	6	4	1
확률	0.0625	0.25	0.375	0.25	0.0625
	$(= \frac{1}{16})$	$(= \frac{4}{16})$	$(= \frac{6}{16})$	$(= \frac{4}{16})$	$(= \frac{1}{16})$

나올 수 있는 결과가 두 가지일 때(여기서는 앞면과 뒷면) 나타나는 확률분포를 이항분포라고 부른다(정규분포는 연속변량에 대한 확률분포인 반면, 이항분포는 이산변량에 대한 확률분포이다. 이항분포에서 n값이 커지면 정규분포에 가까워진다). 이 확률을 높이와 면적으로 표시해서 도표로 그릴 수 있다.

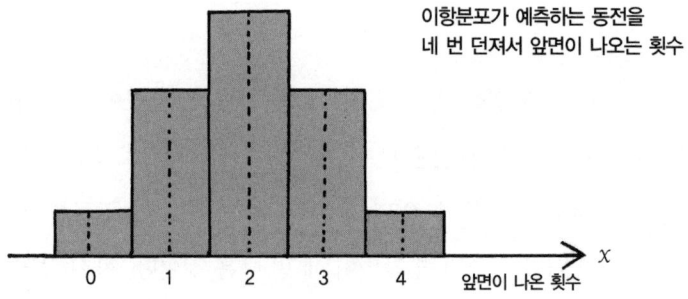

이항분포가 예측하는 동전을 네 번 던져서 앞면이 나오는 횟수

동전을 네 번 던지는 것은 아무래도 조금 제한적이다. 던지는 횟수를 늘려서, 이를테면 100번 정도 던져보면 무슨 일이 일어날까? n = 100인 이항분포를 적용할 수도 있겠지만, 평균값 μ = 50(동전을 100번 던져서 앞면이 나올 횟수의 기대치는 50번이므로)이고 표준편차 σ = 5인 종 모양의 정규곡선을 이용해서 근사치를 계산하는 것이 더 편하고 유용하다. 이것은 드무아부르가 16세기에 발견한 내용이다.

n값이 커지면, 성공 횟수를 측정하는 변수 x도 그만큼 정규곡선에 더 잘 들어맞

게 된다. n값이 커질수록 근사치도 더욱 정확해지는데, 동전 던지기 100번 정도면 n값이 큰 것으로 간주한다. 여기서 앞면이 40번에서 60번 사이로 나올 확률을 알고 싶다고 해보자. 그림에서 우리가 관심을 가지는 부분은 영역 A이고, A의 면적은 앞면이 40번에서 60번 사이로 나올 확률, 즉 prob($40 \leq x \leq 60$)을 나타낸다. 미리 계산해놓은 수치표를 이용하면 실제 값을 알 수 있는데, prob($40 \leq x \leq 60$) = 0.9545이다. 이것은 동전을 100번 던져서 앞면이 40번에서 60번 사이로 나올 가능성이 95.45퍼센트라는 것으로, 확률이 상당히 크다는 것을 알 수 있다.

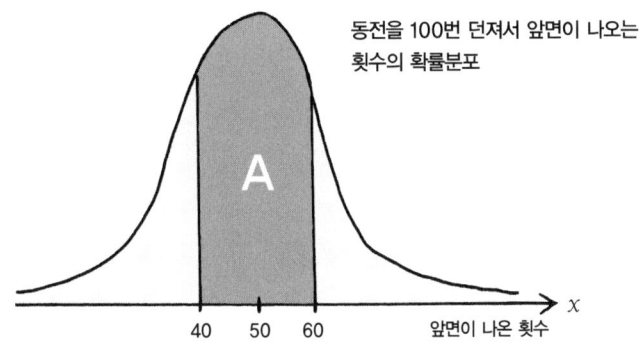

나머지의 면적은 1 − 0.9545로 겨우 0.0455밖에 되지 않는다. 정규곡선은 중앙을 중심으로 대칭이므로, 이 값을 반으로 나누면 동전을 100번 던져서 앞면이 60번 넘게 나올 확률이 된다. 이 값은 2.275퍼센트에 불과하며, 가능성이 상당히 희박함을 말해준다. 라스베가스를 방문할 일이 있으면 이쪽에는 돈을 걸지 않는 것이 좋겠다.

자료의 상관관계 서로 얼마나 관련이 있을까?

두 종류의 자료를 어떻게 서로 관련지을 수 있을까? 백 년 전의 통계학자들은 그 답을 찾아냈다고 생각했다. 상관관계와 회귀는 말과 마차처럼 늘 함께 움직이지만, 말과 마차가 그런 것처럼 이 둘은 서로 다르며 맡은 역할도 각기 다르다.

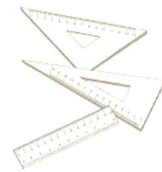

상관관계는 체중과 키 같은 두 수량이 서로 얼마나 관련되어있는지를 측정하는 것이다. 회귀는 한 가지 특성(이를테면 키)의 값을 가지고 다른 특성(이 경우에는 체중)의 값을 예측할 때 사용할 수 있다.

피어슨의 상관관계

'상관관계Correlation'라는 용어는 1880년대에 프랜시스 골턴이 처음으로 도입하였다. 애초에 그는 '공동의 관계Co-relation'라는 용어를 사용했었는데, 이 말이 의미 전달에는 더 나은 것 같다. 빅토리아 시대의 부유한 과학자였던 골턴은 모든 것을 측정하려는 열망을 품고 있었고, 짝을 이룬 변수의 연구에 상관관계를 적용했다. 예를 들면 새의 날개 길이와 꼬리 길이 사이의 상관관계 같은 것이었다. 골턴의 전기작가이자 피후견인이었던 칼 피어슨Karl Pearson의 이름을 딴 피어슨 상관계수Pearson correlation coefficient는 −1에서 1 사이의 값으로 측정된다. 0.9 정도로 이 수치값이 높으면 두 변수 사이에는 강한 상관관계가 있다고 말한다. 상관계수는 자료값

timeline

서기 1806년
앙드리앵 마리 르장드르, 최소제곱을 이용해 자료들을 일치시키다.

1809년
가우스, 천문학 문제를 푸는 데 최소제곱법을 이용하다.

1885~1888년
골턴, 회귀와 상관의 개념을 도입하다.

들이 직선을 따라 놓이려는 경향을 측정하는 것이다. 만약 이 값이 0에 가깝다면 사실상 상관관계가 존재하지 않음을 의미한다.

우리는 두 변수가 얼마나 강하게 관련되어 있는지를 보기 위해 그 두 변수 사이의 상관관계를 알아내려는 경우가 많다. 선글라스 매출과 아이스크림 매출이 얼마나 관련이 있는지를 예로 들어보자. 이 연구를 진행하기에는 샌프란시스코가 제격일 듯하다. 이곳에서 매달 자료를 모았다고 하자. 그래프의 x 좌표(수평 좌표)는 선글라스의 매출을, y 좌표(수직 좌표)는 아이스크림의 매출을 나타내는 것으로 하고 수집한 자료를 점으로 나타내보면, 매달 우리는 양쪽 자료값을 표현하는 점 (x, y)를 하나씩 얻을 수 있다. 예를 들어 점 $(3, 4)$는 5월의 선글라스 매출은 30,000달러, 아이스크림 매출은 40,000달러였다는 것을 의미한다. 1년 동안 매달 자료를 모은 후 그 자료를 점 (x, y)로 변환해서 산포도 Scatter diagram 에 그릴 수 있다. 이 예에서 보면 피어슨 상관계수의 값은 0.9 정도가 나올 것이고, 이것은 강한 상관관계를 의미한다. 이런 경우에 자료는 직선적으로 배열되는 경향이 있다. 이 직선의 기울기가 양수이기 때문에 이 상관관계도 양의 상관관계를 띠며, 직선은 우상방을 가리킨다.

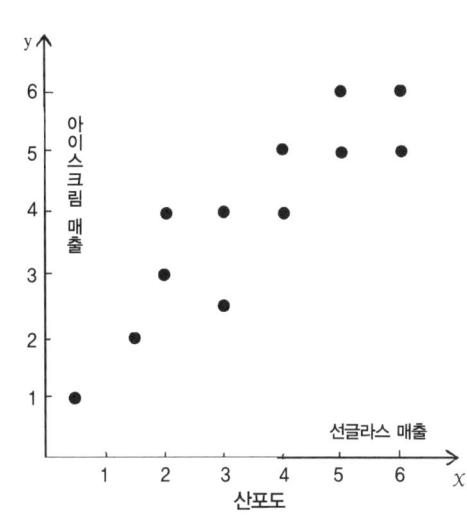

산포도

원인과 상관관계

두 변수 사이에 강한 상관관계를 찾아냈다 하더라도, 그것만으로는 어느 한 변수가 다른 변수의 원인이라고 단정 지을 수 없다. 두 변수 사이에 어떤 인과관계가 있을지도 모르지만 수치적 증거만으로는 분명하지 않다. 원인관계가 분명치 않은 상

1896년
피어슨, 상관과 회귀에 대한 글을 투고해 발표하다.

1904년
스피어만, 순위 상관관계를 심리학 연구의 도구로 사용하다.

관관계 문제에 대해서는 관습적으로 '연관성Association'이라는 단어를 사용하며, 이보다 더 깊은 관련성을 성급히 단정 짓지 않도록 주의하는 것이 좋다.

선글라스와 아이스크림의 예에서 보면 선글라스의 매출과 아이스크림의 매출 사이에는 강한 상관관계가 있다. 선글라스의 매출이 증가하면 아이스크림의 판매량도 같이 늘어난다. 그러나 선글라스에 대한 지출이 아이스크림 판매량 증가의 원인이라고 주장하면 웃기는 소리가 될 것이다. 이 상관관계에서는 어떤 보이지 않는 변수가 중간에서 작용하고 있을지도 모른다. 예를 들면, 선글라스와 아이스크림의 소비는 계절적 영향의 결과로 함께 연관되어 있다. 상관관계를 이용할 때는 또 다른 위험이 도사리고 있다. 변수들 사이의 상관관계는 높지만 논리적, 과학적으로 연관관계가 전혀 없는 경우도 있기 때문이다. 집의 번지수와 그 집 거주자들의 합산 나이 사이에 높은 상관관계가 있을 수는 있지만, 이것에서 어떤 의미를 파악하려고 하는 것은 얼토당토않은 일이다.

스피어만의 상관관계

상관관계는 다른 용도로도 사용할 수 있다. 상관계수는 순위 자료Ordered data를 다룰 때도 이용이 가능하다. 순위 자료란 1위, 2위 등의 순위 외에 다른 수치값은 꼭 알지 않아도 되는 자료를 말한다.

때로는 등수만 나와 있는 자료를 얻을 때가 있다. 똑부러진 피겨스케이팅 심판 앨버트와 잭의 경우를 살펴보자. 두 사람은 스케이트 선수들의 예술 부분을 평가한다. 앨버트와 잭은 둘 다 올림픽에서 메달을 딴 적이 있고, 지금은 다섯 사람으로 추려진 결승전에서 심판을 맡게 되었다. 최종 결승 진출자는 앤, 베스, 샬롯, 도로시, 엘리, 이렇게 다섯 사람이다. 앨버트와 잭이 이 다섯 사람의 등수를 똑같이 매겼다면 참 편하게 일할 수 있겠지만, 그런 결과는 쉽지 않다. 그렇다고 앨버트와 잭이 완전히 거꾸로 등수를 매겼을 가능성도 크지 않다. 두 사람이 매긴 순위는 이 양극단 사이의 어디쯤에 있을 것이다. 앨버트는 1위부터 5위까지 앤, 엘리, 베스, 샬롯, 도로시 순서대로 순위를 매겼다. 잭은 엘리를 1위에 앉히고, 베스, 앤, 도로시, 샬롯 순서로 순위를 매겼다. 이 순위를 표로 요약하면 다음과 같다.

스케이트 선수	앨버트가 매긴 순위	잭이 매긴 순위	순위의 차이	d^2
앤	1	3	−2	4
엘리	2	1	1	1
베스	3	2	1	1
샬롯	4	5	−1	1
도로시	5	4	1	1
n = 5			합계	8

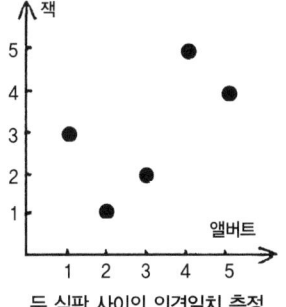

$$1 - \frac{6 \times Sum}{n \times (n^2 - 1)}$$

스피어만의 공식

두 심판 사이의 의견일치 정도를 어떻게 측정할 수 있을까? 순위 자료를 대상으로 이것을 평가하기 위해 수학자들은 스피어만의 상관계수를 사용한다. 위의 자료를 상대로 그 값을 구해보면 +0.6이 나오고, 이것은 앨버트와 잭의 의견이 제한적으로만 일치함을 의미한다. 두 사람이 매긴 순위를 서로 짝지어 그래프에 점으로 나타내면 두 심판의 의견이 얼마나 일치하는지를 시각적으로 나타낼 수 있다.

이 상관계수의 공식은 1904년에 심리학자 찰스 스피어만 Charles Spearman이 개발했다. 스피어만도 피어슨처럼 프랜시스 골턴의 영향을 받았다.

두 심판 사이의 의견일치 측정

실용적인 회귀직선

당신은 양쪽 부모님보다 키가 큰가, 작은가? 아니면 그 중간인가? 우리가 모두 부모님보다 키가 크고, 이런 일이 세대를 거칠 때마다 일어난다면 언젠가 모든 인류는 3미터가 넘는 거인이 될 수도 있을 것이다. 분명 이런 일은 일어날 수 없다. 반대로 우리가 모두 부모보다 키가 작다면 인류는 키가 작아져 난쟁이가 될 테지만, 이런 일도 마찬가지로 가능성이 거의 없다. 진실은 다른 곳에 있다.

1880년대에 프랜시스 골턴은 키가 다 자란 젊은 성인들의 키를 그들 부모의 키와 비교하는 실험을 진행했다. 부모의 키(사실은 아버지, 어머니의 키를 합쳐서 부모의 평균 키를 쟀다)를 측정하는 변수 x의 각각의 값에 대하여 그 자식들의 키를 관찰했다. 골턴은 실용적인 과학자였으므로 칸이 그려진 종이 위에 그 자료들을 그래프로 그려 보았다. 부모 205명과 그 자식 928명을 대상으로 조사한 결과 양쪽 집단의 평균키는 173.4센티미터임을 알아냈다. 골턴은 이 값을 '평범^{Mediocrity}'이라고 불렀다. 골턴은 평균키가 아주 큰 부모의 자식들은 일반적으로 평범보다 키가 크지만 부모의 평균키만큼 크지는 않고, 키가 작은 자식들은 부모의 평균키보다는 크지만 평범보다는 작다는 것을 발견했다. 다른 말로 하면 자식들의 키는 평범으로 회귀^{Regression}했다. 메이저리그 최고의 타자인 뉴욕 양키스 알렉스 로드리게스의 실적도 이와 조금 비슷하다. 그가 한 시즌에 예외적으로 뛰어난 타율을 기록하고 나면 그 다음 시즌에는 저조한 타율을 기록할 가능성이 높지만, 그래도 메이저리그 전체 타자들의 평균치보다는 여전히 높은 타율이 나온다. 이럴 때 우리는 그의 타율이 평균으로 회귀했다고 말한다.

회귀는 대단히 강력한 기법으로, 적용 범위가 넓다. 인기 있는 소매체인점 회사의 경영과학팀이 조사를 위해 본사 점포 중 한 달 고객수 1,000명의 작은 점포에서 한 달 고객수 10,000명의 큰 점포까지 모두 다섯 점포를 골랐다고 생각해보자. 이 연구팀은 각각의 점포에 고용된 직원의 수를 조사한다. 그들은 회귀분석을 이용해 다른 가게에 필요한 직원의 숫자를 추정하려고 계획 중이다.

고객의 수(천 단위)	1	4	6	9	10
직원의 수	24	30	46	47	53

이것을 그래프로 나타내보자. x축에는 고객의 수(설명변수 Explanatory variable)를 표시하고, y축에는 직원의 수(응답변수 Response variable)를 표시하자. 고객의 수가 필요한 직원의 수를 도출해주며, 그 반대가 될 수는 없다. 점포를 찾는 고객의 평균 숫자는 그래프에 6(고객 6,000명)으로 표시되어 있고, 점포의 평균 직원수는 40이다. 회귀직선은 언제나 이 '평균점'을 지나고, 여기서는 그 평균점이 (6, 40)이다. 회귀직선을 구하는 공식이 있는데, 이 회귀직선은 그 자료에 가장 잘 들어맞는 선이다. 이는 최소제곱선 Line of least squares 이라고도 알려져 있다. 예시에서 이 회귀직선은 $\hat{y} = 20.8 + 3.2x$이므로 경사도는 3.2이고 양수이다(왼쪽에서 오른쪽으로 올라간다). 이 회귀직선은 수직축 y와 20.8에서 만난다. $\hat{y}$는 회귀직선에서 얻어낸 y의 추정치다. 따라서 한 달 고객수가 5,000명인 점포에서 직원을 얼마나 고용해야 하는지 알고 싶다면 회귀방정식에서 x에 5를 대입해보면 된다. 실제로 대입해보면 $\hat{y} = 37$이 나온다. 회귀분석이 얼마나 실용적인지 깨닫게 될 것이다.

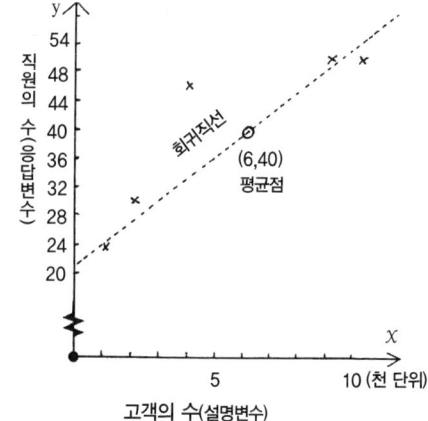

유전학 결국 파란 눈은 사라지게 되는 걸까?

유전학은 생물학의 한 분야다. 그런데 왜 수학책에 들어있을까? 그 이유는 이 두 학문 분야는 서로를 비옥하고 풍요롭게 만들어주는 관계이기 때문이다. 수학은 유전학의 문제들에 해답을 주었고, 유전학 또한 새로운 대수학 분야를 탄생시켜주었다. 인간의 유전에 대해 연구하는 유전학에서 그레고르 멘델$^{Gregor\ Mendel}$은 핵심적 위치를 차지하고 있다. 눈의 색깔, 머리카락 색깔, 색맹, 좌우 손잡이, 혈액형 같은 유전적 특성들은 모두 유전인자(대립유전자)에 의해 결정된다. 멘델은 이런 유전인자들이 독립적으로 다음 세대로 전달된다고 말했다.

눈의 색깔을 결정하는 유전인자가 어떻게 다음 세대로 전달될 수 있을까? 기초적인 유전 모델을 보면 두 가지 유전인자 b와 B가 있다.

b는 파란 눈 인자

B는 갈색 눈 인자

유전자형 bb, bB, BB의 비율분포가 1 대 1 대 3으로 나타나는 개체군 집단

개체에서 이 인자들은 쌍을 이루어 나타나기 때문에 가능한 유전자형은 bb, bB, BB, 세 가지이다(bB와 Bb는 똑같다). 사람은 이 세 가지 유전자형 중 하나를 갖고 태어나고 이것이 그 사람의 눈 색깔을 결정한다. 예를 들어 전체 개체군의 5분의 1은 유전자형 bb, 다른 5분의 1은 유전자형 bB, 그리고 나머지 5분의 3은 유전자형 BB로 구성될 수 있다. 퍼센트를 따져보면 이들 유전자형은 전체 개체군 중 각각 20퍼센트, 20퍼센트, 60퍼센트를 차지한다. 이런 유전자형 비율을 왼쪽 그림처럼 나타낼 수 있다.

갈색 눈을 나타내는 유전인자 B는 우성인자이고, 파란 눈을 나타내는 b는 열성

timeline

서기 1718년
아브라함 드무아브르, 『확률의 원칙』을 출판하다.

1865년
멘델, 유전자와 그에 따른 유전법칙의 존재를 제안하다.

인자이다. 순종 유전자형 BB를 갖는 사람은 눈이 갈색이겠지만, 유전인자가 섞여 있는 사람, 즉 잡종 유전자형 bB를 갖고 있는 사람도 B가 우성인자이기 때문에 눈이 갈색이 될 것이다. 순종 유전자형 bb를 갖고 있는 사람만이 눈이 파랗다.

19세기가 시작될 무렵 생물학 분야에서 한 가지 화급한 문제가 수면 위로 떠올랐다. 결국 갈색 눈이 지배하고, 파란 눈은 사라지게 될 것인가 하는 문제였다. 파란 눈은 결국 멸종하고 말 것인가? 그에 대한 답은 '절대로 아니다'였다.

하디-바인베르크 법칙

이것은 하디-바인베르크 법칙 Hardy-Weinberg law에 의해 설명되었다. 이 법칙은 기초적인 수학을 유전학에 적용한 것으로, 멘델의 유전이론에서 우성유전자가 완전히 지배하지도, 열성유전자가 사라지지도 않는 이유를 설명해준다.

하디 G.H. Hardy는 실용성이 없는 수학을 하는 것을 매우 자랑스러워했던 영국의 수학자다. 그는 순수수학의 뛰어난 연구자였지만, 크리켓 경기 후 봉투 뒤에 끼적거린 수학공식에서 탄생한 이 법칙으로 유전학에 딱 한 번 기여를 한 것이 그를 더 유명하게 하는 계기가 되었다. 빌헬름 바인베르크 Wilhelm Weinberg는 배경이 아주 다른 사람이었다. 독일에서 일반개업의로 활동했던 그는 평생 유전학자로 살았다. 그는 하디와 같은 시기인 1908년경에 이 법칙을 발견했다.

이 법칙은 짝짓기가 무작위로 일어나는 커다란 규모의 개체군에 적용된다. 선호하는 짝짓기 패턴이 없으므로, 눈이 파란 사람이 눈이 파란 사람과 짝짓는 것을 더 좋아하거나 하는 경우는 없는 것으로 가정한다. 짝을 지은 후에 태어난 자식은 각각의 부모로부터 유전인자 하나씩을 물려받는다. 예를 들어 잡종 유전자형 bB가 다른 잡종 bB를 만나면 bb, bB, BB가 모두 나올 수 있지만, bb와 BB가 만나면

1908년
하디와 바인베르크, 우성유전자가 열성유전자를 대체하지 못하는 이유를 증명하다.

1918년
피셔, 다윈의 이론과 멘델의 유전이론을 융화시키다.

1953년
DNA의 이중나선 구조를 밝혀내다.

잡종인 bB만 나올 수 있다. b 유전인자가 전달될 확률은 얼마나 될까? 앞서 나온, 세 가지 유전자형이 1 대 1 대 3의 비율로 나타나는 개체군의 예에서 b 유전인자를 세어보면 각각의 bb 유전자형에서는 b가 두 개, 각각의 bB 유전자형에서는 b가 한 개 나오므로, 10개 중 3개의 비율로 b 유전인자가 나온다. 따라서 자식의 유전자형에 b 유전인자가 전달될 확률은 $\frac{3}{10}$, 즉 0.3이다. 그리고 B 유전인자가 전달될 확률은 $\frac{7}{10}$, 즉 0.7이다. 따라서 다음 세대에서 유전자형 bb가 나올 확률은 0.3 × 0.3 = 0.09이다. 이 확률을 모두 요약하면 다음의 표와 같다.

	b		B	
b	bb	0.3 × 0.3 = 0.09	bB	0.3 × 0.7 = 0.21
B	BB	0.3 × 0.7 = 0.21	BB	0.7 × 0.7 = 0.49

잡종 유전자형 bB와 Bb는 같은 것이므로 이것이 나타날 확률은 0.21 + 0.21 = 0.42이다. 유전자형 bb, bB, BB가 다음 세대에 나타날 확률을 퍼센트로 나타내면 9, 42, 49퍼센트이다. B는 우성인자이므로 첫 세대에서 갈색 눈이 나올 확률은 42 + 49 = 91퍼센트이다. 유전자형이 bb인 개체만이 b 유전인자의 특성을 겉으로 드러내게 되므로, 전체 개체군 중 9퍼센트만이 눈이 파란색일 것이다.

유전자형의 초기 분포는 20, 20, 60퍼센트였으나 새로운 세대에서는 유전자형의 분포가 9, 42, 49퍼센트가 되었다. 다음 세대에서는 어떻게 될까? 이번 세대에서 무작위로 짝짓기를 해서 새로운 세대가 탄생하면 어떻게 되는지 알아보자. b 유전인자의 비율은 $0.09 + \frac{1}{2} \times 0.42 = 0.3$이고, B 유전인자의 비율은 $\frac{1}{2} \times 0.42 + 0.49 = 0.7$이다. 이것은 유전인자 b와 B의 이전 전달확률과 똑같다. 따라서 미래 세대에서 유전자형 bb, bB, BB의 분포확률은 이전 세대와 똑같아질 것이고, 특히 파란 눈을 만드는 유전자형 bb는 사라지지 않고 전체 인구 중 9퍼센트로 안정적으로 유지될 것이다. 따라서 무작위로 짝짓기가 연이어 일어나는 동안 유전자형의 비율은 다음과 같이 이어진다.

$$20, 20, 60 \to 9, 42, 49 \to \cdots \to 9, 42, 49 \text{(퍼센트)}$$

이것은 한 세대를 거치고 난 후에는 유전자형의 비율이 세대가 지나도 변하지 않은 채로 남아있고, 유전인자의 전달확률도 마찬가지로 일정하다는 하디-바인베르크 법칙과도 일치한다.

하디의 논증

우리가 예로 들었던 20퍼센트, 20퍼센트, 60퍼센트의 경우만이 아니라 그 어떤 비율로 구성된 초기 개체군에 대해서도 하디-바인베르크 법칙이 적용된다는 것을 이해하려면, 하디가 1908년에 미국의 학술지 〈사이언스^{Science}〉의 편집자에게 적어 보낸 논증을 직접 살펴보는 것이 제일 좋다.

하디는 유전자형 bb, bB, BB의 초기 분포를 p, 2r, q로, 전달확률을 p + r, r + q로 해서 시작했다. 우리가 20, 20, 60퍼센트로 직접 숫자를 이용했던 예에서는 p = 0.2, 2r = 0.2, q = 0.6이다. 유전인자 b와 B의 전달확률은 각각 p + r = 0.2 + 0.1 = 0.3, r + q = 0.1 + 0.6 = 0.7이다. 만약 bb, bB, BB의 초기 분포를 다르게 해서 10, 60, 30퍼센트로 시작하면 어떨까? 이 경우에는 하디-바인베르크 법칙이 어떻게 작동할까? 여기서는 p = 0.1, 2r = 0.6, q = 0.3이고, 유전인자 b와 B의 전달확률은 각각 p + r = 0.4, r + q = 0.6이다. 따라서 다음 세대의 유전자형 분포는 16, 48, 36퍼센트이다. 무작위로 짝을 지은 후의 유전자형 bb, bB, BB의 비율은 연속해서 다음과 같이 진행된다.

$$10, 60, 30 \rightarrow 16, 48, 36 \rightarrow 16, 48, 36 \text{(퍼센트)}$$

여기서도 한 세대가 지난 이후에는 비율이 고정되고, 전달확률도 0.4와 0.6으로 일정하게 유지된다. 이 수치를 통해 보면 전체 개체군 중 16퍼센트는 눈이 파랗고, 유전자형 bB에서 B가 우성이기 때문에 48 + 36 = 84퍼센트는 눈이 갈색일 것이다.

따라서 하디-바이베르크 법칙이 암시하는 바는 전체 개체군 안에서 유전인자의 초기 분포가 어찌 되었든 간에 유전자형 bb, bB, BB의 비율은 세대를 거쳐도 일정하게 유지된다는 점이다. 우성유전자인 B가 완전히 지배하는 일은 생기지 않으며, 유전자형의 비율은 본질적으로 안정되어 있다.

하디는 자신의 모델이 근사치일 뿐임을 강조했다. 이 법칙이 이토록 단순하고도 우아할 수 있었던 것은 실제 세계에서는 통하지 않는 많은 가정에 의지하고 있기 때문이었다. 이 모델에서는 유전자의 돌연변이나 유전자 자체에 일어나는 변화의 가능성은 무시되었으며, 전달비율이 일정하다는 결론을 내림으로써 진화에 대해서는 전혀 고려하지 않고 있다. 실제 세계에서는 유전적 부동$^{\text{Genetic drift}}$(집단 내의 대립유전자 빈도가 우연에 의해 세대별로 변화하는 현상. 집단 내 개체들 사이에 생식 성공률의 차이로 발생한다)이 일어나서 유전인자의 전달확률이 일정하게 유지되지 않는다. 이것은 전체적인 비율에 변화를 야기하고, 따라서 새로운 종이 출현하게 된다.

유전학의 '양자론'이라 할 수 있는 멘델의 이론은 하디-바이베르크 법칙을 통해 다윈주의와 자연선택과 함께 본질적으로 하나로 묶일 수 있었다. 그리고 멘델의 유전이론이 생물학적 특성 진화의 연속이론과 조화를 이루기 위해서는 피셔$^{\text{R.A. Fisher}}$라는 천재의 등장이 반드시 필요했다.

유전학에는 수학이 꼭 필요하다

1950년대까지도 유전학에서는 유전물질 그 자체의 물리적 특성을 이해하지 못하고 있었다. 그러다가 프랜시스 크릭Francis Crick, 제임스 왓슨James Watson, 모리스 윌킨스Maurice Wilkins, 로사린드 프랭클린Rosalind Franklin 등에 의해 극적인 발전을 이루었다. 유전정보 전달의 매개물은 바로 디옥시리보핵산, 즉 DNA였다. 그 유명한 이중나선 구조(원통을 나선 두 개가 감고 올라간 형태)를 모델로 만들기 위해서는 수학이 필요하다. 유전자는 이 이중나선의 분절 위에 위치한다.

유전학을 연구하는 데 있어서 수학은 필수적이다. DNA 나선구조의 기본적인 기하학과 대단히 복잡하게 발전할 수 있는 하디-바이베르크 법칙으로부터 눈 색깔뿐 아니라 남녀 성 차이와 선택적 짝짓기 등을 포함한 많은 특성을 다루는 수학적 모델들이 발전되어 나왔다. 유전학에는 흥미를 끄는 수학적 특성이 많았기 때문에 거기에서 추상대수학의 흥미로운 새로운 분야들이 생겨 나왔다. 이렇게 해서 유전학은 수학에 진 신세를 보답하게 되었다.

38 군론
분류해서 하나로 묶기

에바리스트 갈루아Evariste Galois는 20세의 젊은 나이로 결투에서 죽었지만, 수학자들을 수 세기 동안이나 바쁘게 만들기에 충분할 많은 아이디어들을 남겼다. 그중에는 대칭을 수량화하는 데 사용되는 수학적 개념인 군론이 있다. 그 예술적인 매력과는 별도로, 대칭은 '만물의 이론Theory of everything'을 꿈꾸는 과학자들에게 필수적인 요소다. 군론은 '만물'을 한데 이어주는 접착제이다.

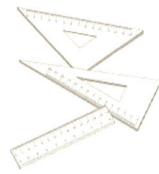

대칭은 우리 주변 곳곳에 널려있다. 그릇에도 대칭이 있고, 눈 결정에도 대칭이 있고, 건물에도 대칭이 있고, 우리가 사용하는 글자 중 일부에도 대칭이 있다. 대칭에도 여러 종류가 있는데, 그중에서도 중요한 것은 거울대칭과 회전대칭이다. 여기서는 2차원 대칭에 대해서만 살펴보겠다. 그렇게 하면 우리가 탐구하는 모든 대상은 이 편평한 종이 위에서 사는 것이 된다.

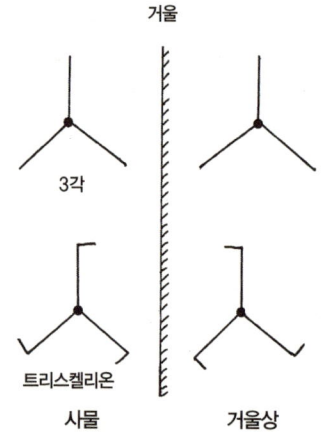

거울 속 트리스켈리온은 왼발잡이

사물이 거울 속에서나 밖에서나 똑같이 보이도록 거울을 설치하는 것이 가능할까? MUM이라는 글자는 거울대칭이지만, HAM은 아니다. MUM은 거울에 비추어도 똑같은 모양이지만, HAM은 거울에 비추면 MAH가 된다. 3각은 거울대칭이지만 트리스켈리온Triskelion(발 달린 3각)은 그렇지 않다. 거울에 비추지 않은 트리스켈리온은 오른발잡이지만, 이미지 평면Image plane 속에 들어있는 거울상은 왼발잡이다.

timeline

서기 1832년
갈루아, 치환군이라는 아이디어를 제안하다.

1854년
케일리, 군 개념의 일반화를 시도하다.

1872년
펠릭스 클라인, 군을 이용해 기하학을 분류하는 프로그램을 시작하다.

아무리 회전해도 똑같은 트리스켈리온

이렇게 물어보는 것도 가능하다. 지금 보고 있는 이 페이지에 수직인 축이 있다면 이 페이지 위의 물체를 그 축을 중심으로 특정 각도만큼 회전해서 원래의 위치로 돌아오게 할 수 있을까? 이것을 회전대칭이라 한다. 3각과 트리스켈리온은 모두 회전대칭이다. '세 개의 다리'를 의미하는 트리스켈리온은 재미있는 도형이다. 이 도형의 오른발잡이 형태는 맨섬Isle of Man(영국 잉글랜드와 북아일랜드 사이의 섬)을 상징하는 심벌에도 나타나고, 시칠리아의 깃발에도 나타난다.

맨섬의 트리스켈리온

이 도형을 120도나 240도 회전하면 자기 자신과 겹쳐진다. 예를 들어 이 도형이 움직이기 전에 눈을 감았다가 도형이 움직인 후 눈을 뜨고 도형을 본다면, 당신은 눈을 감기 전과 똑같은 트리스켈리온을 보게 될 것이다.

다리가 세 개 달린 이 도형에서 신기한 점은 평면 위에서 도형을 아무리 회전시켜보아도 오른발잡이 트리스켈리온이 왼발잡이로 바뀌지는 않는다는 점이다. 거울에 비친 모습이 원래의 모습과 다른 물체를 키랄Chiral(왼손과 오른손이 서로 겹칠 수 없는 거울상의 관계임을 비유하는 말로 '손'을 의미하는 그리스어)이라고 부른다. 원래의 모습과 거울상에 비친 모습은 서로 비슷해 보이지만 똑같지는 않다. 어떤 화합물의 분자구조는 3차원 상에서 오른손잡이 형태와 왼손잡이 형태에 모두 존재할 수 있는데, 이것이 바로 키랄 물체의 예이다.

대칭을 측정해보자

트리스켈리온의 경우에서 기본적인 대칭 조작은 (시계방향으로) 120도 회전시키

1891년
에브그라프 페도로프Evgraf Fedorov와 쇤플리스Arthur Schönflies, 독립적으로 230개 결정군Crystallographic group을 분류하다.

1983년
유한단순군의 최종적인 분류가 완성되다.

는 R과 240도 회전시키는 S이다. 변환 I는 이 삼각형을 360도 회전시키거나 아니면 아무것도 하지 않는 것을 의미한다. 곱셈표를 작성할 때와 마찬가지 방법으로, 이들 회전의 조합을 바탕으로 해서 표를 작성할 수 있다.

곱하는 대상이 기호라는 것을 제외하면 이 표는 수를 대상으로 만든 일반적인 곱셈표와 비슷하다. 가장 널리 사용되는 관례에 따르면 곱셈 R∘S는 먼저 트리스켈리온을 S로 240도 회전시킨 이후에, R로 120도 회전시켜 360도 회전하게 만드는 것이다. 이렇게 하면 아무것도 안 한 것이나 마찬가지다. 따라서 이것은 R∘S = I로 표현할 수 있고, 표 아래서 두 번째 줄, 제일 뒤 칸에 나와 있다.

∘	I	R	S
I	I	R	S
R	R	S	I
S	S	I	R

트리스켈리온의 대칭군을 위한 케일리 표

트리스켈리온의 대칭군은 I, R, S와 그것을 어떻게 조합할 것인가를 나타내는 곱셈표로 구성된다. 이 군은 세 개의 원소를 가지고 있으므로 그 크기(혹은 위수^{Order})는 3이다. 그리고 이런 표는 케일리 표$^{Cayley\ table}$(이 이름은 비행기의 아버지로 불리는 조지 케일리$^{George\ Cayley}$ 경의 먼 친척인, 수학자 아서 케일리의 이름을 땄다)라고도 부른다.

트리스켈리온과 마찬가지로 발이 달리지 않은 3각도 회전대칭이다. 하지만 이것은 또한 거울대칭이기도 하므로 더 큰 대칭군을 갖는다. 세 개의 거울축에서 생기는 반사를 U, V, W라고 부르자.

∘	I	R	S	U	V	W
I	I	R	S	U	V	W
R	R	S	I	V	W	U
S	S	I	R	W	U	V
U	U	W	V	I	S	R
V	V	U	W	R	I	S
W	W	V	U	S	R	I

3각의 대칭군을 위한 케일리 표

3각의 대칭군은 위수가 6으로 크기가 더 크며 I, R, S, U, V, W의 여섯 개 변환으로 구성되어 있고, 곱셈표는 왼쪽 그림과 같다.

U∘W(반사 W를 먼저 적용하고 그 후에 반사 U를 적용한다)와 같이 축이 다른 두 개의 반사를 조합하면 재미있는 변환이 생긴다. 이것은 사실 3각을 120도 회전한 것이나 마찬가지이고, 기호로 표현하면 U∘W = R이다. 반사를 다른 방식으로 반대로 조합하면 W∘U = S로 240도 회전한 것과 같다. U∘W ≠ W∘U인 점이 특이하다. 이

것은 군의 곱셈표와 구구단의 일반적인 곱셈표에서 보이는 가장 큰 차이점 중 하나이다.

원소의 조합 순서가 중요하지 않은 군을 노르웨이의 수학자 닐스 아벨의 이름을 따서 아벨군Abelian group(가환군可換群이라고도 함)이라고 한다. 3각의 대칭군은 아벨군이 아닌 군 중 가장 작은 군이다.

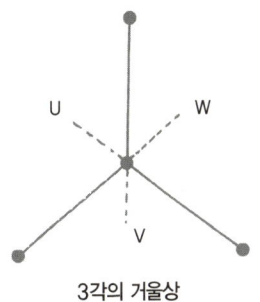

3각의 거울상

추상군에 대하여

20세기 대수학의 큰 흐름은 공리라는 기본적 규칙들로 군을 정의하는 추상대수학이었다. 이런 관점에서 보면 삼각형의 대칭군은 그저 추상계의 한 구체적 사례에 불과해진다. 대수학에는 군보다 더 기초적이고, 공리도 더 적게 필요한 체계가 있다. 한편 군보다 더 복잡한 다른 체계들은 그만큼 더 많은 공리가 필요하다. 그러나 군이라는 개념은 넘치지도 모자라지도 않게 딱 알맞고, 모든 대수학 체계 중에서도 가장 중요한 체계다. 얼마 안 되는 공리로부터 그토록 거대한 지식이 생겨나는 것은 정말 놀라운 일이다. 추상적 방법의 장점은 모든 군에 대해 일반적인 정리를 연역해낼 수 있고, 필요하면 그것을 구체적 사례에 적용할 수도 있다는 점이다.

군론의 특징 중 하나는 더 큰 군 아래 작은 군이 자리 잡을 수 있다는 점이다. 위수가 3인 트리스켈리온의 대칭군은 위수가 6인 3각 대칭군의 부분군Subgroup이다. 라그랑주J.L. Lagrange는 부분군에 대한 한 가지 기본적인 사실을 증명해냈다. 라그랑주의 정리에 따르면 부분군의 위수는 군의 위수와 언제나 정확히 나누어떨어진다. 따라서 3각의 대칭군에는 위수가 4나 5인 부분군은 없다는 것을 자동적으로 알 수 있다.

군을 분류하는 것

모든 가능한 유한군Finite group을 분류하려는 프로그램이 지금까지 광범위하게 진행되어왔다. 일부 군은 기본적인 군으로 만들어낼 수 있기 때문에 그 모든 군을 일일이 다 나열할 필요는 없고, 기본적인 군만 알면 된다. 이러한 분류 원칙은 화학에서의 분류 방법과 똑같다. 화학에서 분류할 때도 기본적인 화학 원소에 관심의 초점을 맞추지, 그 원소로 만들 수 있는 모든 화합물에 일일이 다 관심을 두지는 않는다. 6개의 원소로 만들어진 3각의 대칭군은 회전군(위수 3)과 반사군(위수 2)으로 합성된 군이다.

거의 모든 기본적인 군은 이미 알려진 종류들로 분류될 수 있다. '거대한 정리'라고 불리는 완전한 분류는 1983년 다니엘 고렌스타인Daniel Gorenstein에 의해 세상에 알려졌다. 그것은 수학자들이 30년간 진행해온 축적된 연구와 출판물을 통해 이룩한 성과였다. 이것은 알려진 모든 군의 지도이다. 기본적인 군들은 네 가지 주요 형태 중 하나에 해당하지만, 26개의 군은 이 중 어떤 분류에도 해당하지 않는다는 사실이 발견되었다. 이런 군은 산발성 군Sporadic group으로 알려져 있다.

산발성 군은 이단아라 할 수 있으며 보통 위수가 엄청나다. 1860년대에 에밀 마티유Emile Mathieu가 위수가 가장 작은 산발성 군 5개를 이미 발견했었지만, 연구의 상당부분은 1965년에서 1975년 사이에 집중적으로 이루어졌다. 가장 작은 산발성 군의 위수는 $7,920 = 2^4 \times 3^2 \times 5 \times 11$이지만, 제일 위쪽으로 올라가보면 '아기괴물Baby monster'과 그냥 '괴물Monster'이 있다. '괴물' 군의 위수는 무려 $2^{46} \times 3^{20} \times 5^9 \times 7^6 \times 11^2 \times 13^3 \times 17 \times 19 \times 23 \times 29 \times 31 \times 41 \times 47 \times 59 \times 71$이다. 이것을 십진수로 표현하면 대략 8×10^{53} 정도이고, 8 뒤로 0이 53개 꼬리를 잇는다. 이것은 정말 무지막지하게 큰 수다. 26개의 산발성 군 중에서 20개는 '괴물' 안에 들어가는 부분군으로 나타내는 것이 증명 가능하다. 그 어떤 분류 체계에도 소속되기를 거부하는 나머지 6개 군은 '여섯 부랑자Six pariahs'로 알려져 있다.

수학에서는 멋들어진 짧은 증명을 추구하지만, 유한군 분류의 증명은 긴밀하게 논증된 기호들로 10,000쪽에 걸쳐 이루어진 장대한 증명이다. 수학의 진보가 언제나 한 사람의 뛰어난 천재에 의해서 이루어지는 것은 아니다.

군의 공리

다음의 조건을 만족할 때 원소 G와 '곱' ∘의 모음을 군이라고 부른다.

1. G군에 속하는 모든 원소 a에 대하여 1∘a = a∘1 = a를 만족시키는 원소 1이 G 안에 존재한다(이 특별한 원소 1을 항등원이라고 부른다).
2. G에 속하는 각각의 원소 a에 대하여 $\bar{a}$∘a = a∘$\bar{a}$ = 1을 만족시키는 $\bar{a}$가 G 안에 존재한다(이 원소 $\bar{a}$를 a의 역원이라고 부른다).
3. G에 속하는 모든 원소 a, b, c에 대하여 a∘(b∘c) = (a∘b)∘c가 성립한다(이것을 결합법칙이라고 부른다).

행렬 수의 블록을 결합하다!

이것은 '놀라운 대수학'에 관한 이야기이며, 19세기 중반에 일어난 수학의 혁명에 관한 이야기다. 수학은 이미 수 세기 동안 수의 블록들을 다루었지만, 그 블록들을 하나의 수로 다루자는 생각은 150년 전에야 비로소 소수 수학자들 사이에서 시작되었다.

보통 대수학이라고 하면 a, b, c, x, y 같은 기호가 각각 수 하나씩을 나타내는 전통적인 대수학을 말한다. 비록 많은 사람들이 이해하기 어렵다고 생각하지만, 수학자들에게 이것은 앞으로 나가는 큰 발걸음이었다. 하지만 이 발걸음도 행렬이라는 이 놀라운 대수학이 불러온 엄청난 변화에 비교하면 초라하다고 할 수 있다. 1차원 대수학에서 다차원 대수학으로의 진보는 복잡한 영역에 적용할 때 믿기 힘들 만큼 강력한 힘을 발휘하는 것으로 밝혀졌다.

간단하게 계산되는 다차원의 수

일반대수학에서 a는 7 같은 수를 나타내고, a = 7과 같이 적는다. 하지만 행렬이론에서 행렬 A는 '다차원 숫자'를 나타내고, 다음과 같은 블록으로 표현된다.

$$A = \begin{pmatrix} 7 & 5 & 0 & 1 \\ 0 & 4 & 3 & 7 \\ 3 & 2 & 0 & 2 \end{pmatrix}$$

timeline

기원전 200년
중국 수학자들, 수의 배열을 이용하다.

서기 1850년
제임스 실베스터(J.J. Sylvester), 행렬이라는 용어를 도입하다.

서기 1858년
케일리, 『행렬의 이론에 대한 논문 Memoir on the Theory of Matrices』을 출간하다.

이 행렬은 세 개의 행과 네 개의 열을 가지고 있지만(3 × 4 행렬), 원칙상으로 행과 열의 개수는 얼마가 되어도 상관없다. 심지어는 100행과 200열을 가진 거대한 100 × 200 행렬도 가능하다. 행렬대수학의 가장 중요한 장점은 통계학에 나오는 데이터의 집합 같은, 엄청나게 많은 수의 배열을 단일한 존재로 취급할 수 있다는 것이다. 여기서 더 나아가, 이 수의 블록들은 아주 간단하고 효과적인 방법으로 조작할 수 있다. 각각 1,000개의 수로 구성된 두 데이터 집합의 모든 수를 더하거나 곱하고 싶다면, 1,000번 계산할 필요 없이 두 행렬을 한 번만 더하거나 곱해주면 끝난다.

행렬의 실용적 사용

행렬 A가 아약스AJAX사의 일주일 생산량을 나타낸다고 해보자. 아약스는 각기 다른 지방에 공장 세 개를 가동하고 있고, 공장마다의 생산량은 공장에서 나오는 네 가지 제품을 일정 단위(이를테면 한 단위에 1,000개)로 측정하여 나타낸다. 앞에 나온 행렬 A가 이 예를 행렬로 나타낸 것이라 생각하고 풀어보면 다음과 같다.

	제품 1	제품 2	제품 3	제품 4
공장 1	7	5	0	1
공장 2	0	4	3	7
공장 3	3	2	0	2

그 다음 주에는 생산계획이 달라질 수 있지만, 이것도 또 다른 행렬 B로 적을 수 있다. 예를 들면 행렬 B는 다음과 같이 주어질 수 있다.

$$B = \begin{pmatrix} 9 & 4 & 1 & 0 \\ 0 & 5 & 1 & 8 \\ 4 & 1 & 1 & 0 \end{pmatrix}$$

1878년
프로베니우스Georg Frobenius, 행렬대수학의 핵심 연구 결과 중 일부를 증명하다.

1925년
하이젠베르크, 양자론에서 행렬역학을 이용하다.

2주 동안의 총 생산량은 얼마인가? 행렬이론가들의 말에 의하면 이것은 행렬 A + B로 나타낼 수 있고, 두 행렬에서 서로 상응하는 숫자들을 더하면 된다고 한다.

$$A + B = \begin{pmatrix} 7+9 & 5+4 & 0+1 & 1+0 \\ 0+0 & 4+5 & 3+1 & 7+8 \\ 3+4 & 2+1 & 0+1 & 2+0 \end{pmatrix} = \begin{pmatrix} 16 & 9 & 1 & 1 \\ 0 & 9 & 4 & 15 \\ 7 & 3 & 1 & 2 \end{pmatrix}$$

정말 쉽다. 슬프게도 행렬의 곱셈은 덧셈처럼 원리가 확 들어오지는 않는다. 다시 아약스로 돌아가서 거기서 나오는 네 가지 제품의 단위생산량당 이익이 3, 9, 8, 2라고 해보자. 네 제품에 대한 생산량이 각각 7, 5, 0, 1인 한 공장의 전체 이익을 계산해볼 수 있다. 계산해보면 $7 \times 3 + 5 \times 9 + 0 \times 8 + 1 \times 2 = 68$이다.

하지만 행렬을 이용하면 이 공장뿐만 아니라 모든 공장의 총이익 T를 쉽게 계산해낼 수 있다.

$$T = \begin{pmatrix} 7 & 5 & 0 & 1 \\ 0 & 4 & 3 & 7 \\ 3 & 2 & 0 & 2 \end{pmatrix} \times \begin{pmatrix} 3 \\ 9 \\ 8 \\ 2 \end{pmatrix} = \begin{pmatrix} 7\times 3 + 5\times 9 + 0\times 8 + 1\times 2 \\ 0\times 3 + 4\times 9 + 3\times 8 + 7\times 2 \\ 3\times 3 + 2\times 9 + 0\times 8 + 2\times 2 \end{pmatrix} = \begin{pmatrix} 68 \\ 74 \\ 31 \end{pmatrix}$$

이것을 자세히 살펴보면 행을 열에 곱하는 것을 발견할 수 있다. 이것이 행렬 곱셈의 가장 중요한 특징이다. 만약 앞에서 주어진 단위생산량당 이익에 덧붙여 각각의 제품에 대한 단위생산량당 부피가 7, 4, 1, 5로 주어진다면, 단 한 번의 행렬 곱셈으로 공장별 이익과 필요한 창고 크기를 계산할 수 있다.

$$\begin{pmatrix} 7 & 5 & 0 & 1 \\ 0 & 4 & 3 & 7 \\ 3 & 2 & 0 & 2 \end{pmatrix} \times \begin{pmatrix} 3 & 7 \\ 9 & 4 \\ 8 & 1 \\ 2 & 5 \end{pmatrix} = \begin{pmatrix} 68 & 74 \\ 74 & 54 \\ 31 & 39 \end{pmatrix}$$

계산해서 나온 행렬의 둘째 열을 보면 필요한 창고 크기를 알 수 있는데, 그 값은 74, 54, 39이다. 이처럼 행렬이론은 대단히 강력하다. 수백 개의 공장에서 수천 가지 제품을 생산하고, 매주 제품별 단위생산량당 이익과 필요한 창고 크기가 달라지는 공장이 있다고 상상해보자. 행렬대수학을 이용하면 세세한 부분들을 일일이 다 신경 쓸 필요 없이, 꽤 빠른 속도로 계산하고 이해할 수 있다.

행렬대수학 vs. 일반대수학

행렬대수학과 일반대수학 사이에는 대비되는 부분이 많다. 가장 많이 알려진 차이점은 행렬의 곱셈이다. 행렬 A에 B를 곱해보고, 그 다음에는 반대로 행렬 B에 A를 곱해보면 다음과 같은 결과가 나온다.

$$A \times B = \begin{pmatrix} 3 & 5 \\ 2 & 1 \end{pmatrix} \times \begin{pmatrix} 7 & 6 \\ 4 & 8 \end{pmatrix} = \begin{pmatrix} 3\times7+5\times4 & 3\times6+5\times8 \\ 2\times7+1\times4 & 2\times6+1\times8 \end{pmatrix} = \begin{pmatrix} 41 & 58 \\ 18 & 20 \end{pmatrix}$$

$$B \times A = \begin{pmatrix} 7 & 6 \\ 4 & 8 \end{pmatrix} \times \begin{pmatrix} 3 & 5 \\ 2 & 1 \end{pmatrix} = \begin{pmatrix} 7\times3+6\times2 & 7\times5+6\times1 \\ 4\times3+8\times2 & 4\times5+8\times1 \end{pmatrix} = \begin{pmatrix} 33 & 41 \\ 28 & 28 \end{pmatrix}$$

따라서 행렬대수학에서는 $A \times B$와 $B \times A$가 같지 않음을 알 수 있고, 이로써 두 수를 곱하는 순서가 답에 영향을 미치지 않는 일반대수학과 분명한 차이를 보임을 알 수 있다.

역을 구할 때도 차이가 있다. 일반대수학에서는 역수를 구하는 것이 쉽다. $a = 7$이라고 하면, 그 역수는 $\frac{1}{7}$이다. $\frac{1}{7} \times 7 = 1$이기 때문이다. 이 역수를 $a^{-1} = \frac{1}{7}$이라고 적기도 한다. 이렇게 하면 $a^{-1} \times a = 1$이다.

행렬이론에서 예를 하나 들어, $A = \begin{bmatrix} 1 & 2 \\ 3 & 7 \end{bmatrix}$이라 놓으면 $A^{-1} = \begin{bmatrix} 7 & -2 \\ -3 & 1 \end{bmatrix}$임을 증명할 수 있다. 왜냐하면 $A^{-1} \times A = \begin{bmatrix} 7 & -2 \\ -3 & 1 \end{bmatrix} \times \begin{bmatrix} 1 & 2 \\ 3 & 7 \end{bmatrix} = \begin{bmatrix} 1 & 0 \\ 0 & 1 \end{bmatrix}$이기 때문이다.

여기서 $I = \begin{bmatrix} 1 & 0 \\ 0 & 1 \end{bmatrix}$은 단위행렬이라 부르고, 이것은 일반대수학에서 1에 해당한다. 일반대수학에서는 0만 역수가 없지만, 행렬대수학에서는 역행렬이 존재하지 않는 행렬이 많이 있다.

행렬을 사용하여 여행계획 세우기

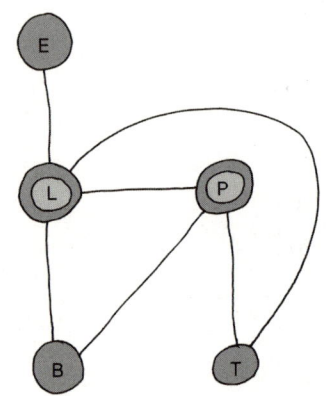

행렬을 이용하는 또 다른 예를 들면 항공사의 항공편 네트워크 분석을 들 수 있다. 이 네트워크에는 중심이 되는 허브 공항과 그보다 작은 공항들이 들어간다. 실제로는 목적지가 수백 군데가 될 수도 있지만 여기서는 규모를 줄여서 예를 들도록 하겠다. 허브 공항으로 런던(L)과 파리(P)가 있고, 그보다 작은 공항으로 에든버러(E), 보르도(B), 툴루즈(T)가 있다. 그리고 왼쪽 그림에 나온 네트워크는 가능한 직항로를 나타내고 있다. 컴퓨터를 이용해 이런 네트워크를 분석하려면 먼저 행렬을 이용해 코드화해야 한다. 만약 공항 사이에 직항로가 있으면(예를 들면 런던 공항과 에든버러 공항), 이 공항의 이름이 붙은 행과 열이 만나는 곳에 1을 기입한다. 이렇게 하면, 위에 나온 네트워크를 나타내는 연결행렬 A가 나온다(오른쪽 페이지 위 그림).

이 그림에서 아래에 나와 있는 부분행렬(점선으로 표시한 부분)은 세 개의 작은 공항 사이에는 직항로가 없음을 보여주고 있다. 이 행렬을 제곱한 $A \times A = A^2$은 '정확히 한 번 기착지를 거쳐서' 두 공항 사이를 이동하는 것이 가능한 여행 경로의 수로 해석할 수 있다(오른쪽 아래 그림). 따라서 예를 들면, 파리(P)에서 출발해 다른 도시를 거쳐 다시 파리로 돌아오는 여정에는 세 가지 선택이 있지만, 런던(L)에서 기착지를 거쳐서 에든버러(E)로 가는 방법은 없다. 직항로로 가거나 기착지를 한 곳만 거쳐서 가는 경로의 숫자는 행렬 A + A²의 행렬원소로 나타낼 수 있다. 이것은 단 한 번의 계산만으로 막대한 자료의 본질을 잡아낼 수 있는 행렬의 능력을 보여주는 또 다른 예이다.

$$A = \begin{pmatrix} & L & P & E & B & T \\ L & 0 & 1 & 1 & 1 & 1 \\ P & 1 & 0 & 0 & 1 & 1 \\ E & 1 & 0 & 0 & 0 & 0 \\ B & 1 & 1 & 0 & 0 & 0 \\ T & 1 & 1 & 0 & 0 & 0 \end{pmatrix}$$

소수의 수학자들이 1850년대에 행렬이론을 만들어낸 이유는 어딘가에 응용하기 위한 것이 아니라 순수한 수학적 문제를 해결하기 위한 것이었다. 응용이라는 면에서 보면 행렬이론은 '해답을 먼저 구하고 나서 거기에 맞는 문제를 찾아다닌 꼴'이었다. 종종 그렇듯이, 이제 갓 태어난 이 이론을 필요로 하는 '문제'들이 점차 떠올랐다. 예를 들어 초창기에는 1920년대에 베르너 하이젠베르크$^{Werner\ Karl\ Heisenberg}$가 행렬을 이용해 양자론의 일부인 '행렬역학$^{Matrix\ mechanics}$'을 연구했다. 행렬 응용의 또 다른 개척자는 타우스키 토드$^{Olga\ Taussky-Todd}$였다. 그녀는 한동안 항공기 설계에 종사하면서 행렬대수학을 이용했다. 그녀에게 행렬을 써먹을 생각을 어떻게 했느냐고 묻자 대답하기를, 자기가 행렬을 찾아낸 것이 아니라, 반대로 행렬이 자기를 찾아낸 것이라고 대답했다. 수학게임이란 그런 것이다.

$$A \times A = \begin{pmatrix} 4 & 2 & 0 & 1 & 1 \\ 2 & 3 & 1 & 1 & 1 \\ 0 & 1 & 1 & 1 & 1 \\ 1 & 1 & 1 & 2 & 2 \\ 1 & 1 & 1 & 2 & 2 \end{pmatrix}$$

부호 너와 나만 아는 비밀스런 신호

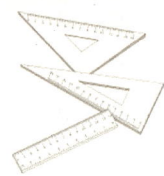

율리우스 카이사르와 현대의 디지털 신호 전송 사이에 공통점이 있다면 무엇일까? 간단히 말하면, 암호화와 부호화이다. 컴퓨터나 디지털 텔레비전으로 디지털 신호를 보내려면 영상과 소리 정보를 0과 1로 이루어진 이진 부호로 부호화하는 작업이 필수적이다. 그것은 이 장치들이 이해할 수 있는 유일한 언어이기 때문이다. 카이사르는 자신이 보내는 전갈의 글자를 자신과 장군들만 아는 암호키에 따라 뒤바꾼 암호를 이용함으로써 휘하의 장군들과 비밀을 지키면서 연락을 취했다.

카이사르에게 메시지의 정확한 전달은 무척 필수적인 것이었고, 이것은 디지털 신호의 효과적인 전송을 위해서도 반드시 필요한 것이다. 그리고 카이사르는 자신의 암호를 비밀로 유지하고 싶어 했다. 이 점은 돈을 내는 가입자들만 자신의 신호를 해독할 수 있게 하려는 유선방송사나 위성방송사들도 마찬가지다.

정확성을 먼저 살펴보자. 사람의 실수와 전송선에 따른 잡음은 항상 발생하기 마련이기 때문에, 이 문제를 반드시 다루고 넘어가야 한다. 수학적 사고는 우리로 하여금 자동으로 오류를 추적하고 잘못을 바로잡는 부호체계를 구축하게 한다.

오류의 추적과 수정

최초의 이진부호 체계 중 하나는 두 기호, 점(●)과 대시(–)를 이용하는 모스 부호였다. 미국의 발명가 새뮤얼 모스 Samuel F.B. Morse 는 1844년에 자신의 모스 부호를 이용해 워싱턴에서 볼티모어로 최초의 도시 간 메시지를 전송하였다. 이것은 19세기 중반의 전신기를 위해 설계된 부호로서, 사실 효과적인 설계에는 거의 신경을

timeline

기원전 55년
율리우스 카이사르, 브리튼 침공 때 장수들과의 연락에 암호를 이용하다.

서기 1750년
오일러의 정리가 공개키 암호화의 기반을 닦다.

쓰지 않았다. 모스 부호에서 알파벳 A는 ●─, B는 ─●●●, C는 ─●─●으로 부호화되었고, 다른 글자들도 점과 대시를 각각 다른 순서로 조합해 부호화했다. 전신 기사가 'CAB'를 보낸다고 하면 ─●─●/●─/─●●●이라는 부호열을 보낼 것이다. 이 방식의 장점이 무엇이었든 간에, 모스 부호는 오류의 수정은 말할 것도 없고 오류의 추적에도 그다지 효과적이지 않다. 모스 부호 기사가 'CAB'를 보내려 하는데 잘못해서 C에 들어가는 대시를 점으로 보내고, A에 들어가는 대시를 까먹고, 전선에 생긴 잡음 때문에 B에 들어가는 점 하나가 대시로 전송되었다면 수신기에서는 ●●─●/●/──●●이 도착하고, 신호를 받는 쪽에서는 오류가 생겼음을 알지 못한 채 그냥 'FEZ'로 해석할 것이다.

좀더 원시적이고 간단한 형태를 예로 들어, 0과 1 두 가지 신호밖에 없는 부호 체계를 살펴보자. 여기서 0과 1은 각기 한 단어씩을 나타낸다. 한 군대의 지휘관이 부대에 '공격하라'나 '공격하지 마라'라는 메시지를 전달해야 한다고 생각해보자. '공격하라'는 1로 부호화하고, '공격하지 마라'는 0으로 부호화하자. 그런데 여기서 만약 1이나 0이 잘못 전송되었다 하더라도 수신자 입장에서는 오류 여부를 알 길이 전혀 없다. 그리고 만약 잘못된 명령이 하달된다면, 그 결과는 재앙으로 이어질 것이다.

글자가 두 개 들어가는 부호를 사용하면 상황을 개선할 수 있다. '공격하라'는 11로, '공격하지 마라'는 00으로 부호화하면 상황이 훨씬 나아진다. 글자 하나에 오류가 생기면 01이나 10이 수신될 것이다. 11이나 00만이 적법한 부호 단어이므로, 수신자는 오류가 생겼음을 분명하게 알 수 있다. 이 체계는 오류를 추적할 수 있다는 장점이 있지만, 그것을 어떻게 수정해야 하는지는 여전히 알 수 없다. 만약 01이 수신되면 이것이 00의 오류인지, 11의 오류인지 어떻게 알 수 있겠는가?

1844년
모스, 자신의 부호를 이용해 처음 메시지를 전송하다.

1920년대
독일이 암호 기계 에니그마를 발명하다.

1950년
리처드 해밍Richard Hamming, 부호의 오류 추적과 오류 수정에 대해 중요한 논문을 발표하다.

1970년대
공개키 암호화 기법이 개발되다.

더 나은 체계를 만드는 방법은 더 긴 부호 단어를 이용해 설계하는 것이다. 만약 '공격하라'를 111로 부호화하고, '공격하지 마라'를 000으로 부호화하면 한 글자에서 생긴 오류를 전과 마찬가지로 분명하게 추적할 수 있다. 그리고 오류는 기껏해야 하나밖에 생기지 않는다는 것을 알고 있으면(한 부호 단어에 오류가 두 번 생길 가능성은 극히 적기 때문에 합리적인 가정이다), 수신자 측에서는 거의 자동으로 수정을 할 수 있다. 일례로 110이 수신되었다면 원래의 메시지는 분명 111이었을 것이다. 우리의 규칙에 따르면 원래의 값이 000일 수는 없다. 이 부호 단어는 110과 두 글자나 다르기 때문이다. 이 체계에는 부호 단어가 000과 111 두 가지밖에 없지만, 서로 충분히 거리를 두고 있기 때문에 오류를 추적하고 수정하는 것이 가능하다.

워드프로세서가 자동수정 모드일 때도 같은 원리가 사용된다. 우리가 '고끼리'라고 타이핑을 하면 워드프로세서는 오류를 추적해서 가장 가까운 단어인 '코끼리'를 선택하여 오타를 수정한다. 그렇다고 모든 오타를 수정할 수 있는 것은 아니다. 가장 가까운 단어를 하나로 정할 수 없는 경우가 있기 때문이다. '숭어'라고 치면 사전에 나오는 '송어', '숭어', '싱어' 등과 모두 한 자모 차이밖에 나지 않는다.

현대의 이진부호는 0과 1로 구성된 묶음인 부호 단어로 구성된다. 충분히 떨어져 있는 적합한 부호 단어를 선택하면 추적과 수정이 가능하다. 모스 부호의 부호 단어들은 너무 가깝게 붙어있지만, 위성에서 자료를 전송할 때 사용하는 현대의 부호 체계는 언제나 자동수정 모드로 설정할 수 있게 만들어졌다. 긴 부호 단어를 사용하면 오류 수정에 대단히 효율적이지만 전송에 시간이 많이 걸리는 단점이 있다. 따라서 길이와 전송속도 간에 타협이 생긴다. 나사에서 우주 저편으로 날려 보낸 보이저호Voyages는 세 개의 오류 수정 코드가 있는 부호를 사용하는데, 이 정도면 전송 과정에서 발생하는 잡음에 만족스럽게 대응할 수 있다고 한다.

암호문 만들기

율리우스 카이사르는 자신과 휘하의 장수들만 아는 암호키에 따라 메시지 글자들을 바꿔치기 해서 암호문을 만들었다. 만약 암호키가 적의 수중에 들어가게 되면 그의 메시지는 해독될 위험이 있었다. 중세시대에 스코틀랜드의 메리 여왕은 옥중에 암호문으로 된 비밀메시지를 보냈다. 메리 여왕은 사촌이었던 엘리자베스 여왕을 끌어내릴 생각을 품고 있었다. 하지만 그녀의 암호 메시지는 중간에 발각되고 말았다. 그녀의 암호문은 암호키에 따라 모든 글자의 자리를 순환시키는 로마식 방법보다는 더 정교한 것이었지만, 글자를 다른 것으로 바꿔치는 방법에 기반을 두었기 때문에 암호문 속 글자와 기호의 등장 빈도를 분석하는 방법을 통해 해독되고 말았다. 제2차 세계대전 동안에는 독일의 에니그마 암호도 해독법이 발견되어 풀리고 말았다. 이 경우 암호 해독이 만만치는 않았지만, 메시지를 보낼 때 암호해독법이 그 메시지의 일부로 함께 들어가 있었기 때문에, 사실상 처음부터 취약한 상태로 만들어진 것이었다.

1970년대에는 메시지 암호화의 깜짝 놀랄 발전이 이루어졌다. 기존의 믿음을 모두 뒤집고, 비밀키를 다 공표한다 해도 여전히 안전하게 비밀을 유지할 수 있다는 주장이 나왔다. 이것을 공개키 암호화 Public key cryptography라고 부른다. 이 방법의 토대가 된 것은 한 수학 분야에서 나온 200년 된 낡은 정리로, 가장 쓸모없는 정리라는 불명예를 뒤집어쓰고 있었던 것이었다.

공개되어 있지만 풀 수 없는 암호

스파이 모임에서 'J'로 알려져 있는 비밀요원 존 센더 씨는 이제 막 마을에 도착하고는 자신을 도와줄 로드니 리시버 박사에게 도착을 알리는 비밀 메시지를 보내려고 하고 있다. 그런데 그가 취한 행동이 좀 이상하다. 공공도서관에 가더니 책장에서 마을 주소록을 꺼내 리시버 박사의 이름을 찾고는 이름 옆에 쓰인 두 숫자를 확인한다. 긴 숫자는 247이고, 짧은 숫자는 5이다. 이 정보는 모든 사람에게 개방된 잡다한 것인 동시에 존 센더가 J라는 간단한 메시지를 암호화하기 위해 필요로 하는 모든 정보이다. 이 글자는 마찬가지로 대중에게 공개된 단어 목록에서 숫자 74에 해당한다.

74라는 숫자를 암호화하기 위해서 센더는 74^5(modulo 247)을 계산한다(modulo는 나머지 연산, 혹은 모듈로 연산을 의미하며, a(moddulo b)는 'a를 b로 나눈 나머지 값'을 뜻한다). 즉, 그는 74^5을 247로 나눈 나머지 값을 알아야 한다. 탁상용 전자계산기를 써도 74^5 정도는 힘들게나마 계산할 수 있지만, 정확한 계산이 필요하다.

$$74^5 = 74 \times 74 \times 74 \times 74 \times 74 = 2,219,006,624$$
$$2,219,006,624 = 8,983,832 \times 247 + 120$$

따라서 이 큰 수를 247로 나누면 나머지 값으로 120이 나온다. 센더가 암호화한 메시지는 120이고, 이것을 리시버 박사에게 전송한다. 247과 5라는 수는 대중적으로 공개된 것이기 때문에 누구라도 메시지를 암호화할 수 있다. 하지만 그 암호를 누구나 해독할 수 있는 것은 아니다. 리시버 박사에게는 자신만이 알고 있는 정보가 하나 더 있다. 즉 자신의 개인번호 247은 두 소수를 곱해서 얻은 값이라는 것이다. 247이라는 수는 그가 p = 13, q = 19를 곱해서 얻은 수였다. 하지만 이 사실을 아는 사람은 오로지 박사 한 사람밖에 없다.

이것이 바로 레온하르트 오일러의 케케묵은 정리를 다시 꺼내 열어보게 된 계기가 되었다. 리시버 박사는 p=13, q=19라는 지식을 이용해서 $5 \times a \equiv 1$ modulo (p − 1)(q − 1)을 만족하는 a의 값을 찾아낸다. 여기서 ≡는 나머지 연산에서 사용하는 등호다. 5 × a를 12 × 18 = 216으로 나누어서 나머지가 1이 나오게 하는 a의 값은 무엇인가? 실제 계산을 건너뛰고 바로 답을 말하자면 a = 173이라는 값이 나온다.

리시버 박사만이 소수 p와 q값을 알기 때문에, 그만이 173이라는 수를 계산해낼 수 있다. 그는 이 값으로 120,173이라는 큰 수를 만들어 247로 나눈 나머지 값을 구한다. 탁상용 계산기로는 이 계산이 불가능하지만 컴퓨터를 이용하면 쉽게 얻을 수 있다. 오일러가 200년 전에 이미 알고 있었듯이, 그 답은 74이다. 이 정보를 가지고 리시버 박사는 목록에서 74번 단어를 찾아보고, J가 마을로 돌아왔다는 사실을 알게 된다.

해커라면 247 = 13 × 19라는 사실을 알아내서 암호를 풀 수 있을 것도 같다. 하지만 리시버 박사가 247 대신에 다른 수를 이용한다고 해도 암호화와 해독의 원리는 똑같다. 그는 아주 큰 소수 두 개를 곱해서 247보다 훨씬 큰 수를 얻어낼 수도 있다. 사실, 아주 큰 수의 소수 인수 두 개를 찾아내는 일은 거의 불가능하다. 예를 들어 24,812,789,922,307의 인수를 어떻게 구할 수 있겠는가? 하지만 이것보다 큰 수도 얼마든지 선택이 가능하다.

공개키 암호화 기법은 안전하다. 만약 슈퍼컴퓨터들을 서로 연결해서 암호화 숫자의 인수를 성공적으로 찾아낸다 해도, 리시버 박사는 그저 더 큰 소수를 골라서 더 큰 숫자를 만들기만 하면 된다. 결국 검은 모래가 담긴 상자와 하얀 모래가 담긴 상자를 섞는 일이 그렇게 섞인 모래를 다시 분리하는 일보다야 훨씬 쉬운 법이니까 말이다.

순열과 조합 수수께끼 같은 수학

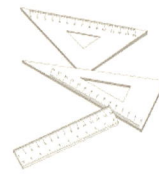

순열과 조합은 숫자들을 죽 늘어놓고 암산하는 수학이 아니다. '값이 얼마인가'를 묻는 질문도 의미가 있지만, '사물을 어떻게 조합할 수 있는가'를 묻는 질문도 마찬가지로 의미가 있다. 이 분야의 문제는 보통 부담스러운 수학적 표현을 빌지 않고 일상적인 말로 표현되기 때문에 문제를 풀기 전에 미리 공부해야 하는 내용이 별로 없다. 순열과 조합의 문제는 이래서 더 매력적이다. 하지만 건강에 주의해야 한다. 너무 중독되다보면 분명 잠을 설칠 수도 있기 때문이다.

세인트아이브즈 이야기

어린 나이라도 조합론을 시작할 수 있다. 영어권에서 내려오는 한 전통 동요를 보면 조합 문제가 나온다.

> "세인트아이브즈로 가는 길에
> 일곱 아내를 거느린 남자를 만났네
> 아내마다 자루 일곱 개가 있고
> 자루마다 어미고양이 일곱 마리가 있고
> 어미고양이마다 아기고양이 일곱 마리가 있었네
> 아기고양이, 어미고양이, 자루, 그리고 아내는
> 몇이나 세인트아이브즈로 가고 있었나?"

마지막 질문에는 함정이 숨어있다. 여기에 숨어있는 암묵적인 가정은 화자가

timeline

기원전 1800년경
이집트에서 린드파피루스를 기록하다.

서기 1100년경
바스카라, 순열과 조합을 다루다.

세인트아이브즈를 '향해' 가는 유일한 존재라는 것이다. 따라서 이 질문의 답은 '하나'다. 화자를 빼고 '0'이라고 할 수도 있다.

이 동요의 매력은 그 애매모호함과 여기서 나올 수 있는 다양한 질문거리에 있다. 이렇게 물어볼 수도 있다. "세인트아이브즈를 '떠나 온' 사람은 몇인가?" 여기서도 마찬가지로 해석이 중요하다. 일곱 아내를 거느린 남자가 세인트아이브즈에서 출발해 이동 중이었다고 확신할 수 있을까? 그 남자를 만났을 때, 그 아내들은 그와 함께 있었을까, 아니면 다른 곳에 있었을까? 조합 문제의 첫째 요구조건은 문제를 풀기에 앞서 그 안에 들어있는 가정이 무엇인지 합의를 봐야 한다는 것이다.

이 일행들이 세인트아이브즈의 바닷가 마을에서 출발해 한 길을 따라 오고 있었고, '아기고양이, 어미고양이, 자루, 아내들'도 모두 동행했다고 치자. 세인트아이브즈를 떠나 몇이나 오고 있었는가? 다음의 표를 보면 답을 알 수 있다.

남자	1	1
아내	7	7
자루	7 × 7	49
어미고양이	7 × 7 × 7	343
아기고양이	7 × 7 × 7 × 7	2,401
합계		2,801

1858년 룩소르를 방문 중이던 알렉산더 린드$^{Alexander\ Rhind}$라는 스코틀랜드 골동품상은 기원전 1800년경의 이집트 수학으로 채워진 5미터 길이의 파피루스(이집트 수학책)를 우연히 접하게 되었다. 그는 그것을 사들였다. 몇 년 후에 그것은 대영박물관으로 옮겨졌고, 상형문자로 된 글들은 해독되었다. 린드파피루스의 79번 문제는 세인트아이브즈의 아기고양이, 어미고양이, 자루, 아내 문제와 아주 유사한 집,

1850년
커크먼, 15명의 여학생 문제를 내다.

1930년
프랭크 램지$^{Frank\ Ramsey}$, 조합론을 연구하다.

1971년
레이 차우두리$^{Ray\text{-}Chaudhuri}$와 윌슨^{Wilson}, 일반적인 커크만 체계의 존재를 증명하다.

고양이, 쥐, 밀에 관한 문제였다. 두 문제 모두 7의 거듭제곱이 들어가며, 분석 방법도 똑같다. 조합론은 아마도 무척 긴 역사를 가지고 있는 것 같다.

팩토리얼로 표시하기

줄 세우기 문제를 통해 조합론의 가장 큰 무기인 팩토리얼에 대해 알아보자. 앨런(A), 브라이언(B), 샬롯(C), 데이빗(D), 엘리(E)가 줄을 선다고 생각해보자.

E   C   A   B   D

엘리(E)가 맨 앞에 오고, 그 뒤로 샬롯(C), 앨런(A), 브라이언(B), 데이빗(D)이 뒤를 잇는다. 사람들의 순서를 바꾸면 다른 줄을 만들 수 있다. 서로 다른 줄을 몇 가지나 만들 수 있을까?

이 문제에서 사용하는 셈법의 미학은 '선택'에 달려있다. 맨 앞에 세울 사람을 선택하는 가짓수는 다섯이다. 그리고 일단 이 사람을 고르고 나면, 두 번째 사람을 택하는 가짓수는 넷이고, 이런 식으로 뒤로 계속 진행된다. 이렇게 마지막 자리에 오면 이때는 선택의 여지없이 남아 있는 한 사람을 세울 수밖에 없다. 따라서 가능한 줄의 가짓수는 5 × 4 × 3 × 2 × 1 = 120이다. 여섯 사람으로 시작하면 서로 다른 줄의 가짓수는 6 × 5 × 4 × 3 × 2 × 1 = 720이고, 일곱 사람으로 시작하면 7 × 6 × 5 × 4 × 3 × 2 × 1 = 5,040이다.

연이어 나오는 정수를 모두 곱해서 얻는 값을 팩토리얼이라고 한다. 이것은 수학에서 대단히 자주 등장하기 때문에 5 × 4 × 3 × 2 × 1 대신 기호로 5!라고 쓰고, '5 팩토리얼'이라고 읽는다. 처음 나오는 팩토리얼 몇 개를 살펴보자(0!은 1이라고 정의한다). 표를 보면 조금만 진행해보아도 아주 큰 팩토리얼 값이 나오는 것을 알 수 있다. n값은 작아도 n!은 무척 큰 수가 나올 수 있다.

이번에는 A, B, C, D, E, F, G, H 8명 가운데 5명 줄 세우기를 생각해보자. 맨 앞 줄에 세울 사람의 가짓수는 8, 두 번째는 7로, 앞에서와 거의 똑같이 진행된다. 하지만 이번에는 맨 마지막 자리에 들어갈 사람의 가짓수가 4이다. 따라서 서로 다른 줄을 세우는 가짓수는 다음과 같다.

$$8 \times 7 \times 6 \times 5 \times 4 = 6{,}720$$

이것을 팩토리얼 기호로 표시할 수 있다. 다음의 식이 성립하기 때문이다.

$$8 \times 7 \times 6 \times 5 \times 4 = 8 \times 7 \times 6 \times 5 \times 4 \times \frac{3 \times 2 \times 1}{3 \times 2 \times 1} = \frac{8!}{3!}$$

수	팩토리얼
0	1
1	1
2	2
3	6
4	24
5	120
6	720
7	5,040
8	40,320
9	362,880

로또에 당첨될 확률은?

줄을 세울 때는 순서가 중요하다. 다음의 두 줄은 같은 글자로 만들었지만 서로 다른 줄이다.

C E B A D   D A C E B

이 글자들로 만들 수 있는 줄의 가짓수가 5!이라는 것은 이미 살펴보았다. 만약 8명 중 5명을 뽑되 순서는 중요하지 않다고 한다면(이렇게 순서를 따지지 않고 뽑는 것을 '조합'이라고 한다), $8 \times 7 \times 6 \times 5 \times 4$를 5!로 나눠야 한다. 따라서 8명에서 5명을 뽑는 가짓수는 다음과 같다.

$$\frac{8 \times 7 \times 6 \times 5 \times 4}{5 \times 4 \times 3 \times 2 \times 1} = 56$$

이 수는 조합을 뜻하는 'combination'의 'C'를 따서 $_8C_5$로 적고 다음과 같이 나타낼 수 있다.

$$_8C_5 = \frac{8!}{3!\,5!} = 56$$

대한민국에서 로또는 45가지 숫자 중 6개 숫자를 골라야 한다. 이렇게 뽑을 수 있는 숫자의 가짓수는 얼마나 될까?

$$_{45}C_6 = \frac{45!}{39!\,6!} = \frac{45 \times 44 \times 43 \times 42 \times 41 \times 40}{6 \times 5 \times 4 \times 3 \times 2 \times 1} = 8{,}145{,}060$$

오직 한 조합만이 상금을 탈 수 있으므로 대박 맞을 확률은 약 800만 분의 1이다.

커크먼의 여학생 문제

조합론은 폭넓은 분야이고 오랜 역사를 자랑하긴 했지만, 컴퓨터과학과의 관련성 때문에 최근 40년 동안 빠른 속도로 발전하게 되었다. 그래프이론, 라틴방진$^{\text{Latin square}}$ 같은 문제들도 현대 조합론의 일부라고 생각할 수 있다.

조합론의 핵심은 이 주제의 대가인 토마스 커크먼 목사가 잘 잡아냈다. 그는 조합론이 심심풀이 수학으로 여겨지던 시절에 활동했다. 이런 이유로 그는 이상기하학, 군론, 조합론에 독창적인 기여를 많이 했음에도 불구하고, 대학 강단에는 한 번도 올라보지 못했다. 하지만 하나의 수수께끼 덕에 그는 진지한 수학자로서의 명성을 드높일 수 있었고 사람들의 머릿속에 자신의 이름을 확실하게 남기게 되었다. 1850년 커크먼은 '15명의 여학생 문제'를 냈다. 여학생들은 3명씩 5줄을 지어

매일 교회로 산책을 간다. 스도쿠 문제에 싫증이 났다면 이 문제에 한번 도전해보는 것도 좋겠다. 문제는 어느 두 여학생이 나란히 걷는 일이 한 번을 넘지 않도록 일주일 계획표를 짜는 것이다. 알파벳 대문자와 소문자를 이용해 여학생의 이름을 각각 a, b, c, d, e, f, g, A, B, C, D, E, F, G, V라고 하자.

사실 커크먼의 문제는 일곱 가지 서로 다른 해법이 존재하는데, 여기서는 순서를 돌려서 만드는 '순환식' 해법만 살펴보자. 이 해답을 보면 여학생 이름을 저렇게 지어놓은 이유가 드러난다.

월			화			수			목			금			토			일		
a	A	V	b	B	V	c	C	V	d	D	V	e	E	V	f	F	V	g	G	V
b	E	D	c	F	E	d	G	F	e	A	G	f	B	A	g	C	B	a	D	C
c	B	G	d	C	A	e	D	B	f	E	C	g	F	D	a	G	E	b	A	F
d	f	g	e	g	a	f	a	b	g	b	c	a	c	d	b	d	e	c	e	f
e	F	C	f	G	D	g	A	E	a	B	F	b	C	G	c	D	A	d	E	B

이것을 순환식 해법이라고 부르는 이유는 날이 바뀔 때마다 a는 b로, b는 c로, 이렇게 이어지다가 마지막에 g는 a로 산책 계획을 바꾸기 때문이다. 대문자 이름에서도 마찬가지로 A는 B, B는 C, 이렇게 바꾸어 나가고, V만 고정시킨다.

이런 기호를 고른 이유는 각 행들이 파노 기하학$^{Fano\ geometry}$('이산기하학' 참고)의 선에 해당하기 때문이다. 커크먼의 문제는 그저 단순한 게임에 불과한 것이 아니라 주류 수학의 일부였던 것이다.

마방진 　마술 같은 격자무늬 사각형

하디^{G.H. Hardy}는 이렇게 적었다. "수학자는 화가나 시인처럼 패턴을 만들어내는 사람이다." 마방진^{Magic squares}은 수학적인 기준으로 봐도 상당히 신기한 패턴을 가지고 있다. 마방진은 기호로 중무장한 수학과 퍼즐 발명자들이 사랑하는 매력적인 패턴 사이의 경계를 오간다.

마방진은 n행 n열의 정사각형에 가로, 세로, 대각선 줄의 합이 모두 같은 값이 나오도록 하는 서로 다른 자연수로 채워 넣은 격자무늬 사각형이다.

가로줄, 세로줄이 하나씩밖에 없는 정사각형 격자도 엄밀히 말하면 분명 마방진이지만 너무 따분한 마방진이니까 무시하자. 가로줄과 세로줄이 두 개씩 있는 마방진은 존재할 수 없다. 만약 있다면 왼쪽 그림과 같은 형태가 된다. 가로줄의 합과 세로줄의 합이 같아야 하므로, a + b = a + c라야 한다. 이것은 b = c라는 뜻이므로 모든 수가 달라야 한다는 조건에 위배된다.

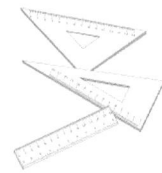

낙서의 3방진

2×2 마방진은 존재하지 않으므로 3×3 배열의 마방진을 구성해보자. 각 칸을 이어진 숫자 1, 2, 3, 4, 5, 6, 7, 8, 9로 채우는 정규 마방진부터 시작해보자.

3×3처럼 작은 마방진은 아예 처음부터 '시행착오' 방법을 이용해서 만들 수도 있지만, 먼저 추론 과정을 거치는 것이 큰 도움이 된다. 격자 안의 모든 수를 더하

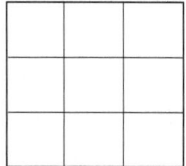

timeline

기원전 2800년경 — 낙서 3방진의 전설이 탄생하다.

서기 1690년경 — 루베르, 마방진의 구성 방법을 고안하다.

면 다음과 같다.

$$1+2+3+4+5+6+7+8+9=45$$

그리고 이 총합은 가로줄 세 개의 합을 모두 더한 값과 같아야 한다. 따라서 이것은 각각의 가로줄(세로줄과 대각선도 마찬가지)의 합이 15가 되어야 함을 의미한다. 이제 가운데 칸을 c라고 하고 살펴보자. 가운데 가로줄과 가운데 세로줄, 그리고 두 대각선이 c를 지난다. 이 네 줄의 수를 모두 더하면 15 + 15 + 15 + 15 = 60이 되고, 이 값은 마방진의 모든 수를 더한 값에 c를 세 번 추가로 더한 값과 같아야 한다. 따라서 3c + 45 = 60이라는 방정식을 세울 수 있고, c는 5가 되어야 함을 알 수 있다. 좀더 연구해보면 구석 칸에는 1이 들어가서는 안 된다는 사실 등을 알 수 있다. 이런 단서들을 모아놓으면 시행착오를 줄일 수 있다.

물론 우리가 원하는 것은 마방진을 완전히 체계적으로 구성할 수 있는 방법이다. 17세기 후반 시암(현재의 태국)의 왕에게 파견된 프랑스 사절이었던 시몽 드 라 루베르Simon de la Loubère가 한 가지 방법을 발견했다. 루베르는 중국수학에 흥미를 느껴 가운데 가로줄과 세로줄의 숫자가 홀수로 채워진 마방진을 구성하는 방식을 적어놓았다. 우선 첫째 가로줄 중앙에 1을 적고 시작한다. 그리고 바로 윗줄의 오른쪽 칸에 다음 숫자를 적는다. 주어진 정사각형을 벗어나게 될 경우엔 반대편 칸에 써넣는다. 진행하다 막히면 현재 숫자 바로 아래에 그 다음 숫자를 적는다.

8	1	6
3	5	7
4	9	2

루베르의 방법을 이용한 3×3 마방진의 해

놀랍게도 3×3 마방진에서 정규 마방진은 이것 하나밖에 없다. 다른 3×3 마방진들은 중앙 칸을 중심으로 회전하거나 가운데 줄을 기준으로 뒤집어서 만들어낸 것들이다. 이것은 '낙서洛書의 3방진'이라 불리며 기원전 3000년경에 중국에서 알려졌다. 전설에 따르면 이것은 강에서 나온 한 거북의 등에서 처음 발견되었다고

1693년
베르나르Bernard Frénicle de Bessy, 4×4 마방진에서 가능한 880개의 모든 마방진 목록을 뽑다.

1770년
오일러, 제곱 마방진을 만들다.

1986년
샐로우스, 글자를 기반으로 한 마방진을 창안하다.

한다. 그 지역 사람들은 이것을 제물을 더 바치지 않으면 역병에서 자유로울 수 없을 것이라 경고하는 신의 계시로 여겼다.

3×3 마방진이 하나밖에 없다면, 4×4 마방진은 몇 개나 있을까? 놀랍게도 880가지나 존재한다(줄 수를 5로 늘리면 무려 2,202,441,792가지나 존재한다). 일반 값 n에 대하여 얼마나 많은 n×n 마방진이 존재하는지는 모른다.

뒤러와 프랭클린의 마방진

낙서의 3방진은 단 하나밖에 존재하지 않는다는 사실과 그 오랜 역사로 유명해졌지만, 한 4×4 마방진은 유명 예술가와의 관련성 때문에 상징적인 존재가 되었다. 그리고 이것은 880개의 서로 다른 형태를 만들어낸다는 특성보다도 오히려 더 다양한 특성을 띤다. 바로, 알브레히트 뒤러Albrecht Dürer가 1514년에 제작한 '멜랑콜리아Melancholia'라는 판화에 나타나는 4×4 마방진이다.

뒤러의 마방진에서는 모든 가로, 세로, 대각선 줄의 합은 34이고, 완전한 4×4 마방진을 구성하고 있는 작은 2×2 정사각형들 안에 들어 있는 수를 더한 값도 34이다. 심지어 뒤러는 이 걸작을 완성한 연도(1514년)를 맨 아래 줄 가운데에 새겨놓기도 했다.

미국의 과학자 겸 외교관이었던 벤저민 프랭클린Benjamin Franklin은 마방진 만들기가 두뇌 훈련에 좋은 영향을 끼친다는 것을 알게 되었다. 그는 마방진 만들기의 달인이었는데, 아직까지도 수학자들은 그가 어떻게 이 모든 것을 해낸 것인지 밝혀내지 못하고 있다. 규모가 큰 마방진을 순전히 운에만 기대어 만들어내는 것은 거의 불가능하다. 프랭클린은 젊은 시절 마방진 때문에 많은 시간을 허비했다고 고백하기도 했다. 다음 그림은 그가 젊은 시절에 찾아냈던 마방진 중 하나이다.

이 정규 마방진에는 온갖 종류의 대칭이 등장한다. 모든 가로줄, 세로줄, 대각선의 합이 260인 것은 물론, 꺾은 대각선의 합도 260이다. 그 중 하나를 어두운 색으로 구분해놓았다. 이 밖에도 찾아낼 거리들이 아주 많다. 예를 들면 가운데 있는 2×2 정사각형의 합과 구석에 있는 2×2 정사각형을 합한 값은 모두 260이다. 모든 2×2 정사각형을 자세히 살펴보라. 재미있는 것을 발견할 수 있을 것이다.

52	61	4	13	20	29	36	45
14	3	62	51	46	35	30	19
53	60	5	12	21	28	37	44
11	6	59	54	43	38	27	22
55	58	7	10	23	26	39	42
9	8	57	56	41	40	25	24
50	63	2	15	18	31	34	47
16	1	64	49	48	33	32	17

제곱 마방진을 찾아라

서로 다른 제곱수로 칸을 채워 넣은 마방진도 있다. 이 마방진 문제는 1876년 프랑스의 수학자 에두아르 뤼카Edouard Lucas가 제안했다. 3×3 제곱 마방진은 근접한 것을 하나 찾아내기는 했으나 완전한 것은 아직까지 발견하지 못했다.

이 방진은 모든 가로줄과 세로줄, 그리고 한 대각선은 21,609로 합이 같지만, 아쉽게도 다른 한 대각선은 이와 달리 $127^2 + 113^2 + 97^2 = 38,307$이다. 만약 당신이 이를 완벽하게 만들 방안을 직접 찾아내볼 욕심이라면, 이미 증명되어 있는 내용 하나를 미리 알아두는 것이 좋겠다. 가운데 칸의 값은 반드시 2.5×10^{25}보다 커야 한다. 따라서 이보다 작은 수로 제곱 마방진을 만들어보겠다고 애써봤자 헛수고일 뿐이다. 이것은 단순한 심심풀이가 아닌 진지한 수학의 문제로, 페르마의 마지막 정리를 증명하는 데 사용되는 주제인 타원 곡선과 관련이 있다. 3×3 세제곱 마방진과 3×3 네제곱 마방진이 존재하지 않음은 이미 증명되었다.

127^2	46^2	58^2
2^2	113^2	94^2
74^2	82^2	97^2

하지만 더 큰 마방진에서는 제곱 마방진을 찾아내는 데 성공했다. 4×4와 5×5 제곱 마방진은 존재한다. 1770년에 오일러는 그 예를 하나 공개했지만, 어떤 방식을 사용했는지는 보여주지 않았다. 그 이후로 이 모든 마방진들은 4차원의 허수인 사원수 대수학의 연구와 관련이 있는 것으로 밝혀졌다.

색다른 마방진들

규모가 큰 마방진은 아주 극적인 특성이 있는 경우가 있다. 마방진 전문가 윌리엄 벤슨William Benson은 32×32 배열을 만들어냈는데, 이 배열에서는 그 숫자들과, 그 숫자의 제곱, 그리고 세제곱이 모두 마방진을 이룬다. 2001년에는 1,024×1,024의 방진이 만들어졌는데, 이 방진의 원소들은 다섯제곱을 할 때까지 모두 마방진을 이룬다. 이것 말고도 비슷한 특성들이 많이 있다.

마방진의 주류는 정규 마방진이지만, 요구조건을 느슨하게 하면 온갖 종류의 마방진을 만들어낼 수 있다. 대각선의 합이 가로줄, 세로줄의 합과 같아야 한다는 조건을 없애면 특별한 결과들이 무더기로 쏟아진다. 아니면 소수로만 구성된 마방진을 찾을 수도 있고, 정사각형 형태는 아니지만 마술 같은 특성을 갖는 다른 형태를 생각해볼 수도 있다. 그리고 차원을 높여서 마방진을 3차원 입방체나, 4차원 초입방체로 확장해볼 수도 있다.

하지만 호기심을 자극하는 가장 놀라운 마방진을 꼽으라면 단연코 네덜란드의 전기공학자 겸 문장가인 샐로우스Lee Sallows가 만든 초라한 3×3 방진이 될 것이다.

5	22	18
28	15	2
12	8	25

이것이 뭐가 그리 놀랍다는 걸까? 우선 이 숫자들을 영어 단어로 적어보자.

five	twenty-two	eighteen
twenty-eight	fifteen	two
twelve	eight	twenty-five

그러고 나서 각각의 단어를 구성하는 글자의 수를 세어보면 다음과 같이 된다.

4	9	8
11	7	3
6	5	10

놀랍게도 이것은 3, 4, 5, ⋯, 11까지의 연속적인 숫자로 구성된 마방진이다. 그리고 이 두 3×3 마방진의 가로, 세로, 대각선 줄의 합인 21과 45의 영문 알파벳 글자 개수(21 = twenty-one, 45 = forty-five)는 모두 9이고, 절묘하게 3×3 = 9이다.

라틴방진

스도쿠의 비밀을 밝히다

최근 몇 년 동안 전 세계는 스도쿠에 빠져있었다. 도처에서 사람들은 연필을 입에 물고 빈칸에 들어갈 숫자를 궁리하기에 바빴다. 장거리 통근자들은 전철이나 통근버스 안에서 스도쿠를 푸느라 진이 다 빠져 근무에 지장을 받기도 하였다. 5가 들어가야 할까, 아님 4? 아니지, 7이 맞나? 사람들은 바로 라틴방진과 씨름하고 있는 것이다. 점점 수학자가 되어가고 있다.

숫자만 가득한 퍼즐

스도쿠에서는 숫자가 일부 채워진 9×9 정사각형이 주어진다. 문제는 주어진 숫자를 단서로 이용해서 나머지 칸을 채우는 것이다. 각각의 가로줄과 세로줄에는 숫자 1, 2, 3, …, 9가 하나씩 모두 정확하게 포함되어야 하고, 이 원칙은 그 안에 들어 있는 작은 3×3의 정사각형에도 마찬가지로 적용된다.

스도쿠('외로운 숫자'라는 뜻)는 1970년대 말에 발명된 것으로 생각된다. 1980년대에 일본에서 인기를 끌다가 2005년에는 전 세계적으로 선풍적인 인기를 끌게 되었다. 이 퍼즐의 매력은 단어퍼즐과는 달리 단어를 많이 몰라도 시도해볼 수 있고, 재미도 그 못지않다는 점이다. 머리를 쥐어뜯게 만드는 이 두 가지 퍼즐에 중독된 사람들은 비슷한 점이 많다.

timeline

서기 1779년
오일러, 라틴방진의 이론을 탐구하다.

1900년
가스통, 직교하는 6차 라틴방정식이 존재하지 않음을 증명하다.

3×3 라틴방진으로 스케줄 짜기

각각의 가로줄과 세로줄에 기호가 정확히 하나씩만 들어가는 정사각형 배열을 라틴방진이라고 한다. 기호의 개수는 방진의 크기와 같으며, 이것을 방진의 '차수'라고 한다. 3×3의 빈 정사각형을 각각의 가로줄과 세로줄에 기호 a, b, c가 정확히 하나씩만 들어가도록 채울 수 있을까? 이렇게 할 수 있다면, 이것은 3차 라틴방진이 된다.

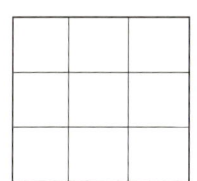

라틴방진의 개념을 소개하면서 레온하르트 오일러는 이것을 '새로운 종류의 마방진'이라고 불렀다. 하지만 마방진과는 달리 라틴방진은 계산과는 상관이 없었고, 기호도 꼭 숫자일 필요가 없었다. 라틴방진이라는 이름이 붙은 이유는 오일러가 다른 방진을 다룰 때는 그리스어를 사용했지만, 여기서는 라틴 알파벳을 사용했다는 단순한 사실 때문이었다.

3×3 라틴방진은 그림과 같이 쉽게 적어 내려갈 수 있다.

a	b	c
b	c	a
c	a	b

a, b, c를 월요일, 수요일, 금요일로 생각하면 이 라틴방진을 두 팀의 팀원 간 회의 일정표로 사용할 수 있다. 제1팀의 팀원은 L, M, N, 제2팀의 팀원은 R, S, T이다.

	R	S	T
L	a	b	c
M	b	c	a
N	c	a	b

1925년
피셔, 통계실험의 설계에 라틴방진을 사용할 것을 제안하다.

1960년
보스, 파커, 샤라드찬드라, 어떤 라틴방진의 짝이 존재하지 않는다는 오일러의 추측이 틀렸음을 증명하다.

1979년
뉴욕에서 스도쿠와 비슷한 게임이 발명되다.

예를 들어 제1팀의 M은 제2팀의 T와 월요일에 회의를 한다(가로줄 M과 세로줄 T가 만나는 곳은 a, 월요일이다). 라틴방진의 배열을 이용하면 양쪽 팀원들 간의 회의 날짜가 겹치지 않도록 일정을 짤 수 있다.

한편, 이것이 유일한 3×3 라틴방진은 아니다. A, B, C를 제1팀과 제2팀 간의 회의 안건으로 해석하면 각각의 사람이 다른 팀의 다른 팀원들과 다른 안건을 놓고 회의를 하도록 일정을 조정할 수 있다.

	R	S	T
L	A	B	C
M	C	A	B
N	B	C	A

따라서 제1팀의 M은 제2팀의 R과는 안건 C에 대해 논의를 하게 되고, S와는 안건 A에 대해서, T와는 안건 B에 대해서 논의하게 될 것이다.

하지만 언제, 누가, 무슨 안건을 놓고 논의를 해야 할까? 이 복잡한 조직체계 안에서 대체 어떻게 일정을 잡아야 하는 걸까? 다행히도 두 라틴방진의 기호들을 결합해서 합성하는 것이 가능하다. 이렇게 하면 요일과 안건의 아홉 가지 가능한 조합이 정확히 한 위치에 등장한다.

	R	S	T
L	a, A	b, B	c, C
M	b, C	c, A	a, B
N	c, B	a, C	b, A

이 라틴방진을 '아홉 장교 문제'로 다르게 해석할 수도 있다. 각각 a, b, c 세 부대와 A, B, C 세 지위에 속한 아홉 장교가 있다. 이때 가로줄과 세로줄에 각 부대의

각 지위에 속한 장교를 서로 겹치지 않게 배열할 수 있다. 이런 식으로 결합할 수 있는 라틴방진을 '직교한다Orthogonal'고 한다. 3×3 배열인 경우에는 직교하는 라틴방진의 짝을 찾아내는 일이 간단하고 쉽지만, 그보다 배열이 커지면 결코 쉬운 문제가 아니게 된다. 이것이 바로 오일러의 업적이다.

4×4 라틴방진 문제에 해당하는 '열여섯 장교 문제'는 포커카드 한 벌에서 그림패 16장을 빼서 각각의 가로줄과 세로줄에 숫자(에이스, 킹, 퀸, 잭)와 무늬(스페이드, 클로버, 하트, 다이아몬드)가 한 가지씩만 들어가도록 배열하는 문제와 같다. 1782년에 오일러는 이것을 더 확장한 '서른여섯 장교 문제'를 제기했다. 사실 그는 차수가 6인 두 개의 직교 라틴방진을 찾고 있었지만 찾을 수가 없어서, 차수가 6, 10, 14, 18, 22, …로 진행되는 라틴방진은 직교하는 짝이 없을 거라고 추측했다. 이것을 증명할 수 있을까?

알제리에서 공무원으로 일하던 아마추어 수학자 가스통Gaston Tarry이 이 일을 해냈다. 그는 예제들을 면밀히 검토해서 한 차수에 대해서는 오일러의 추측이 옳았음을 1900년에 증명해냈다. 즉, 직교하는 6차 라틴방진의 짝은 존재하지 않는다. 자연스럽게 수학자들은 10, 14, 18, 22, …로 이어지는 사례에서도 오일러의 추측이 옳을 것이라 생각하게 되었다.

1960년에는 세 수학자가 힘을 합쳐 6차를 제외한 다른 모든 차수에 대해서는 오일러의 추측이 틀렸다는 사실을 증명해내 수학계를 놀라게 했다. 라즈 보스Raj Bose, 어니스트 파커Ernest Parker, 샤라드찬드라 슈리칸드Sharadchandra Shrikhande, 이 세 사람은 10, 14, 18, 22, …차수의 직교 라틴방진 짝이 존재한다는 것을 증명했다.

3차 라틴방진에서는 서로 직교하는 방진이 두 개 있음을 앞에서 살펴보았다. 차수가 4차로 올라가면 서로 직교하는 라틴방진을 세 개 만들 수 있다. n차 라틴방진에 있어서 서로 직교인 라틴방진의 수는 n − 1을 넘어갈 수 없음을 증명할 수 있다. 따라서 예를 들어 n = 10이면 서로 직교하는 라틴방진의 개수는 9개를 넘길 수 없다. 하지만 이런 증명과 실제로 그런 방진을 찾아내는 일은 별개의 문제다. 현재까지 서로 직교하는 10차 라틴방진은 세 개도 만들지 못했다.

라틴방진을 농업실험에 적용하기

저명한 통계학자 피셔는 라틴방진의 실용성을 꿰뚫어보았다. 그는 영국 하트퍼드셔의 로템스테드 농업연구소에서 일하던 기간 동안 라틴방진을 이용하여 농업방식에 혁명을 일으켰다.

피셔는 비료가 농작물 생산량에 미치는 영향을 조사하려 했다. 그는 토질의 차이가 생산량에 영향을 미치는 요소로 작용하지 않도록, 농작물들을 똑같은 조건의 토양에 심기를 원했다. 이렇게만 되면 토질의 차이에 따른 방해요소가 제거되었다는 것을 아는 상태에서 다른 비료들을 안심하고 적용해볼 수 있다. 사실 토양의 조건을 동일하게 유지하는 유일한 방법은 똑같은 토양을 사용하는 것이다. 하지만 재배하던 농작물을 다 뽑아내고 그 다음 작물을 다시 심는 것은 너무도 비현실적이다. 설사 이것이 가능하다 하더라도 작물을 새로 재배할 때마다 날씨 조건에 차이가 생기면 이것이 또 새로운 방해요소로 등장할 수 있다.

라틴방진을 이용하면 이것을 피할 수 있다. 네 가지 비료의 효과를 검사한다고 하자. 정사각형의 밭을 16개의 작은 텃밭으로 구획을 나누면, 라틴방진이 가로 방향과 세로 방향을 따라 토질이 달라지는 밭을 나타내는 것으로 상상해볼 수 있다.

그리고 나서 네 가지 비료를 a, b, c, d로 이름을 붙여 각각의 가로줄과 세로줄에서 정확히 한 번씩만 나타나도록 무작위로 적용해서, 토질의 차이에 따른 효과를 제거한다. 생산량에 영향을 미치는 다른 요소가 있다고 예상되면, 이것도 함께 다룰 수 있다. 비료를 적용하는 시간대도 한 가지 요소로 작용한다고 가정해보자. 하루 중 각기 다른 네 가지 시간대를 A, B, C, D로 이름 붙이고, 직교 라틴방진을 자료수집 전략의 디자인으로 이용한다. 이렇게 하면 비료 종류와 시간대를 짝지은 것 모두가 텃밭 중 어느 한 곳에는 확실히 적용된다. 실험 디자인은 다음 표와 같이 세울 수 있다.

비료 a, 시간대 A	비료 b, 시간대 B	비료 c, 시간대 C	비료 d, 시간대 D
비료 b, 시간대 C	비료 a, 시간대 D	비료 d, 시간대 A	비료 c, 시간대 B
비료 c, 시간대 D	비료 d, 시간대 C	비료 a, 시간대 B	비료 b, 시간대 A
비료 d, 시간대 B	비료 c, 시간대 A	비료 b, 시간대 D	비료 a, 시간대 C

훨씬 더 정교하게 라틴방진을 디자인하면, 다른 요소들도 계속해서 배제해나갈 수 있다. 오일러는 장교 문제의 해법이 농업실험에 적용되리라고는 꿈에도 생각하지 못했을 것이다.

돈의 수학
돈의 가치를 파고드는 흥미로운 수학

자전거 판매상 노만 씨는 어제 자전거를 한 대 팔았다. 저녁 무렵 찾아온 고객은 망설임 없이 99파운드짜리 자전거를 샀고 150파운드짜리 수표를 내밀었다. 은행 문이 닫은 시간이라 노만 씨는 이웃집에 가서 수표를 현금으로 바꿔왔고 고객에게 51파운드를 거스름돈으로 주었다. 그런데 불행이 찾아왔다. 부도수표였던 것이다. 돈을 바꿔주었던 이웃집에서는 다시 현금으로 돌려줄 것을 요구했고, 노만 씨는 하는 수 없이 친구에게 그 돈을 빌려야 했다. 자전거의 원가는 79파운드였다. 그렇다면 노만 씨가 잃은 돈은 모두 얼마가 될까?

이 간단한 수수께끼는 뛰어난 퍼즐발명가 헨리 듀드니 Henry Dudeney가 제안했던 퍼즐에서 개념을 따서 만든 것이다. 이것도 일종의 돈의 수학이라고 할 수 있겠지만, 더 정확하게는 돈과 관련된 퍼즐이라고 하는 편이 보다 적절하다. 이것으로 우리는 돈의 가치가 시간에 따라 어떻게 달라지는지를 볼 수 있고, 인플레이션이 여전히 건재함을 알 수 있다. 듀드니가 1920년에 이것을 만들 때 자전거의 가격은 15파운드에 불과했다. 인플레이션과 싸우는 방법 중 하나는 돈에 이자를 붙이는 것이다. 이와 관련된 부분이야말로 진지한 수학 분야이며, 현대 금융시장에서 가장 중요한 부분이라고 할 수 있다.

이자에 이자가 붙는다

이자를 계산하는 방법은 단리와 복리, 두 가지가 있다. 자, 이제 두 형제, 김복리 씨와 김단리 씨의 이야기로 초점을 돌려보자. 아버지는 두 형제에게 각각 100만

timeline

기원전 3000년
바빌로니아인, 금융거래에 60진법을 사용하다.

서기 1494년
루카 파치올리, 금융 관련 표와 복식부기 설명서를 펴내다.

원씩을 주었고, 형제는 그 돈을 은행에 집어넣었다. 김복리 씨는 복리이자를 적용해주는 계좌에, 김단리 씨는 단리이자를 적용하는 계좌에 돈을 넣었다. 옛날에는 복리이자라고 하면 고리대금과 똑같은 것이라 생각해서 안 좋게 보는 사람들이 많았다. 하지만 요즘 복리는 피할 수 없는 삶의 일상이 되었고, 현대 통화제도에서도 핵심적인 위치를 차지하고 있다. 복리는 이자에 이자가 붙는 것이다. 단리는 이런 면이 없이 '원금'이라는 고정된 값을 바탕으로만 이자를 계산한다. 원금을 기준으로 매년 똑같은 양의 이자를 받기 때문에 이해하기가 쉬워서 김단리 씨는 이 이자 계산방식을 좋아한다.

수학에 대해 얘기할 때 아인슈타인을 자기편으로 끌어들여서 나쁠 것은 없지만 많이 알려진 대로, 그가 복리를 인류 최고의 발견이라 말했다고 주장하는 것은 다소 억지스러운 면이 있다. 어쨌든 그의 $E = mc^2$ 방정식보다는 복리이자 계산공식이 피부에 더 와 닿는다는 사실을 부정할 수는 없다. 돈을 저축하고, 빌리고, 신용카드를 사용하고, 저당을 설정하고, 연금에 가입할 때는 모두 복리이자 계산공식이 그 뒤에서 작동하고 있으니 말이다. 오른쪽 그림에 나온 기호들은 무엇을 나타낼까? P는 원금(당신이 저축하거나 빌린 돈), i는 백분율로 표시된 이자율을 100으로 나눈 값, n은 이자를 적용하는 기간을 나타낸다.

$$A = P \times (1 + i)^n$$

복리이자 계산 공식

김복리 씨는 100만 원을 연이율이 7퍼센트인 계좌에 넣었다. 3년 후에는 이자가 얼마나 붙을까? 여기서는 P = 100만 원, i = 0.07, n = 3이다. A는 불어난 돈을 나타내는데, 공식을 계산해보면 A = 1,225,043원이 나온다.

김단리 씨의 계좌도 마찬가지로 연이율 7퍼센트를 주지만, 대신 단리이자다. 3년 후에 돈은 얼마나 차이가 날까? 첫해에는 이자로 7만 원을 벌고, 이 액수는 2년

1718년
아브라함 드무아브르, 사망률 통계와 연금이론의 기초를 연구하다.

1756년
제임스 도드슨James Dodson, 「보험에 관한 첫 번째 강의First lectures on Insurance」를 펴내다.

1848년
런던에서 보험계리사협회가 창설되다.

째나 3년째나 똑같다. 따라서 그가 버는 이자는 3 × 7만 원이므로 최종적으로 모은 돈은 121만 원이 된다. 김복리 씨의 투자가 더 낫다.

복리로 이자가 붙으면 돈이 엄청나게 빠른 속도로 불어난다. 돈을 저축한 경우에는 좋은 일이지만, 빌렸을 경우에는 그리 달가운 일이 아니다. 복리이자 계산에서 핵심적인 요소는 복리이자가 발생하는 단위기간이다. 김복리 씨는 어느 은행에서 주당 1퍼센트 이자를 준다는 얘기를 들었다. 이렇게 하면 그는 얼마나 벌게 될까?

김단리 씨는 1년은 52주니까 거기에 이율 1퍼센트를 곱하면 연이율로 52퍼센트가 나온다고 생각했다. 즉, 100만 원에 52만 원이 이자로 붙어서 152만 원이 계좌에 남음을 의미한다. 하지만 김복리 씨는 김단리 씨에게 복리의 마술과 복리 계산 공식을 일깨워주었다. 김복리 씨가 P = 100만 원, i = 0.01, n = 52로 놓고 복리를 계산해보니 $1{,}000{,}000 \times (1.01)^{52}$원이라는 돈이 계좌에 남는다. 계산해보면 1,677,690원이다. 김단리 씨가 계산한 돈보다 훨씬 더 많다. 김복리 씨의 계산법으로 하면 연이율이 67.769퍼센트나 되고, 이것은 김단리 씨의 52퍼센트보다 훨씬 크다.

김단리 씨는 감동을 받았지만, 그의 돈은 이미 단리이자로 은행에 묶여 있는 상태다. 그는 이 계좌에서 원금 100만 원이 두 배로 늘어나려면 시간이 얼마나 걸릴지가 궁금해졌다. 매년 7만 원씩 이자가 붙으니까 간단하게 100을 7로 나누어보면 된다. 이 값은 14.29로, 15년이 지나면 분명 은행에 200만 원이 넘는 돈이 생길 것이라 확신할 수 있다. 하지만 이는 무척 긴 시간이다. 복리의 우월성을 보여주기 위해 김복리 씨가 자신의 원금이 두 배가 되는 시간을 계산하기 시작했다. 이 계산은 조금 더 복잡했지만, 한 친구가 '72의 법칙'을 알려주었다.

72의 법칙이란?

72의 법칙은 주어진 퍼센트 비율을 바탕으로 돈을 두 배로 늘리는 데 필요한 단위시간의 숫자를 어림잡는 법칙이다. 72의 법칙은 하루 단위, 월 단위에 모두 적용 가능하다. 두 배로 불어나는 시기를 구하려면 그저 72를 이율로 나누면 된다. 이것을 계산하면 $\frac{72}{7}$ = 10.3으로 김복리 씨의 원금은 약 11년 정도면 두 배로 불어날 것이고, 이것은 김단리 씨의 15년보다 훨씬 빠르다. 이 법칙은 근사치만을 말해주지만 빠른 판단이 필요할 때는 꽤 쓸모 있는 방법이다.

10년 후 1억의 현재가치

아버지는 김복리 씨의 영특함에 깊은 감명을 받아 그를 따로 불러 말했다. "내가 너에게 특별히 1억 원을 더 주마." 김복리 씨는 대단히 흥분했지만 아버지는 조건을 하나 달았다. 45세가 되어야 그 돈을 주겠다는 것이다. 이 돈을 받으려면 10년이나 더 기다려야 한다. 김복리 씨는 그만 김이 새고 말았다.

김복리 씨는 그 돈을 지금 당장 쓰고 싶었지만 그건 불가능했다. 그는 은행에 가서 10년 후에 꼭 갚을 테니 1억 원을 빌려달라고 했다. 은행 측에서는 10년 후의 1억 원은 현재의 1억 원과는 같지 않다는 대답을 했다. 은행은 지금 얼마를 투자하면 10년 후에 1억 원이 될지를 평가해야 한다. 이 값을 계산해서 그만큼을 김복리 씨에게 대출해주면 된다. 은행에서는 12퍼센트 정도의 이율이면 짭짤한 이익을 올릴 수 있다고 믿는다. 이율을 12퍼센트로 했을 때 지금의 얼마가 10년 후 1억 원이 될까? 이 문제를 풀 때도 복리 계산공식을 이용할 수 있다. A = 1억 원으로 미리 주어졌기 때문에, 이번에는 A의 현재가치인 P값을 구해야 한다. n = 10, i = 0.12로 놓고 계산하면 은행이 김복리 씨에게 선불로 지급할 돈의 액수는 $\frac{100{,}000{,}000}{1.12^{10}}$ = 32,197,320원이 나온다. 김복리 씨는 너무 작은 액수가 나와서 충격을 받았지만, 그래도 이 정도면 근사한 자동차 한 대는 뽑을 수 있다.

정기불입금을 다루는 방법

이제 김복리 씨의 아버지는 10년 후에 아들에게 1억 원을 주기 위해 돈을 모아야 한다. 아버지는 10년 동안 매년 말에 일정액을 불입해서 돈을 모을 생각을 한다. 이렇게 기간이 지나고 나면 약속한 날에 아들 김복리 씨에게 돈을 넘길 수 있을 것이고, 김복리 씨는 그 돈을 받아 은행에 대출금을 갚을 수 있을 것이다.

김복리 씨의 아버지는 겨우겨우 이런 저축상품을 찾아냈다. 이 계좌는 전체 10년 기간 동안 연이율 8퍼센트로 이자를 지불한다. 아버지는 김복리 씨에게 1년에 얼마씩 저축해야 하는지 계산하는 일을 맡겼다. 복리 계산공식에서는 원금만을 생각하면 되었지만, 이제는 시간을 나누어 10번에 걸쳐 입금하는 돈에 대해서 계산을 해야 한다. 매년 말에 입금하는 정기불입금을 R로 놓고 이자율을 i로 놓아 계산하는 정기불입금 공식을 사용하면, n년 후 저축되는 돈의 액수를 계산해 낼 수 있다.

$$S = R \times \frac{(1+i)^n - 1}{i}$$

정기불입 공식

김복리 씨는 S = 1억 원, n = 10, i = 0.08임을 알고 있으므로 계산해보면, R = 6,902,950원이 나온다.

은행 덕분에 김복리 씨는 번쩍거리는 새 자동차를 갖게 되었지만, 이제는 차고가 딸린 집에 욕심이 생겼다. 그는 집 살 돈 3억 원을 대출하고, 매년 일정 금액으로 25년 동안 갚아나가기로 하였다. 그는 이것을 앞으로 정기적으로 지급할 돈의 현재 가치가 3억 원이 되도록 정기불입액을 계산하는 문제로 파악하고는, 쉽게 계산해 냈다. 아버지는 이에 감명을 받고는 김복리 씨의 재주를 더 활용해야겠다고 생각했다. 아버지는 얼마 전에 퇴직금으로 1억 5천만 원을 받았는데, 이 돈으로 연금 가입을 하고 싶었다. 김복리 씨는 이렇게 말했다. "문제없어요, 아버지. 적용되는 수학이 똑같으니까 같은 공식을 그대로 사용하면 돼요. 저는 모기지회사에서 돈을 선불로 내주고 그 돈을 제가 적금으로 갚아나가는 거지만, 아버지는 반대로 회사에 돈을 빌려주고, 그 회사에서 아버지한테 정기적으로 돈을 갚는 것이니까요."

한편, 앞에 나왔던 헨리 듀드니 문제의 해답은 노만 씨가 고객에게 준 51파운드에 자전거 구입하는 데 든 돈 79파운드를 합한 130파운드이다.

45 식이요법 문제

최소 비용으로 건강 지키기

타냐의 꿈은 올림픽 금메달리스트이다. 때문에 그녀는 매일 체육관에 나가 운동을 하고 식이요법도 철저하게 지킨다. 파트타임 직업으로 생계를 꾸리기 때문에 지출내역도 상세하게 살펴야 한다. 그리고 체력과 건강을 유지하기 위해서는 매월 알맞은 양의 미네랄과 비타민을 섭취하는 것이 필수적이다. 그녀의 코치가 적정량을 정해 주었는데, 매월 적어도 비타민 120mg과 미네랄 880mg을 섭취해야 한다고 했다. 이 처방을 확실히 따르기 위해 타냐는 두 가지 건강보조식품을 이용하고 있다. 하나는 고형식으로 나온 '솔리도'라는 제품이고, 다른 하나는 액상으로 나온 '리퀴엑스'라는 제품이다. 문제는 코치의 처방을 따르려면 두 제품을 매달 얼마나 구입해야 하는지 결정하는 것이다.

고전적인 형태의 식이요법 문제는 건강한 식생활을 꾸리면서 거기에 들어가는 비용은 최소로 줄이는 문제를 말한다. 1940년대에 개발되어 현재는 폭넓게 응용되고 있는 선형계획 문제들은 이것을 원형으로 삼고 있다.

타냐는 슈퍼마켓에 들러 솔리도와 리퀴엑스 제품을 확인해보았다. 솔리도 제품의 상자 뒷면을 보니 비타민 2mg과 미네랄 10mg이 들어있다고 적혀 있고, 리퀴엑스 봉지에는 비타민 3mg과 미네랄 50mg이 들어있다고 적혀 있었다. 그녀는 한 달치 분량으로 장바구니에 솔리도 30상자와 리퀴엑스 5봉지를 담았다. 계산을 하려는데 문득 용량을 제대로 맞춰 담았는지 궁금해졌다. 그래서 먼저 장바구니에 담은 총 비타민 양이 얼마나 되는지 계산해보았다. 솔리도가 30상자이므로, 그 안에는 $2 \times 30 = 60$mg의 비타민이 들어있고, 리퀴엑스 5봉지에는 $3 \times 5 = 15$mg의 비타민이 들어있다. 따라서 모두 합하면 비타민 양은 $2 \times 30 + 3 \times 5 = 75$mg이었다. 미

---

timeline

서기 1826년
푸리에, 선형계획법을 예상하다. 가우스가 가우스 소거법을 이용해서 선형방정식을 풀다.

1902년
파르카스 Farkas, 부등식 체계의 해법을 발견하다.

네랄 양도 계산을 해보니 10 × 30 + 50 × 5 = 550mg이었다.

	솔리도	리퀴엑스	섭취요구량
비타민	2mg	3mg	120mg
미네랄	10mg	50mg	880mg

코치가 말한 섭취량(비타민 120mg, 미네랄 880mg)에 따르려면 두 제품을 모두 좀더 살 필요가 있었다. 타냐가 풀어야 할 문제는 비타민과 미네랄 요구량에 맞추어 솔리도와 리퀴엑스의 구입량을 적절하게 조절하는 것이다. 그녀는 다시 슈퍼마켓 건강 코너에 가서 솔리도와 리퀴엑스를 더 담았다. 이제 솔리도는 40상자, 리퀴엑스는 15봉지가 되었다. 이 정도면 틀림없이 충분할 것으로 생각하고는 다시 계산해 보니, 비타민은 2 × 40 + 3 × 15 = 125mg, 미네랄은 10 × 40 + 50 × 15 = 1,150mg이다. 이제는 정해준 섭취량을 다 채우고도 남는다.

실현가능해는 무엇인가?

솔리도와 리퀴엑스의 (40, 15) 조합이면 타냐는 식이요법을 지킬 수 있다. 이것을 가능한 조합, 혹은 '실현가능해Feasible solution'라고 부른다. (30, 5)는 실현가능해가 아님을 이미 살펴보았으므로 조합을 두 가지로 구분할 수 있다. 식이요법을 충족시키는 실현가능해와 그렇지 않은 실현불가능해이다.

타냐가 선택할 수 있는 방법은 더 많다. 장바구니를 솔리도만으로 채우는 것도 가능하다. 만약 이렇게 한다면 적어도 솔리도 88상자를 사야 한다. (88, 0)의 조합으로 구입하면 양쪽 요구사항을 모두 충족시킨다. 이 조합에서는 비타민은 2 × 88 + 3 × 0 = 176mg, 미네랄은 10 × 88 + 50 × 0 = 880mg이 나오기 때문이다. 만약 리

1945년
스티글러Stigler, 발견적 방법Heuristic method을 이용해 식이요법 문제를 풀다.

1947년
단치히, 심플렉스법을 체계화하고 다이어트 문제를 선형계획법으로 풀다.

1984년
카마카, 선형계획문제를 푸는 새로운 알고리즘을 유도하다.

퀴엑스만 구입한다면 적어도 40봉지를 사야 한다. 실현가능해인 (0, 40)의 조합은 비타민과 미네랄 요구량을 모두 충족시킨다. 비타민은 2 × 0 + 3 × 40 = 120mg, 미네랄은 10 × 0 + 50 × 40 = 2,000mg이 나오기 때문이다. 어느 쪽을 선택하든 타냐가 충분히 섭취했다며 코치는 흡족해 하겠지만, 양쪽의 가능한 조합 모두 비타민과 미네랄의 실제섭취량과 섭취요구량이 딱 맞아떨어지지는 않는다.

최적해는 무엇인가?

이제 돈 문제를 생각해보자. 확인해보니 솔리도와 리퀴엑스 모두 5달러씩이다. 지금까지 찾아낸 실현가능해 (40, 15), (88, 0), (0, 40)의 가격을 확인해보니 각각 275달러, 440달러, 200달러다. 따라서 지금까지 찾아낸 조합 중에서 제일 나은 방법은 솔리도를 사지 않고 리퀴엑스만 40봉지 사는 것이다. 이렇게 하면 가격은 제일 저렴하면서 식이요법의 요구량은 충족시킬 수 있다. 하지만 얼마나 사는 것이 제일 나은 선택인지는 신경을 쓰지 않았던 것이 사실이다. 타냐는 이 세 가지 경우만 계산해보았기 때문이다. 더 나은 방법은 없을까? 코치의 처방을 만족시키면서 비용도 제일 적게 들어가는 다른 가능한 조합은 없을까? 일단은 집으로 돌아가서 연필과 종이를 가지고 문제를 분석해보는 것이 좋겠다.

제일 나은 조합을 찾아서

타냐는 실현가능 영역을 그림으로 그려보았다. 두 가지 식품보조제만 고려하고 있기 때문에 이런 그림을 그리는 것이 가능하다. 선분 AD는 비타민을 정확히 120mg 포함하는 솔리도와 리퀴엑스의 조합을 나타낸다. 이 선분 위쪽에 있는 조합들은 비타민이 120mg을 넘는 조합이다. 선분 EC는 정확히 880mg의 미네랄을 포함하고 있는 조합을 나타낸다. 이 두 개의 선분보다 위쪽에 있는 조합들이 실현가능 영역이고, 이것은 타냐가 구입할 수 있는 모든 실현가능 조합을 나타내고 있다.

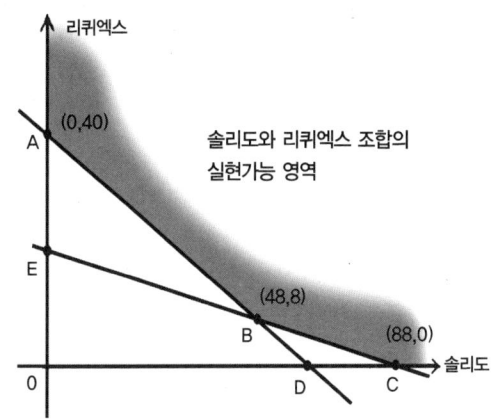

솔리도와 리퀴엑스 조합의 실현가능 영역

이 식이요법 문제와 구조가 비슷한 문제를 '선형계획 문제'라고 부른다. '계획'은 진행절차를 의미하고, '선형'은 직선을 이용함을 의미한다. 선형계획법으로 타냐의 문제를 풀려면 그래프 위의 꼭지점들에서만 가격의 합을 구해서 비교해보면 된다는 것을 수학자들이 밝혀냈다. 타냐는 좌표 (48, 8)의 점B에서 새로운 실현가능해를 찾아냈다. 이 점은 솔리도 48상자와 리퀴엑스 8봉지를 구입하면 된다는 것을 의미한다. 이렇게 하면 비타민 120mg과 미네랄 880mg의 요구량을 정확하게 충족시킬 수 있다. 양쪽의 가격이 모두 5달러이므로 이 조합의 가격은 280달러다. 따라서 제일 나은 구입 방법은 솔리도를 사지 않고 200달러에 리퀴엑스만 40봉지를 사는 것이다. 미네랄이 1,120mg으로 원래의 요구량 880mg을 초과하기는 하겠지만 이 조합이 가장 낫다.

최적의 조합은 궁극적으로 식품보조제의 상대적인 가격에 달려있다. 만약 솔리도의 가격이 2달러로 내려가고, 리퀴엑스의 가격이 7달러로 올랐다면 꼭지점 조합 A(0, 40), B(48, 8), C(88, 0)의 가격은 각각 280달러, 152달러, 176달러가 된다.

이 경우 타냐에게 가장 유리한 구입 방법은 152달러로 솔리도 48상자와 리퀴엑스 8봉지를 구입하는 것이다.

선형계획 문제의 역사

1947년에 당시 공군에서 근무 중이던 미국의 수학자 조지 단치히George Dantzig는 심플렉스법Simplex method이라고 부르는, 선형계획 문제의 해법을 체계화했다. 대단히 성공적인 이 방법 덕분에, 서구에서 단치히는 선형계획법의 아버지로 알려지게 되었다.

냉전기간 동안 외부와 단절되어 있었던 소비에트연방의 러시아에서는 레오니드 칸토로비치Leonid Kantorovich가 독립적으로 선형계획법의 이론을 체계화했다. 1975년에 칸토로비치와 네덜란드의 수학자 찰링 코프만스Tjalling Koopmans는 선형계획법의 기술을 포함하는, 자원배분 문제에 대한 연구로 노벨 경제학상을 받았다.

타냐는 두 가지 식품보조제, 즉 두 가지 변수에 대해서만 고려했다. 하지만 요즘에는 변수가 수천 가지에 이르는 문제도 흔하다. 단치히가 심플렉스법을 발견했을 당시에는 컴퓨터가 거의 없었지만, 대신 수학용 수치표 프로젝트Mathematical Tables Project가 있었다. 이 사업은 1938년에 뉴욕에서 시작된 10년짜리 일자리 창출 전략의 일환이었다. 아홉 가지 '비타민' 섭취요구량에 대해 77가지의 변수로 구성된 식이요법 문제를 해결하는 데만 열 사람 정도가 계산기를 가지고 12일 동안 작업해야 했다.

심플렉스법과 그것을 변형한 방법들은 경이로울 정도로 성공적이었지만, 그와는 다른 방법들도 역시 시도되었다. 1984년 인도의 수학자 나렌드라 카마카Narendra Karmarkar는 실용적 중요성이 큰 새로운 알고리즘을 유도했고, 러시아의 레오니드 카치얀Leonid Khachiyan은 이론적인 중요성이 두드러지는 알고리즘을 제안했다.

선형계획법의 기본 모델은 식이요법의 선택 말고도 다른 많은 상황에 적용되었다. 그 중 하나인 운송 문제는 상품을 공장에서 창고로 운송하는 문제를 다룬다.

이 문제는 구조가 독특해서 그 자체로 하나의 분야가 되었다. 이 경우에는 운송비용을 최소로 하는 것이 목표다. 어떤 선형계획 문제에서는 이윤 최대화 등 무언가를 최대화하는 것이 목표로 등장한다. 그리고 어떤 문제에서는 변수가 정수 값만을 취하거나 0이나 1만을 취하는 경우도 있다. 이런 문제들은 특성이 아주 다르기 때문에 독자적인 해법이 필요하다.

타냐가 올림픽 금메달리스트가 될 수 있을지는 두고봐야 할 문제다. 그렇게만 된다면 이것은 선형계획법이 거둔 또 하나의 승리가 될 것이다.

외판원의 순회 문제

좀더 빠르고 경제적으로!

비즈마크(미국 노스다코타)에서 활동하는 제임스 쿡은 양탄자 청소기 제조회사인 일렉트라의 초우량 외판원이다. 그는 앨버커키, 시카고, 댈러스, 엘패소 등의 지역을 담당한다. 쿡은 한 달에 한 번씩 이 도시들을 순회하는데, 항상 이런 생각을 한다. '어떻게 하면 총 이동거리를 최소화해서 순회할 수 있을까?' 이것이 고전적인 외판원의 순회 문제다.

제임스는 도시들 간의 거리를 나타내는 이동거리 도표를 그려보았다. 예를 들어 비즈마크와 댈러스 사이의 거리는 1,020마일이고, 표에서 보면 비즈마크 세로줄과 댈러스 가로줄이 만나는 곳에 어둡게 표시되어 있다.

욕심쟁이 기법

앨버커키				
883	비즈마크			
1,138	706	시카고		
580	1,020	785	댈러스	
236	1,100	1,256	589	엘패소

제임스는 실용적인 사람이라 영업 지역의 지도를 그리면서도 도시의 위치와 도시 간 거리만 대략적으로 알 수 있다면 정확성은 신경을 쓰지 않았다. 그가 즐겨 이용하는 경로는 비즈마크(B)에서 출발해 시카고(C), 앨버커키(A), 댈러스(D)와 엘패소(E)를 차례로 거쳐 다시 비즈마크(B)로 돌아오는 경로다. 이것이 BCADEB 경로인데, 이렇게 이동하는 총 거리 4,113마일이 너무 길다는 생각이 들었다. 더 나은 경로가 없을까?

영업지역 순회계획을 짠다고는 했지만, 사실 제임스는 세세하게 계획이나 짜고

timeline

서기 1810년
찰스 배비지 Charles Babbage, 이 문제가 흥미롭다고 언급하다.

1831년
외판원의 순회 문제가 실용적인 문제로 나타나다.

1926년
보루프카 Borůvka, 욕심쟁이 알고리즘을 도입하다.

앉아있을 생각이 없다. 당장이라도 나가 영업을 하고 싶어 좀이 쑤시기 때문이다. 비즈마크 사무실에 붙은 지도를 보니 제일 가까운 도시는 시카고였다. 앨버커키는 883마일, 댈러스는 1,020마일, 엘패소는 1,100마일인 반면, 시카고는 706마일로 상대적으로 가까웠다. 제임스는 전체 계획을 세우지도 않고 당장 시카고로 출발했다. 시카고에서 일을 마치고 나서 다시 가장 가까운 도시를 찾아보았다. 댈러스는 시카고에서 거리가 785마일로 앨버커키나 엘패소보다 더 가까웠기 때문에 제임스는 댈러스로 향했다.

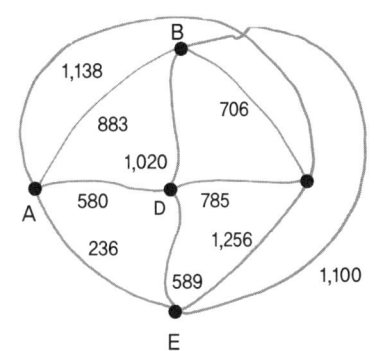

댈러스에 도착하니 거기까지의 이동거리는 총 706 + 785마일이 되었다. 댈러스에서 일을 마친 후 다시 앨버커키나 엘패소 중 한 곳을 골라야 했다. 앨버커키가 더 가까워서 거기를 먼저 가기로 한다. 그리고 앨버커키에서는 엘패소로 갔고, 모든 일이 마무리되자 비즈마크로 다시 돌아왔다. 그가 이동한 총거리는 706 + 785 + 580 + 236 + 1,100 = 3,407마일이다. 이 BCDAEB 경로는 예전에 다니던 경로보다 거리가 훨씬 짧았고, 탄소배출량도 그만큼 줄일 수 있었다.

이런 방식을 '욕심쟁이 기법Greedy method'이라고 부른다. 이런 이름이 붙은 이유는 제임스가 언제나 전체가 아닌 부분만을 보고 결정을 내렸기 때문이다. 그는 어떤 도시에 가면 그 도시를 빠져나가는 가장 짧은 경로가 무엇인지만 확인한다. 이런 방식에서는 한 번에 한 단계 이상은 결코 내다보려 하지 않는다. 이것은 제일 좋은 경로에 대해 전체적으로 고려하지 않기 때문에 전략적이라 할 수 없다. 엘패소에서 다시 비즈마크로 돌아오는 길이 상당히 멀어지기 때문이다. 일단 더 짧은 경로를 찾기는 했는데, 과연 이것이 제일 짧은 경로일까? 제임스는 흥미를 느끼기 시작했다.

1954년
단치히와 다익스트라Dijkstra, 외판원의 순회 문제를 공략할 기법을 제안하다.

1971년
쿡Cook, 알고리즘에 P와 NP라는 개념을 체계화하다.

2004년
데이빗 애플게이트David Applegate, 스웨덴의 24,978개 모든 도시를 대상으로 외판원의 순회 문제를 풀다.

제임스는 연관된 도시가 다섯 개밖에 없다는 점을 이용하면 문제를 해결할 수 있음을 알게 되었다. 경우의 수가 적기 때문에 가능한 모든 경로를 다 목록으로 작성해서 가장 짧은 경로를 고를 수가 있는 것이다. 도시가 다섯 곳인 경우에는 24개 경로만 조사해보면 되고, 한 경로와 그 반대 방향 경로는 이동거리가 같으니까 같은 것으로 치면 12개만 조사해보면 된다. 이 방법은 잘 먹혀들어서 제임스는 BAEDCB (혹은 그 반대인 BCDEAB) 경로가 3,199마일밖에 안 되어 사실상 최적의 경로임을 알아냈다.

비즈마크에 돌아와 보니 제임스는 자신의 순회여행이 너무 길다는 생각이 들었다. 그가 아끼고 싶은 것은 시간이지 거리가 아니다. 그는 담당 지역 도시들 간의 이동시간을 보여주는 표를 새로 그렸다.

앨버커키				
12(자동차)	비즈마크			
6(비행기)	2(비행기)	시카고		
2(비행기)	4(비행기)	3(비행기)	댈러스	
4(자동차)	3(비행기)	5(비행기)	1(비행기)	엘패소

이동거리에 문제의 초점을 맞추었을 때, 제임스는 삼각형에서 두 변의 길이의 합은 언제나 나머지 다른 한 변의 길이보다 크다는 사실을 떠올렸다. 즉, 이 문제에 유클리드 기하학을 적용할 수 있었으며 해법도 알려진 바가 많았다. 하지만 시간 관련 문제는 또 다르다. 비행기로 움직일 때는 주변 경로로 이동하는 것보다 주요 경로로 이동하는 편이 훨씬 시간이 단축된다. 때문에 엘패소에서 시카고로 가려면 직접 가는 것보다 오히려 댈러스를 경유하는 것이 더 빠르다. 따라서 여기서는 삼각부등식이 통하지 않는다.

욕심쟁이 기법을 시간 관련 문제에 적용해보면 총 이동시간은 BCDEAB 경로를 거쳐 총 22시간이 든다. 반면에 최적의 경로에서는 총 14시간이 걸린다. 최적의 경로는 BCADEB와 BCDAEB 두 가지로, 걸리는 시간은 같다. 이 두 경로 중에서 첫 번째 경로는 4,113마일이고, 두 번째 경로는 3,407마일이다. 두 번째 경로는 앞에서 욕심쟁이 기법으로 이동거리를 따져서 찾아냈던 경로다. 제임스는 BCDAEB를 택한 덕분에 시간이 제일 많이 절약되었다는 것을 알고 기분이 좋아졌다. 이번에는 최소 경비가 드는 경로를 따져볼 생각이다.

몇 초가 몇 세기로

도시의 수가 많아지면 외판원의 순회 문제는 정말 어려워진다. 제임스는 워낙 유능하다보니 오래지 않아 감독관으로 승진했다. 이제는 비즈마크에서 출발해서 4개 도시가 아니라 13개 도시를 방문해야 한다. 그는 모든 가능한 경로의 목록을 다시 뽑아보고 싶어 목록 작성에 착수했다. 하지만 곧 조사해야 할 모든 경로의 수가 3.1×10^9가지나 된다는 것을 알게 되었다. 다시 말해, 만약 컴퓨터가 경로 하나를 출력하는 데 1초가 걸린다고 치면, 이 경로를 모두 출력하려면 한 세기가 걸린다는 얘기다. 만약 도시의 수가 100개라면 상상도 못할 시간이 걸릴 것이다.

이 외판원의 순회 문제를 해결하기 위해 몇몇 복잡한 기법이 적용되었다. 도시의 수가 5,000개나 그 이하인 경우에 적용해서 정확한 해답을 얻어낼 수 있는 기법들이 나왔고, 한 기법은 심지어 33,810개의 도시가 들어가는 어느 특정 문제를 성공적으로 풀어내기도 했다. 하지만 이 경우에는 어마어마하게 강력한 컴퓨터가 필요하다. 근사치 기법에서는 최적의 범위에 들어갈 가능성이 특정 확률로 나오는 경로들을 찾아낸다. 이런 형태의 기법은 도시가 수백만 개 포함되는 문제도 다룰 수 있다는 장점이 있다.

해를 찾는 데 걸리는 시간

컴퓨터의 관점으로 문제를 바라보기로 하고, 컴퓨터가 해답을 찾아내는 데 시간이 얼마나 걸릴지 생각해보자. 다짜고짜 가능한 모든 경로를 일일이 나열해보는 것은 최악의 시나리오다. 이미 제임스는 13개 도시를 대상으로 이런 기법을 사용해서 결과를 도출하려면 거의 한 세기가 걸린다는 것을 알아냈다. 여기에 도시를 2개만 더 추가해도 필요한 시간은 20,000년이 넘어간다!

물론 이 추정 시간은 실제로 어떤 컴퓨터를 사용하느냐에 따라 달라진다. 하지만 n개의 도시를 대상으로 계산할 때 걸리는 시간은 n팩토리얼에 비례해서 증가한다는 것을 알 수 있다. 13개 도시를 대상으로 할 때는 3.1×10^9개의 경로가 나온다는 계산이 나왔다. 각각의 경로가 그때까지 찾아낸 모든 경로 중에서 가장 짧은 경로인지를 판단하는 문제는 팩토리얼 값만큼 계산시간이 증가하는 문제가 된다. 이것은 정말 긴 시간이 될 것이다.

어떤 문제가 있어서 n개의 도시를 대상으로 문제를 풀 때 걸리는 시간이 2^n(2를 n번 제곱)에 비례한다면, 이런 문제는 다른 기법을 이용해 공략할 수 있다. 이런 문제에서는 13개 도시를 대상으로 해도 경우의 수가 8,192(= 2^{13}. 10개 도시를 대상으로 할 때보다 2^3 = 8배 많아짐)가 나온다. 이런 복잡도가 나오는 기법을 지수적 시간 알고리즘 Exponential time algorithm이라고 부른다. 이런 조합최적화 문제에서 2의 n제곱에 비례하는 것이 아니라, n을 고정된 값만큼만 제곱한 값(n^2이나 n^3 같은)에 비례하는 알고리즘을 찾아낸다면 그것은 횡재다. 물론 이 거듭제곱의 지수 값도 작을수록 좋다. 예를 들어 알고리즘의 복잡도가 n^2이라면 13개 도시일 때도 경우의 수가 169밖에 나오지 않는다. 이 값은 10개 도시의 경우와 비교해도 두 배가 넘지 않는다. 이런 복잡도가 나오는 기법을 다항식 시간 알고리즘이라고 한다. 이런 문제는, 푸는 데 걸리는 시간이 다항식으로 나타나기 때문에 '빨리 풀리는 쉬운 문제'이고, 백 년이 아니라 3분이면 풀 수 있다.

다항식 시간 알고리즘으로 컴퓨터를 이용해 '해를 찾아낼 수 있는' 문제 부류를 P라고 표시한다. 외판원의 순회 문제가 이 부류에 속하는지는 아직 밝혀내지 못했다. 이 문제를 풀 수 있는 다항식 시간 알고리즘을 찾아낸 사람도 없지만, 그렇다고 그런 다항식 시간 알고리즘이 없음을 증명해낸 사람도 없다.

그보다 더 큰 부류인 NP는 그 해를 다항식 시간 알고리즘으로 검증할 수 있는 문제 부류를 말한다(다항식 시간 알고리즘으로 해를 구할 수 있다는 것이 아니라, 구한 해를 다항식 시간 알고리즘으로 검증할 수 있다고 한 점에 주의할 것. 즉 문제를 풀기는 어려워도, 찾은 답이 맞는지 확인하기는 쉽다는 얘기다). 외판원의 순회 문제는 분명 이 부류에 속한다. 왜냐면 주어진 경로가 다른 어떤 경로보다도 더 짧은지를 확인하는 것은 다항식 시간 알고리즘으로 가능하기 때문이다. 여기서는 그냥 주어진 경로의 길이들을 합해서 그것을 주어진 값과 비교해보기만 하면 된다. 하지만 '해를 찾아내는 것'과 '해를 검증하는 것'은 엄연히 다른 과정이다. 예를 들어 167 × 241 = 40,247임을 '검증하는 것'은 쉽지만 40,247의 인수를 '찾아내는 것'은 다른 문제다.

다항식 시간 알고리즘으로 해를 증명할 수 있는 모든 문제에서 다항식 시간 알고리즘으로 해를 찾아낼 수도 있을까? 만약 이것이 사실이라면 두 부류 P와 NP는 동일한 것으로, P = NP라고 적을 수 있다. P = NP인지 아닌지를 확인하는 문제는 컴퓨터과학자들에게는 정말 화급한 문제다. 이 분야의 전문가들 중에는 그렇지 않다고 생각하는 사람이 절반을 넘는다. 그들은 다항식 시간 알고리즘으로 확인할 수는 있지만, 해를 구할 수는 없는 문제들이 존재한다고 믿는다. 이것은 대단히 중요한 미해결 문제이기 때문에 클레이 수학연구소Clay Mathematics Institute에서는 P = NP인지 P ≠ NP인지를 증명하는 것에 백만 달러의 상금을 걸었다.

게임이론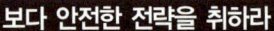
보다 안전한 전략을 취하라

존 폰 노이만John von Neumann은 어렸을 적부터 신동이었으며 나중에는 수학계의 전설이 되었다. 그가 회의장으로 가는 택시 안에서 게임이론의 '최소최대정리'를 찾아내 종이에 휘갈겨 썼더라는 얘기를 들어도 사람들은 그저 고개만 끄덕일 뿐 놀라는 일도 없었다. 노이만은 늘 그런 식이었기 때문이다. 양자역학, 논리학, 대수학에도 기여했는데, 게임이론이라고 예외가 있겠는가? 그는 오스카 모르겐슈테른Oskar Morgenstern과 함께 『게임이론과 경제행동Theory of Games and Economic Behavior』이라는 영향력 있는 서적을 펴내기도 했다. 넓게 보면 게임이론은 고대의 오래된 이론이지만, 폰 노이만은 그 오래된 이론에서 '2인 제로섬게임' 이론을 날카롭게 다듬어냈다.

2인 제로섬게임

제목만 보면 무척 거창해 보이지만, 사실 2인 제로섬게임Two-person zero-sum game은 간단하게 말해 두 사람이나, 두 회사, 혹은 두 팀이 게임을 해서 한 편이 잃는 것을 다른 한 편이 따는 게임을 말한다. 만약 A가 200원을 딴다면, B는 그 200원을 잃는다. 제로섬이 뜻하는 것은 바로 이것이다. A와 B가 서로 협력하는 것은 의미가 없다. 이것은 승자와 패자만이 존재하는 순수한 경쟁관계이기 때문이다. 둘이 각각 얼마를 땄느냐는 개념으로 표현하면, A는 200원을 따고, B는 −200원을 딴다. 그리고 그 합은 200 + (−200) = 0이다. 이것이 '제로섬'이라는 용어를 쓰는 이유다.

두 TV 회사를 상상해보자. ATV와 BTV는 스코틀랜드나 잉글랜드에서 추가로 뉴스 채널을 운영하기 위해 입찰에 나섰다. 각각의 회사는 한 지역에만 입찰해야 하며, 이는 예상되는 시청자 수의 증가량을 바탕으로 결정될 것이다. 미디어 분석가들은 시청자 수의 증가량을 추정해놓았으며 두 회사는 모두 그 연구 결과를 볼

timeline

서기 1713년
월드그레이브Waldegrave, 2인 게임에 대한 최초의 수학적 해를 내놓다.

1944년
폰 노이만과 모르겐슈테른, 『게임이론과 경제행동』을 펴내다.

수 있다. 이 연구 결과는 시청자 수를 백만 명 단위로 측정해서 보기 편하게 '보수표Payoff table'로 나타냈다.

	스코틀랜드	잉글랜드
스코틀랜드	+5	−3
잉글랜드	+2	+4

만약 ATV와 BTV 모두 스코틀랜드에서 뉴스 채널을 운영한다면 ATV는 시청자 수가 500만 명 늘어나지만, BTV는 500만 명 줄어들게 된다. −3 같은 보수에 나오는 마이너스 기호의 의미는 ATV가 시청자를 300만 명 잃는다는 것이다. + 보수는 ATV에 좋고, − 보수는 BTV에 좋다.

두 회사 모두 입찰 기회가 한 번밖에 없으며, 어느 곳에 입찰할 것인지는 이 보수표를 기준으로 결정하고, 또 입찰할 때는 상대방이 알 수 없는 상태로 동시에 입찰하는 것으로 가정하겠다. 당연히 두 회사는 자기에게 가장 유리한 방향으로 행동한다.

만약 ATV가 스코틀랜드를 선택했을 때 발생할 수 있는 최악의 상황은 시청자를 300만 명 잃는 것이다. 만약 잉글랜드를 선택한다면 최악의 경우에도 시청자가 200만 명 늘어난다. 따라서 ATV는 전략적으로 잉글랜드를 선택할 것이 뻔하다(두 번째 가로줄). 이 경우 BTV는 어떤 선택을 하든지 시청자가 200만 명 늘어난다. 이것을 수치적으로 바라보면, ATV는 −3과 2를 산출해서(각각의 줄에서의 최소값), 이 값들 중 최대값에 해당하는 줄을 선택한다.

BTV는 불리한 위치에 있지만 그래도 잠재적 손실을 최소로 줄이는 전략을 구상하면서, 내년에는 좀더 유리한 보수표가 나오리라는 희망을 품을 수 있다. 만약

> **〈뷰티풀 마인드〉**
>
> 영화 〈뷰티풀 마인드$^{A\ Beautiful\ Mind}$〉에는 존 내쉬$^{John\ F.\ Nash}$의 인생 역정이 그려져 있다. 그는 1994년에 게임이론에 대한 공로를 인정받아 노벨 경제학상을 수상했다.
>
> 내쉬와 그 동료들은 게임의 참가자가 두 사람을 넘는 경우를 비롯하여, 참가자들끼리 서로 단합해서 제3의 참가자에 대항하는 등 참가자들 간에 협력이 일어나는 경우도 고려할 수 있도록 게임이론을 확장시켰다. 내쉬균형$^{Nash\ equilibrium}$은 안장점균형$^{Saddle\ point\ equilibrium}$과 마찬가지로 폰 노이만이 제시한 것보다 훨씬 폭넓은 관점을 제공하며, 경제상황을 더 깊이 이해할 수 있게 해주었다.

BTV가 스코틀랜드(첫 번째 세로줄)를 선택하면, 가능한 최악의 상황은 시청자를 500백만 명 잃는 것이고, 잉글랜드를 선택하면 최악의 상황은 400만 명을 잃는 것이다. BTV가 선택할 수 있는 가장 안전한 전략은 잉글랜드(두 번째 세로줄)이다. 시청자 500만 명을 잃느니 400만 명을 잃는 것이 낫기 때문이다. ATV가 어떤 선택을 하든 간에 400만 명 이상 시청자를 잃는 일은 생기지 않는다.

각각의 참가자들에게 가장 안전한 전략이 이러하므로, 결국 ATV는 시청자 400만 명을 새로 얻고, BTV는 그만큼의 시청자를 잃게 될 것이다.

게임의 결과는 언제 결정되는가?

그 다음 해에는 옵션이 하나 더 늘어났다. 웨일즈 지방에서도 뉴스 채널을 편성할 수 있게 된 것이다. 상황이 달라졌기 때문에 보수표도 새로 나왔다.

	웨일즈	스코틀랜드	잉글랜드	가로줄 최소값
웨일즈	+3	+2	+1	+1
스코틀랜드	+4	−1	0	−1
잉글랜드	−3	+5	−2	−3
세로줄 최대값	+4	+5	+1	

전과 마찬가지로 ATV의 안전한 전략은, 일어날 수 있는 최악의 값 중 그나마 제일 큰 값이 나오는 가로줄을 고르는 것이다. {+1, −1, −3} 중 최대값은 웨일즈 지방

(첫 번째 가로줄)을 고르는 것이다. BTV의 안전한 전략은 {+4, +5, +1} 중에서 최소값을 내는 세로줄을 고르는 것이다. 따라서 잉글랜드(세 번째 세로줄)를 고른다.

ATV는 웨일즈를 선택함으로써 BTV가 어떤 선택을 하든 적어도 시청자수 100만 명 증가를 보장받을 수 있다. BTV는 잉글랜드(세 번째 세로줄)를 선택함으로써 ATV가 어떤 선택을 하든 간에 100만 명 이상 시청자를 잃지 않는다는 것을 보장받을 수 있다. 따라서 이러한 선택들은 각 회사의 최선의 전략을 나타내고 있으며, 이런 면에서 볼 때 이 게임의 결과는 이미 결정이 나있다고 볼 수 있다(하지만 여전히 BTV에는 불공평하다). 이 게임에서는 다음의 등식이 성립한다.

$$\{+1, -1, -3\}의\ 최대값 = \{+4, +5, +1\}의\ 최소값$$

그리고 방정식 양쪽의 값은 +1이라는 같은 값을 갖는다. 따라서 첫 게임 때와는 달리 이번 판에서는 +1이라는 '안장점(게임에서 서로 간의 전략이 균형을 이루는 점)균형'을 갖고 있다.

가위바위보의 과학

반복게임 중 대표적인 것은 전통적 놀이인 '가위바위보'이다. 일회성이었던 TV 회사들의 게임과는 달리 이 게임은 보통 단판으로 끝내는 경우가 별로 없고, 세계 대회 같은 경우에는 참가자들이 몇 백 번씩 경기를 치르기도 한다.

가위바위보 게임에서는 손가락 두 개나 주먹이나 손바닥을 내는데, 이것은 각각 가위, 돌, 보자기를 상징한다. 참가자들은 동시에 셋 중 하나를 내놓는데, 가위는 가위를 만나면 비기고, 바위를 만나면 지고, 보를 만나면 이긴다. 따라서 '가위'를 냈을 때의 성과는 0, −1, +1이며, 이것은 보수표의 제일 윗줄에 나와 있다.

	가위	바위	보	가로줄 최소값
가위	비김 = 0	짐 = −1	이김 = +1	−1
바위	이김 = +1	비김 = 0	짐 = −1	−1
보	짐 = −1	이김 = +1	비김 = 0	−1
세로줄 최대값	+1	+1	+1	

이 게임에서는 안장점이 없고, 사실 도입해볼 만한 순수전략도 딱히 보이는 것이 없다. 만약 한 쪽 참가자가 언제나 같은 행동, 이를테면 계속해서 '보'만 낸다면, 상대방은 이것을 알아채고 '가위'를 선택해서 매번 이길 것이다. 폰 노이만의 '최소최대정리'에 의하면 여기서는 확률에 따라 서로 다른 행동을 선택하는 방법인 '혼합전략'을 사용할 수 있다.

수학적 계산에 따르면 참가자들은 무작위로 선택을 하되, 전체적으로는 가위, 바위, 보가 각각 $\frac{1}{3}$의 비율로 나오게 해야 한다. 하지만 맹목적으로 무작위성만을 따르는 것이 항상 최선의 결과를 가져오는 것은 아니다. 가위바위보 세계챔피언들은 약간의 '심리학적' 정보를 바탕으로 전략을 선택하기 때문이다. 이런 사람들은 상대방의 마음을 읽는 데 능하다.

제로섬게임이 아닐 때는?

모든 게임이 제로섬게임인 것은 아니다. 각각의 참가자들에게 자기만의 독자적인 보수표가 있는 경우도 있다. 이런 유명한 예가 터커[A.W. Tucker]가 설계한 '죄수의 딜레마[Prisoner's dilemma]'다.

앤드류(A)와 버티(B), 두 사람은 절도 혐의로 경찰에 붙잡혀 서로 상의할 수 없도록 떨어진 감방에 수감되었다. 이 경우에 보수는 징역 기간으로 나타나는데, 이

징역 기간은 경찰의 취조에 개인별로 어떤 대답을 내놓는지에 따라서도 달라지지만, 두 사람이 내놓은 답이 어떤가에 따라서도 달라진다. 만약 A가 범행을 자백하고 B는 자백하지 않으면, A는 1년형을 받지만(A의 보수표) B는 10년형을 선고받는다(B의 보수표). 만약 A는 자백하지 않고, B만 자백하면 반대가 된다. 만약 둘 다 자백하면 각각 4년형을 받지만, 둘 다 자백하지 않으면 둘 다 처벌을 면한다!

A		B	
		자백	자백하지 않음
A	자백	+4	+1
	자백하지 않음	+10	0

B		B	
		자백	자백하지 않음
A	자백	+4	+10
	자백하지 않음	+1	0

만약 죄수들이 협력할 수만 있다면 양쪽 다 최적의 행동을 취해서 죄를 자백하지 않을 것이다. 이렇게 하면 '윈-윈' 상황이 연출된다.

상대성이론

한 물체가 움직일 때, 그 물체의 움직임은 다른 물체와 상대적으로 비교하여 측정한다. 만약 도로를 시속 100킬로미터로 달리는데 또 다른 차가 옆에서 같은 방향으로 시속 100킬로미터로 달린다면, 그 차에 대한 내 차의 상대적인 속력은 0이 된다. 하지만 두 차는 모두 지면에 대해서는 시속 100킬로미터로 달리고 있다. 그리고 반대편 차선에서 시속 100킬로미터로 달려오는 차에 대해서는 상대속력이 시속 200킬로미터가 된다. 하지만 상대성이론은 이런 사고방식을 바꾸어놓았다.

상대성이론은 네덜란드 물리학자 헨드릭 로렌츠$^{Hendrik\ Lorentz}$가 19세기말에 처음으로 제기했지만, 1905년에 아인슈타인에 의해서 결정적으로 발전하게 되었다. 특수상대성이론에 대한 아인슈타인의 유명한 논문은 물체의 운동 연구에 혁명을 불러왔으며, 당대에는 엄청난 성과였던 뉴턴의 고전역학이론을 특수상대성이론의 특수 사례에 불과한 것으로 만들어버렸다.

갈릴레오로 돌아가다

상대성이론을 이해하기 위해 대가의 설명을 직접 들어보자. 아인슈타인은 기차로 사고실험을 하는 것을 좋아했다. 짐 다이아몬드가 시속 60킬로미터로 움직이는 기차에 올라있다고 가정해보자. 그는 뒤 칸에 있는 자리에서 일어나 식당 칸으로 가기 위해 시속 2킬로미터로 앞으로 걸어간다. 따라서 지면에 대한 그의 속력은 시속 62킬로미터가 된다. 하지만 식사를 마치고 돌아올 때는 기차의 진행 방향과 반대로 걷기 때문에 지면에 대한 그의 상대속력은 시속 58킬로미터가 될 것이다.

timeline

서기 1632년
갈릴레오, 낙하하는 물체에 대한 '갈릴레오변환'을 제시하다.

1676년
뢰머, 목성의 달을 관찰하여 빛의 속력을 계산하다.

1687년
뉴턴, 『프린키피아^{Principia}』에서 고전역학을 기술하다.

이것이 뉴턴의 이론이 말하는 내용이다. 속력은 상대적인 개념이며 짐의 운동 방향이 속력값을 더할 것인지, 뺄 것인지를 결정한다.

모든 운동은 상대적이므로, 특정 운동을 측정하는 기준이 되는 '좌표계'에 대해 얘기해보자. 직선의 철길을 따라 달리는 기차의 1차원 운동에서는 기차역을 중심으로 하는 고정 좌표계와 이 좌표계를 기준으로 하는 거리 x와 시간 t를 생각할 수 있다. 원점은 기차 플랫폼 위에 찍은 한 점과 기차역 시계에서 읽은 시간으로 정해진다. 이 기차역 좌표계에 대한 상대적인 거리와 시간 좌표는 (x, t)이다.

달리는 기차 위에도 좌표계가 존재한다. 만약 기차 끝을 기준으로 거리를 측정하고, 짐의 손목시계로 시간을 측정한다면 또 다른 좌표 $(\bar{x}, \bar{t})$가 나온다. 이 두 좌표체계를 동기화하는 것도 가능하다. 기차가 플랫폼 위의 점을 통과하는 순간에는 $x = 0$이고 기차역 시계는 $t = 0$에 있다. 만약 짐이 이 장소에서 $\bar{x} = 0$으로 설정하고, 손목시계에 $\bar{t} = 0$을 입력하면 두 좌표는 이제 서로 연결된다.

기차가 역을 통과할 때 짐은 식당 칸을 향해 움직이기 시작한다. 5분 후에 그가 역에서 얼마나 멀어질지 계산할 수 있다. 기차가 분당 1킬로미터를 움직인다는 것을 알고 있기 때문에, 기차는 5분 후에는 5킬로미터를 움직였을 것이고, 짐은 $\bar{x} = \frac{10}{60}$킬로미터(그가 걷는 속력은 시속 2킬로미터이므로, 여기에 5분을 시간으로 표시한 $\frac{5}{60}$를 곱했다)를 걸어갔을 것이다. 따라서 합계를 내보면 짐은 역에서 $\frac{510}{60}$킬로미터 떨어진 거리 (x)에 있다. 따라서 x와 $\bar{x}$ 사이의 관계는 $x = \bar{x} + v \times t$(여기서 $v = 60$)로 나타낼 수 있다. 역으로 짐이 기차의 좌표계를 기준으로 얼마나 이동했는지의 거리를 구해보면, 다음과 같은 방정식이 나온다.

$$\bar{x} = x - v \times t$$

1881년
마이컬슨, 빛의 속력을 정확하게 측정하다.

1887년
로렌츠변환이 처음 빛을 보다.

1905년
아인슈타인, 특수상대성이론을 발표하다.

1915년
아인슈타인, 일반상대성이론을 발표하다.

뉴턴의 고전역학이론에서 시간의 개념은 과거에서 미래로 향하는 1차원적인 흐름이다. 이 시간은 모두 똑같이 흘러가며, 공간과는 독립적이다. 이것은 절대적인 양이기 때문에 기차 위에 있는 짐의 시간과 기차역 시계의 시간 t는 똑같다. 따라서 다음과 같다.

$$\bar{t} = t$$

$\bar{x}$와 $\bar{t}$의 이 두 공식은 갈릴레오에 의해 처음 유도되었으며, 한 좌표계의 양을 다른 좌표계의 양으로 변환하는 역할을 하기 때문에 '변환'이라고 부르는 종류의 방정식이다. 뉴턴의 고전역학이론에 따라서 빛의 속력도 $\bar{x}$와 $\bar{t}$에 관한 두 갈릴레이 변환을 따를 것으로 기대했었다.

17세기경에 사람들은 빛에도 속력이 있다는 것을 알게 되었고, 1676년에는 덴마크의 천문학자 올레 뢰머^{Ole Römer}가 그 근사치를 측정했다. 1881년에 앨버트 마이컬슨^{Albert Michelson}이 빛의 속력을 좀더 정확하게 측정해보니 약 초속 30만 킬로미터가 나왔다. 뿐만 아니라 그는 빛의 전달은 소리의 전달과는 아주 다르다는 것을 깨닫게 되었다. 마이컬슨이 알아낸 바에 의하면 달리는 기차 위에 있는 관찰자의 속력과는 달리, 빛은 어느 방향으로 움직이고 있어도 그 속력이 전혀 달라지지 않았다. 이 역설적인 연구 결과에 대한 설명이 필요하다.

특수상대성이론에 대하여

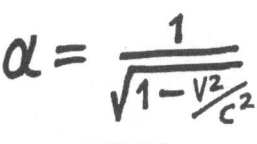

로렌츠인자

로렌츠는 한 좌표계가 다른 좌표계에 대해서 일정한 상대속력 v로 움직일 때의 거리와 시간 사이의 관계를 지배하는 수학방정식을 제시했다. 이 변환은 우리가 이미 구했던 변환과 매우 유사하지만 상대속력 v와 빛의 속력 c에 따라 달라지는 로렌츠인자Lorentz factor를 더 담고 있다.

아인슈타인의 등장

아인슈타인은 마이컬슨이 빛의 속력에 대해 발견한 내용을 과감하게 하나의 기본 가정으로 도입했다. 그 가정은 다음과 같다.

"빛의 속력은 모든 관찰자에게 동일하며 진행 방향의 영향을 받지 않는다."

만약 달리는 기차에 타고 있는 짐이 기차가 달리는 방향으로 전등을 켰다 끄고 그 빛의 속력을 측정하면 c가 나온다. 아인슈타인의 기본 가정은 역 플랫폼에서 바라보고 있는 역장이 이 빛의 속력을 측정해도 c + 시속 60킬로미터가 아니라 마찬가지로 c가 나옴을 의미한다. 아인슈타인은 또한 두 번째 원리를 기본 가정으로 삼았다.

"한 좌표계는 다른 좌표계에 대해 일정한 속력으로 움직인다."

아인슈타인의 1905년 논문이 그토록 탁월할 수 있었던 이유 중 하나는 접근방식 때문이었다. 그는 수학적인 우아함에 이끌렸다. 음파는 매질 속 분자의 진동으로 이동한다. 다른 물리학자들은 빛도 마찬가지로 이동하려면 어떤 매질이 당연히 필요하리라고 예상했다. 그리고 그것이 무엇인지는 아무도 모르는데도 '발광성 에테르'라는 이름까지 붙여주었다.

반면 아인슈타인은 빛의 전달을 위한 매질로서 에테르의 존재를 가정할 필요를 느끼지 않았다. 대신, 상대성이론의 두 가지 간단한 원리로부터 로렌츠변환을 연역해냈고, 거기서 이론 전체가 펼쳐져 나왔다. 특히 그는 입자의 에너지 E가 E = $\alpha \times$

mc^2이라는 방정식으로 결정된다는 것을 증명했다. 정지하고 있는 물체(v = 0이고 따라서 $α$ = 1일 때)의 경우, 여기서 질량과 에너지가 등가임을 보여주는 상징적인 방정식이 유도되어 나온다.

$$E = mc^2$$

1912년에 로렌츠와 아인슈타인은 모두 노벨상 후보에 올랐다. 로렌츠는 이미 1902년에 노벨상을 받은 상태였지만, 아인슈타인은 1921년이 되어서야 광전효과에 대한 연구(이 또한 1905년에 발표한 논문이었다)로 노벨상을 수상했다. 1905년은 스위스 특허청 직원이었던 아인슈타인에게는 정말 굉장한 한 해였다.

아인슈타인 vs. 뉴턴

느리게 움직이는 기차를 관찰할 때는 아인슈타인의 상대성이론이나 뉴턴의 고전역학이론이나 차이가 거의 없다. 이런 상황에서는 빛의 속력과 비교할 때 상대속력 v가 너무나도 작기 때문에 로렌츠인자 $α$의 값은 거의 1이 나온다. 이 경우 로렌츠 방정식은 사실상 고전적인 갈릴레이변환과 같다고 볼 수 있다. 따라서 속력이 느린 경우에 있어서는 아인슈타인과 뉴턴의 의견이 서로 일치할 것이다. 두 이론의 차이가 분명하게 드러나기 위해서는 속력과 거리가 엄청나게 커져야 한다. 심지어 가장 빠른 기차인 초고속열차 TGV도 아직 이 속력에는 미치지 못하고 있는데, 아마도 기차와 관련해서 뉴턴의 이론을 버리고 아인슈타인의 이론을 채택하는 것은 아주 먼 훗날에나 가능할 것이다. 하지만 우주여행을 하려면 필연적으로 아인슈타인의 이론을 끌어들일 수밖에 없다.

일반상대성이론에 대하여

아인슈타인은 1915년에 일반상대성이론을 발표했다. 이 이론은 좌표계가 서로에 대해서 가속운동을 할 때 적용되며, 가속의 효과를 중력의 영향과 연관 짓고 있다.

아인슈타인은 일반상대성이론을 이용해서 빛이 태양과 같은 거대한 물체의 중력장을 지날 때 휘어지는 물리현상을 예측할 수 있었다. 그의 이론은 또한 목성 자전축의 운동을 설명할 수 있었다. 뉴턴의 중력이론과 다른 행성이 목성에 가하는 힘만으로는 이 세차운동을 완전히 설명할 수 없었다. 이 문제는 1840년대 이후로 천문학자들을 괴롭혀온 문제였다.

일반상대성이론에 적절한 좌표계는 4차원 시공간 좌표계다. 유클리드의 공간은 편평하지만(곡률이 0), 아인슈타인의 4차원 시공간은 휘어져 있다(리만 기하학). 뉴턴의 이론은 물체가 서로를 당기는 이유를 중력으로 설명하지만, 아인슈타인의 이론은 이런 설명을 시공간의 휘어짐으로 대체한다. 아인슈타인의 일반상대성이론에 의하면 이렇게 물체가 서로를 당기는 이유는 시공간이 휘어지기 때문이다. 이렇게 아인슈타인은 1915년에 또 하나의 과학혁명을 일으켰다.

페르마의 마지막 정리 <small>길이 남은 여백의 메모</small>

$5^2 + 12^2 = 13^2$처럼 두 제곱수를 더해서 또 다른 제곱수를 만들어낼 수 있다. 그렇다면 두 세제곱수를 더해서 또 하나의 세제곱수를 만들어낼 수도 있을까? 그보다 더 지수가 높은 거듭제곱 지수들은 어떨까? 놀랍게도 이것은 불가능하다. 페르마의 마지막 정리는 2보다 큰 정수 n에 대하여 방정식 $x^n + y^n = z^n$을 만족시키는 정수해 x, y, z는 없다고 말한다. 페르마는 구체적인 내용 없이 그저 놀라운 방법으로 이것을 증명했다는 말만 남겨 그 후로 수 세대에 걸쳐 많은 수학자들을 애타게 만들었다. 그 수학자들 중에는 도서관에서 우연히 이 수학의 보물찾기에 관한 글을 읽게 된 열 살짜리 꼬마도 들어있었다.

페르마의 마지막 정리는 디오판토스 방정식에 관한 것으로, 난제 중의 난제였다. 디오판토스 방정식이란 정수해만을 허용하는 방정식을 말한다. 이 방정식의 이름은 정수론에서 이정표로 자리 잡은 책 『산술 Arithematica』을 남긴 디오판토스의 이름을 딴 것이다. 17세기 인물인 피에르 페르마 Pierre de Fermat는 변호사이자 프랑스 툴루즈의 정부 공무원이기도 했다. 다재다능한 수학자였던 그는 정수론 분야에서 높은 명성을 누렸으며, '페르마의 마지막 정리'를 통해 수학에 마지막 기여를 하였고, 또 세상에 널리 알려지게 되었다. 페르마는 이 정리를 증명해내고는, (아니면 증명했다고 생각해서) 가지고 있던 디오판토스의 『산술』 여백에 "정말 놀라운 증명 방법을 발견하였으나, 여백이 좁아 적지 못한다"라고 적어놓았다.

페르마는 많은 미해결 문제들을 풀어냈지만, 사실 페르마의 마지막 정리는 풀지 못했던 것으로 보인다. 300년간 수많은 수학자들이 이 정리를 증명하기 위해 매달렸지만, 결국 최근에 와서야 증명되었다. 이 증명은 도무지 책 여백에 적을 만한

---

timeline

서기 1665년
페르마, 자신이 말한 '놀라운 증명'을 기록으로 남기지 않고 사망하다.

1753년
오일러, n = 3인 경우에 대해 증명하다.

1825년
르장드르와 디리클레, 각각 독립적으로 n = 5인 경우에 대해 증명하다.

1839년
라메, n = 7인 경우에 대해 증명하다.

분량이 아니었고, 당시에는 없었던 현대적인 기법들이 증명에 많이 동원된 것을 보면 페르마의 주장은 상당히 의심스러운 것이 사실이다.

$$x + y = z$$

세 변수 x, y, z로 이루어진 이 방정식은 어떻게 풀 수 있을까? 방정식에서는 보통 우리가 모르는 변수가 x 하나로 주어지지만, 여기서는 모르는 변수가 세 개나 된다. 사실은 그런 이유 때문에 이 방정식은 대단히 풀기가 쉽다. 그냥 x, y값으로 아무 값이나 고른 다음에 그 둘을 더해서 z값으로 삼으면 그것이 이 방정식의 해가 되는 것이다. 정말 간단하다.

예를 들어 $x = 3$, $y = 7$로 잡으면 $x = 3$, $y = 7$, $z = 10$이 이 방정식의 해가 된다. 어떤 x, y, z 값은 이 방정식의 해가 될 수 없다는 것을 알 수 있다. 예를 들어 $x = 3$, $y = 7$, $z = 9$는 해가 될 수 없다. 이 값을 방정식에 대입하면 좌변 $x + y$와 우변 z가 등식이 성립하지 않기 때문이다.

$$x^2 + y^2 = z^2$$

이제 제곱에 대해서 생각해보자. 어떤 수의 제곱이란 그 수에 자기 자신을 곱하는 것이고 x^2과 같이 적는다. 만약 $x = 3$이면 $x^2 = 3 \times 3 = 9$이다. 이제 우리가 생각하고 있는 방정식은 $x + y = z$가 아니라 다음과 같다.

$$x^2 + y^2 = z^2$$

앞에서처럼 x, y값을 맘대로 고르고 z 값을 계산해서 해를 구할 수 있을까? 예를 들어 $x = 3$, $y = 7$ 이면 방정식의 좌변은 $3^2 + 7^2$이 되어 $9 + 49 = 58$이 된다. 따라서 z

---

1843년
쿠머가 정리를 증명했음을 주장했으나, 디리클레, 오류를 발견하다.

1907년
폰 린데만, 증명했음을 주장했으나 오류임이 밝혀지다.

1908년
볼프젤, 100년 안으로 정리를 증명하는 사람에게 상금을 걸다.

1994년
와일즈, 결국 페르마의 마지막 정리를 증명하다.

는 58의 제곱근이 되어야 하고($z = \sqrt{58}$), 이 값은 약 7.6158이다. 우리는 분명 $x = 3$, $y = 7$, $z = \sqrt{58}$이 방정식 $x^2 + y^2 = z^2$의 해라고 주장할 수 있지만, 안타깝게도 우리가 지금 다루고 있는 디오판토스 방정식의 해는 정수라야 한다. $\sqrt{58}$은 정수가 아니기 때문에 $x = 3$, $y = 7$, $z = \sqrt{58}$도 이 방정식의 해가 될 수 없다.

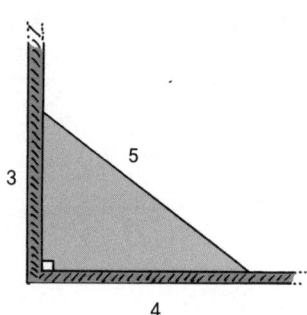

방정식 $x^2 + y^2 = z^2$은 삼각형과 관련이 있다. x, y, z가 직각삼각형의 각 변의 길이를 나타낸다면 이 방정식을 만족시킨다. 반대로 이 방정식을 만족시키는 x, y, z가 있다면 변 x와 변 y 사이의 각은 직각이 된다. 이 방정식의 정수해 x, y, z는 피타고라스의 정리와 연관되어 있기 때문에 피타고라스의 수라고 부른다.

피타고라스의 수를 어떻게 찾아낼 수 있을까? 건축업자들에게서 힌트를 얻을 수 있다. 건축업자들의 장비 중에는 어디서나 흔히 볼 수 있는 3-4-5 삼각자가 있다. 이것을 보면 $x = 3$, $y = 4$, $z = 5$가 우리가 찾는 해임을 알 수 있다. $3^2 + 4^2 = 5^2$이기 때문이다. 반대로 길이 비율이 3, 4, 5로 구성된 삼각형에는 반드시 직각이 포함되어 있다. 건축업자들은 벽을 직각으로 세울 때 이런 수학적 사실을 이용한다.

이 경우에 우리는 3 × 3 정사각형을 해체해서 그것으로 4 × 4 정사각형의 둘레를 싸서 5 × 5 정사각형을 만들 수 있다.

$x^2 + y^2 = z^2$를 만족시키는 다른 정수해도 존재한다. 예를 들면 $x = 5$, $y = 12$, $z = 13$도 그 중 하나다. $5^2 + 12^2 = 13^2$이기 때문이다. 사실 이 방정식을 만족시키는 정수해는 무한히 많다. 건축업자들이 사용하는 $x = 3$, $y = $

4, z = 5를 제일로 치는 이유는 가장 값이 작은 해이기도 하고, 연속된 정수로 만들어진 유일한 해이기도 하기 때문이다. $x = 20, y = 21, z = 29$나 $x = 9, y = 40, z = 41$처럼 두 수가 연속되어 있는 해는 많지만, 세 수가 모두 연속인 경우는 이것밖에 없다.

풍요에서 빈곤으로

$x^2 + y^2 = z^2$에서 $x^3 + y^3 = z^3$으로 넘어가는 것은 그리 어려울 것 같아 보이지 않는다. 앞에서 정사각형 하나를 해체해서 다른 정사각형의 주변을 둘러싸게 만들어 또 다른 정사각형을 만들었던 것처럼 그냥 정육면체에도 똑같은 방법을 사용해보면 되지 않을까? 한 정육면체 주변으로 다른 정육면체를 해체하고 덧씌워서 또 다른 정육면체를 만들어낼 수는 없을까? 이것은 불가능하다는 사실이 밝혀졌다. 방정식 $x^2 + y^2 = z^2$의 정수해는 무한히 많지만, 페르마는 $x^3 + y^3 = z^3$의 정수해를 단 한 개도 찾지 못했다. 상황은 더 악화되어, 레온하르트 오일러조차도 그것을 찾아내지 못했고, 결국 다음과 같은 마지막 정리의 문구를 내놓게 되었다.

"2보다 큰 모든 값 n에 대하여 방정식 $x^n + y^n = z^n$을 만족시키는 정수해는 존재하지 않는다."

이것을 증명하는 방법 중 하나는 낮은 n값에서 시작해서 점차 큰 값으로 이동하는 것이다. 페르마는 이런 방법을 이용했다. n = 4의 경우는 n = 3인 경우보다 오히려 더 간단하기 때문에 아마 페르마도 이 경우에 대해서는 증명해냈을 가능성이 크다. 18세기와 19세기에 오일러는 n = 3인 경우에 대해 증명을 이끌어냈고, 앙드리앵 마리 르장드르는 n = 5인 경우를, 그리고 가브리엘 라메Gabriel Lamé는 n = 7인 경우를 증명해냈다. 라메는 처음에는 일반적인 정리를 이끌어냈다고 생각했으나 안타깝게도 그것은 잘못된 생각이었다.

이 과정에서는 에른스트 쿠머Ernst Kummer가 큰 기여를 했다. 그는 1843년에 자신의 일반적인 정리를 증명해냈다고 주장하는 원고를 제출했지만, 디리클레Dirichlet가 그의 논증 과정에 오류가 있음을 찾아냈다. 프랑스 과학아카데미에서는 이 정리를 증명하는 사람에게 상금 3,000프랑을 걸었었고, 결국 쿠머의 시도가 가치 있었음을 인정하여 그에게 상금을 수여하였다. 쿠머는 비정규소수 37, 59, 67을 제외한 100보다 작은 모든 소수에 대해 (그리고 다른 값에 대해서도) 페르마의 마지막 정리가 성립함을 증명했다. 예를 들어 말하자면, 그는 $x^{67} + y^{67} = z^{67}$을 만족시키는 정수해가 존재하지 않음을 증명하지는 못했다. 그는 비록 일반적인 정리를 증명하는 것은 실패했지만, 이 실패를 통해 추상대수학에서 사용하는 중요한 기법을 개척해냈다. 사실 수학의 입장에서 보면 이 정리 자체를 증명하는 것보다 이것이 더 큰 기여를 했다고 할 수 있다.

원과 면적이 똑같은 정사각형을 작도할 수 없음을 증명한('파이' 참고) 페르디난트 폰 린데만은 1907년에 자신이 이 정리를 증명했다고 주장했으나, 오류가 있음이 밝혀졌다. 1908년에 파울 볼프스켈Paul Wolfskehl은 유언을 통해 100년 내에 최초로 이 정리를 증명하는 사람에게 100만 마르크의 상금을 걸었다. 오랜 기간에 걸쳐 5,000개 정도의 증명이 제출되어 검사를 받았지만 모두 잘못된 것으로 판명되어 반려되었다.

도서관 꼬마의 업적

페르마의 마지막 정리와 피타고라스의 정리 사이의 관계는 n = 2인 경우에만 적용되지만, 최종 증명에서는 기하학과의 관련성이 핵심적인 역할을 하였다. 곡선이론과 일본의 두 수학자 다니야마와 시무라가 제출한 한 추측을 통해 이런 관련성이 제기되었다. 1993년 앤드류 와일즈 Andrew Wiles는 캠브리지에서 이 이론에 대한 강의를 하며 페르마의 마지막 정리에 대한 증명도 함께 제시했지만, 불행하게도 이 증명은 잘못된 것이었다.

프랑스의 수학자 앙드레 베유 André Weil는 이런 시도를 폄하했다. 그는 정리를 증명하는 문제를 에베레스트 산 등정에 비유하면서 정상을 100미터 눈앞에 두고 오르지 못했다면 에베레스트를 등정하지 못한 것이라고 덧붙였다. 증명을 위한 압박은 계속되었다. 와일즈는 두문불출하고 끊임없이 이 문제에 매달렸다. 많은 사람들이 와일즈도 결국 증명을 성공할 뻔했던 사람들의 대열에 끼게 될 거라 생각했다.

그러나 동료들의 도움을 받아 기존의 오류를 걷어내고 그것을 올바른 논증으로 대체한 와일즈는 이번만큼은 전문가들을 확신시키고 그 정리를 증명하는 데 성공했다. 그의 증명은 1995년에 발표되었고, 유효기간 안에 증명하는 데 성공했다. 이로써 그는 볼프겔 상을 수상하여 수학계의 명사로 거듭났다. 오래전 캠브리지의 동네 도서관에 앉아서 페르마의 마지막 정리 문제에 대해 읽던 10살짜리 소년이 참 먼 길을 걸어 결국 종착역에 도달한 것이다.

리만 가설 — 궁극의 도전 과제

리만 가설은 순수수학에서 가장 어려운 도전 중 하나다. 푸앵카레의 추측과 페르마의 마지막 정리는 정복했지만 리만 가설만큼은 정복하지 못했다. 일단 이 가설이 어떤 식으로든 해결되고 나면, 소수의 분포에 대한 어려운 질문들이 해결되면서 수학자들을 궁리하게 만들 또 다른 새로운 질문들이 수없이 생겨날 것이다.

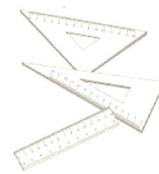

이야기는 다음과 같은 분수의 덧셈으로 시작한다.

$$1 + \frac{1}{2} + \frac{1}{3}$$

이 덧셈의 답은 $1\frac{5}{6}$(약 1.83)이다. 하지만 점점 더 작아지는 이 분수들을 계속 더해가면 어떻게 될까? 예를 들어 10개까지 더한다면?

$$1 + \frac{1}{2} + \frac{1}{3} + \frac{1}{4} + \frac{1}{5} + \frac{1}{6} + \frac{1}{7} + \frac{1}{8} + \frac{1}{9} + \frac{1}{10}$$

이 덧셈은 휴대용 계산기로도 충분히 계산할 수 있고, 그 값은 소수로 약 2.9 정도가 나온다. 점점 더 많은 숫자를 더하면 합계가 어떻게 커지는지 오른쪽 표에 나타냈다.

$$1 + \frac{1}{2} + \frac{1}{3} + \frac{1}{4} + \frac{1}{5} + \frac{1}{6} + \cdots$$

항의 개수	합계(근사치)
1	1
10	2.9
100	5.2
1,000	7.5
10,000	9.8
100,000	12.1
1,000,000	14.4
10,000,000	21.3

timeline

서기 1854년
리만, 제타함수에 대한 연구를 시작하다.

1859년
리만, 핵심적인 해들이 임계대 안에 위치함을 증명하고 리만 가설을 제시하다.

1896년
발레 푸생과 아다마르, 모든 중요한 근들이 리만의 임계대 안쪽에 위치함을 증명하다.

이 급수를 조화급수라고 한다. '조화'라는 이름은 피타고라스학파 사람들로부터 나왔다. 그들은 악기 현의 길이를 $\frac{1}{2}$, $\frac{1}{3}$, $\frac{1}{4}$로 줄이며 소리를 내면 음의 조화에 필수적인 음들이 나온다고 믿었다.

조화급수에서는 점점 더 작은 분수 값들을 더해가는데, 그렇다면 이것을 모두 더한 급수의 값은 얼마나 될까? 이 값은 무한대로 커질까, 아니면 더 이상 넘어설 수 없는 한계가 있어서 그 위로는 오르지 못할까? 이 문제의 답을 구하는 비결은 항들을 그룹으로 묶되, 그룹에 포함되는 항의 수를 매번 두 배씩 늘려가는 것이다. 처음 등장하는 8개 항을 더해보자($8 = 2 \times 2 \times 2 = 2^3$).

$$S_{2^3} = 1 + \frac{1}{2} + \left(\frac{1}{3} + \frac{1}{4}\right) + \left(\frac{1}{5} + \frac{1}{6} + \frac{1}{7} + \frac{1}{8}\right)$$

여기서 S는 합계를 의미하는 'sum'의 첫 글자다. $\frac{1}{3}$은 $\frac{1}{4}$보다 크고, $\frac{1}{5}$은 $\frac{1}{8}$보다 크므로, 이 값은 다음 값보다 크다.

$$1 + \frac{1}{2} + \left(\frac{1}{4} + \frac{1}{4}\right) + \left(\frac{1}{8} + \frac{1}{8} + \frac{1}{8} + \frac{1}{8}\right) = 1 + \frac{1}{2} + \frac{1}{2} + \frac{1}{2}$$

따라서 다음과 같이 말할 수 있다.

$$S_{2^3} > 1 + \frac{3}{2}$$

이것을 일반적으로 확장하면 다음과 같다.

$$S_{2^k} > 1 + \frac{k}{2}$$

만약 k = 20으로 잡으면 n = 220 = 1,048,576(더하는 항의 개수가 백만 개를 넘어간다는 뜻)이지만, 위의 부등식에 대입해보면 이 급수의 총합은 겨우 11보다 큰 수라고 말

1900년
힐베르트, 수학자들이 풀어야 할 핵심 문제 목록에 리만 가설을 올리다.

1914년
하디, 리만의 임계선 위에 무한히 많은 근이 존재함을 증명하다.

2004년
처음 등장하는 10조 개의 근이 모두 임계선 위에 존재함이 밝혀지다.

하고 있다(앞의 표 참고). 이것은 증가 속도가 정말 엄청나게 느린 것이다. 하지만 어떤 큰 수를 지정하더라도 급수의 총합을 그 값보다 크게 만드는 k의 값을 고를 수 있다. 따라서 이 급수는 무한으로 발산한다. 반면 분모를 제곱수로 해서 급수를 만들면 상황이 달라진다.

$$1 + \frac{1}{2^2} + \frac{1}{3^2} + \frac{1}{4^2} + \frac{1}{5^2} + \frac{1}{6^2} + \cdots$$

여기서도 마찬가지로 점점 더 작아지는 수를 더해가고 있지만, 이번에는 어떤 한계에 도달하며, 이 경우 그 한계는 2보다 작다. 대단히 극적이게도 이 급수는 $\frac{\pi^2}{6}$ = 1.64493…으로 수렴한다.

바로 앞에 나온 급수에서 각 항 분모의 거듭제곱 지수는 2다. 조화급수에서는 이 지수의 값이 1인 셈인데, 사실 이 값이 임계값이다. 이 지수 값이 1에서 아주 조금만 커져도 이 급수는 수렴하지만, 반대로 1 바로 아래로 아주 조금만 작아져도 급수가 발산한다. 조화급수는 수렴과 발산의 경계에 위치해 있는 것이다.

리만 제타함수는 무엇인가?

사실 18세기에 오일러도 그 유명한 리만 제타함수 $\zeta(s)$를 알고는 있었지만, 그 중요성을 완전히 인식한 사람은 베른하르트 리만$^{\text{Bernhard Riemann}}$이었다. ζ는 그리스 문자인 제타^{zeta}로, 이 함수는 다음과 같이 적을 수 있다.

$$\zeta(s) = 1 + \frac{1}{2^s} + \frac{1}{3^s} + \frac{1}{4^s} + \frac{1}{5^s} + \cdots$$

제타함수의 다양한 값들이 계산으로 나왔지만, 그 중 가장 유명한 것은 $\zeta(1)$ = ∞이다. $\zeta(1)$은 바로 조화급수이기 때문이다. $\zeta(2)$의 값은 $\frac{\pi^2}{6}$이고, 이것은 오일러가 발견했다. s가 짝수인 경우에는 $\zeta(s)$의 값에 모두 π가 들어가는 반면, s가 홀수인 경우의 $\zeta(s)$의 이론은 훨씬 더 까다롭다. 로저 아페리$^{Roger\,Apéry}$는 $\zeta(3)$이 무리수라는 아주 중요한 증명을 했지만, 여기에 적용한 방법을 $\zeta(5)$, $\zeta(7)$, $\zeta(9)$ 등으로는 확장할 수 없었다.

리만 가설, 그 끝은 어디에

리만 제타함수의 변수 s는 실수를 나타내지만, 이것을 복소수로 확장하는 것이 가능하다('허수' 참고). 이렇게 하면 복소해석학$^{Complex\,analysis}$의 강력한 기법들을 적용할 수 있다.

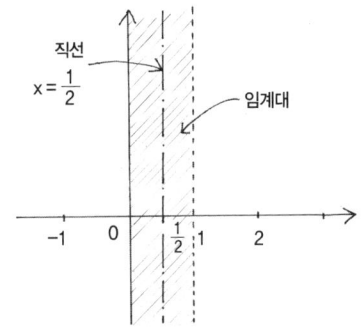

리만 제타함수의 근이 무한히 많다. 즉 $\zeta(s) = 0$을 만족시키는 s의 값이 무한히 많다는 뜻이다. 1859년에 베를린 과학아카데미에 제출한 논문에서 리만은 중요한 근들은 모두 $x = 0$과 $x = 1$을 경계로 하는 임계대 안에 놓여있는 복소수임을 증명했다. 또 그는 그의 유명한 가설을 제시했다.

"리만 제타함수 $\zeta(s)$의 모든 근은 임계대의 중앙선인 $x = \frac{1}{2}$ 직선 위에 놓여있다.

이 가설을 증명하기 위한 첫 번째 실질적 걸음을 내딛은 것은 1896년으로, 발레 푸생$^{Charles\,De\,la\,Vallée\text{-}Poussin}$과 아다마르$^{Jacques\,Hadamard}$가 각각 독립적으로 내딛었다. 그들은 근은 임계대의 안쪽에 위치해야 하며 x는 0이나 1이 될 수 없음을 증명했다. 1914년에는 영국의 수학자 G.H. 하디가 $x = \frac{1}{2}$ 직선을 따라 근이 무한히 많이 존재함을 증명하였다. 하지만 이 증명으로는 그 직선 밖에도 근이 무한히 존재할 가능성을 배제할 수 없었다.

수치적 결과만 놓고 보면, 1986년까지 계산해본 자명하지 않은 근들은(1,500,000,000개에 이른다) 모두 $x = \frac{1}{2}$ 직선 위에 있었고, 최근까지 계산한 결과를 봐도 처음 등장하는 1,000억 개의 근 모두가 여기에 해당함을 계산으로 밝혀냈다. 이 실험 결과들은 리만 가설이 근거가 있음을 말해주고 있지만, 이 가설이 틀렸을 가능성은 여전히 존재한다. 이 가설에서는 모든 근이 이 임계선 위에 존재한다고 주장하고 있기 때문이다. 이 추측은 참이든 거짓이든 증명될 날을 아직도 기다리고 있다.

리만 가설이 왜 그렇게 중요한가?

리만 제타함수 $\zeta(s)$와 소수에 관한 이론('소수' 참고) 사이에는 뜻밖의 연관성이 있다. 소수는 2, 3, 5, 7, 11··· 등으로 진행되는, 1과 자기 자신만으로 나누어지는 수이다. 소수를 이용해서 다음과 같은 수식을 만들 수 있다.

$$\left[1 - \frac{1}{2^s}\right] \times \left[1 - \frac{1}{3^s}\right] \times \left[1 - \frac{1}{5^s}\right] \times \cdots$$

이 수식을 이용하여 $\zeta(s)$를 또 다른 방식으로 적을 수 있음이 밝혀졌다. 이것은 리만 제타함수에 대한 지식이 소수의 분포에 대해 한 줄기 빛을 던져줄 것이며, 수학을 구성하는 기본 블록인 소수에 대한 이해를 증진시켜 주리라는 것을 말해주고 있다.

1900년에 다비트 힐베르트는 그 유명한, 수학자들이 풀어야 할 23가지 문제를 발표했다. 그는 그 중 여덟 번째 문제인 리만 가설에 대해서 이런 말을 남겼다.

"만약 내가 500년 동안 잠들어 있다가 깨어난다면, 눈을 뜨자마자 이것을 물어보겠습니다. 리만 가설이 증명됐습니까?"

하디는 여름에 덴마크에 있는 그의 친구 하랄 보어Harald Bohr를 만나고 돌아오는 길에 북해를 건너면서 안전을 위한 보험 장치로 리만 가설을 이용했다. 배가 항구를 출발하기 전에 그는 친구에게 자신이 지금 막 리만 가설을 증명했다고 적은 엽서를 보냈다. 이것은 교묘한 꽃놀이패였다. 만약 배가 가라앉아 죽게 되어도 그는 위대한 문제를 풀고 죽었다는 명예를 얻게 될 것이다. 한편으로는 만약 신이 실제로 존재한다면, 신은 하디 같은 무신론자가 그런 명예를 얻는 꼴을 그냥 보고 있지 않을 것이기 때문에 배가 절대로 가라앉지 못하게 할 것이다.

이 문제를 정확하게 풀어내는 사람은 클레이 수학연구소에서 걸어놓은 100만 달러 상금을 타게 된다. 하지만 사람들이 이 문제에 매달리는 것은 돈 때문이 아니다. 대부분의 수학자들은 이 문제를 풀어서 위대한 수학자들의 신전 높은 곳에 자신의 이름을 올리는 것만으로도 만족할 것이다.

반드시 알아야 할 50
위대한 수학

초판 1쇄 발행 | 2011년 6월 7일
초판 13쇄 발행 | 2023년 2월 10일

지은이 | 토니 크릴리
감수 | 최영기
옮긴이 | 김성훈
발행인 | 고석현

발행처 | ㈜한올엠앤씨
등록 | 2011년 5월 14일

주소 | 경기도 파주시 심학산로 12, 4층
전화 | 031-839-6805(마케팅), 031-839-6814(편집)
팩스 | 031-839-6828
이메일 | booksonwed@gmail.com

* 책읽는수요일, 라이프맵, 비즈니스맵, 생각연구소, 지식갤러리, 스타일북스는 ㈜한올엠앤씨의 브랜드입니다.